高职高专国家示范性院校"十三五"规划教材

公差配合与技术测量
项目化教程

主　编　张　锋　郭新民

副主编　石　枫　庞应周

主　审　高利平

西安电子科技大学出版社

内 容 简 介

  本书编写以职业能力培养为重点，基于工作过程的开发和设计。本书内容的选取与职业岗位工作任务相吻合，以达到教学过程与工作过程的结合，实现学生学习过程与行动过程的一体化。

  全书以项目为载体构建，内容包括通用零件和典型零件的标准与技术测量，体现职业性、实践性和开放性的特点。全书分上下两篇，上篇共十二个项目，分别介绍了互换性与公差；零件图中尺寸、偏差、公差；装配图中孔、轴的装配关系；公差配合标准的选用；测量技术基础与尺寸检测；几何公差及其误差的测量；表面粗糙度及检测；螺纹的公差配合及检测；圆锥的公差配合及检测；键与花键的公差配合及检测；滚动轴承的公差配合；圆柱齿轮的公差配合及检测。每个项目下分设若干工作任务，每个任务设有任务引入、知识准备、任务实施等环节。下篇为实训部分，共安排了十三个实训。书中附有必要的数据、图表以便读者查阅。

  本书采用最新国家标准，内容简明扼要，突出理实一体化和学生动手能力培养，可作为高等职业院校相关专业的教材，也可供工程技术人员参考。

图书在版编目(CIP)数据

公差配合与技术测量项目化教程/张锋，郭新民主编. —西安：西安电子科技大学出版社，2018.1

ISBN 978 - 7 - 5606 - 4728 - 9

Ⅰ. ① 公⋯　Ⅱ. ① 张⋯　② 郭⋯　Ⅲ. ① 公差—配合—高等学校—教材
② 技术测量—高等学校—教材　Ⅳ. ① TG801

中国版本图书馆 CIP 数据核字(2017)第 305436 号

策　划　毛红兵　李惠萍
责任编辑　马武装
出版发行　西安电子科技大学出版社(西安市太白南路 2 号)
电　话　(029)88242885　88201467　　邮　编　710071
网　址　www.xduph.com　　　　电子邮箱　xdupfxb001@163.com
经　销　新华书店
印刷单位　陕西天意印务有限责任公司
版　次　2018 年 1 月第 1 版　2018 年 1 月第 1 次印刷
开　本　787 毫米×1092 毫米　1/16　印张 19.5
字　数　462 千字
印　数　1～3000 册
定　价　40.00 元
ISBN 978 - 7 - 5606 - 4728 - 9/TG

XDUP 5020001 - 1

＊＊＊如有印装问题可调换＊＊＊

前　言

　　为了更好地适应我国高等职业教育发展及技术技能型人才培养的需要，编者结合近年来课程改革的教学经验、企业实践经验以及"公差配合与技术测量"课程的教学体系以及教学方式的探索与实践，以机械设计、制造类人才知识结构和工作能力的市场需求为目标，从培养学生必备的专业基础知识和专业技术应用能力出发，贯彻"少而精"，"必需，够用"的原则编写了本书，并尽量反映"公差配合与技术测量"的最新理论和国家标准。

　　"公差配合与技术测量"是高职院校、高等专科学校机械类各专业的重要技术基础课。它包含几何量公差与测量两大方面的内容，把标准化和计量学两个学科有机地结合在一起，与机械设计、机械制造、质量控制等密切相关，是机械工程人员和管理人员必备的基本知识和技能。

　　本书内容紧扣岗位需求，在编写过程中遵循"能力培养，应用为主"的原则，注意加强实用性内容，突出常用几何公差要求的标注、查表、解释以及对几何量的一般常见检测方法和数据处理的内容。以项目教学为主线，提出知识要求和技能要求，使学生明确掌握公差配合与技术测量的方法。项目后有拓展知识、项目小结和思考与练习，有利于学生扩大知识面，巩固本项目的要点和内容。本书中的每个项目都是以工作任务展开的，以典型的工作任务驱动教学，每个任务设有任务引入、知识准备、任务实施。下篇中的实训能够培养学生的动手能力，使其掌握几何量的常用测量方法，并可帮助学生带着问题学习，在学习中思考解决问题的方法，增强了学生学习的迫切性、主动性和探究性，有利于提升学生的职业素质和应用技能。本书内容由浅入深，循序渐进，采用通用的、最新的国家标准，并附有必要的数据、图表以供读者查阅。

　　本书主要由西安职业技术学院编写，张锋、郭新民任主编，石枫、庞应周任副主编。具体编写分工如下：项目一、项目五（任务一、任务二）、项目六、实训一至实训三由西安职业技术学院张锋编写；项目二、项目三、项目四由西安职业技术学院石枫编写；项目七、项目八、项目九、实训十和实训十一由西安职业技术学院郭新民编写；项目十由咸阳职业技术学院赵云龙编写；项目十一由陕西工业职业技术学院胡建辉编写；实训七至实训九由陕西工业职业技术学院张新印编写；项目十二、实训十二和实训十三由西安职业技术学院庞应周编写；实训四至实训六由西安职业技术学院赵斌编写；项目五（任务三）由中交西筑股份有限公司李民孝编写。全书由高利平担任主审。

　　本书在策划、编写及出版过程中，得到了西安职业技术学院的大力支持与帮助，在此表示衷心感谢。在编写中，中交西筑股份有限公司李民孝副总工提出了宝贵的意见和建议，此外，书中还引用了部分标准和技术文献资料，在此，对相关的单位、人员和专家一并表示衷心感谢。

　　本书是在全国示范性高职院校建设课程体系改革的思路下编写的，尽管编者在教材建设的特色方面做出了许多努力，但由于水平有限，书中一定还存在不足之处，敬请使用本书的读者给予批评指正。

编　者
2017 年 3 月

目　录
Contents

上篇　项目部分

下篇　实　训　部　分

上　篇
项目部分

项目一　互换性与公差

能力目标

1. 知识要求

（1）理解互换性的概念及在机械制造中的作用；

（2）理解加工误差和公差的概念，能区分完全互换与不完全互换；

（3）了解技术测量的目的及学习本课程的任务和要求。

2. 技能要求

能列举出日常生活中大量具有互换性的实例。

任务一　理解互换性的概念及在机械制造中的作用

在日常生活中，我们经常会遇到这样的情况：自行车上的螺钉丢了，买一个相同规格的换上即可正常使用，非常方便、快捷。那么请问：一个 M10 的六角头螺栓应该与什么样的螺母相匹配？如何保证螺母的任意互换？如何控制螺母的加工误差？

一、互换性的概念及其分类

1. 互换性的含义

互换性是指同规格的一批产品在尺寸、功能上能够具有彼此相互替换的功能。机械制造业中的互换性是指对同一规格的一批零件或部件任取其一，不需作任何挑选、调整或附加修配（如钳工修配）就能进行装配，并且具有满足机械产品使用性能要求的一种特性。互换性原则是产品设计的最基本原则。

零件或部件的互换性，既包括几何参数（如零件的尺寸、形状、位置和表面粗糙度等）的互换性，又包括物理、化学、力学等性能参数的互换性。本书仅对几何参数的互换性加以论述。

2. 互换性的分类

在生产中，互换性按其互换的程度和范围的不同可分为完全互换和不完全互换。

1）完全互换

完全互换是指一批零件在装配或更换时，不需选择，不需调整与修理，装配后即可达到使用要求的方法。如螺栓、螺母等标准件的装配大都属于此类情况，完全互换一般用于大批量生产的零部件，适用于任何场合。

2）不完全互换

当装配精度要求非常高时，采用完全互换将使零件制造公差很小、加工困难、成本很高，甚至无法加工，这种情况下则可采用不完全互换法进行生产。将有关零件的尺寸公差（尺寸允许变动范围）放宽，在装配前进行测量，按量得尺寸大小分组进行装配，以保证使用要求。此法亦称分组互换法。

在装配时允许用补充机械加工或钳工修刮办法来获得所需的精度，称为修配法。用移动或更换某些零件以改变其位置和尺寸的方法来达到所需的精度，称为调整法。

究竟采用何种方式生产为宜，要由产品精度、产品的复杂程度、生产规模、设备条件以及技术水平等一系列因素决定。一般大量和批量生产采用完全互换法生产。精度要求很高，常采用分组装配，即不完全互换法生产。而小批量和单件生产，常采用修配法或调整法生产。

二、互换性原则在机械制造中的作用

互换性原则广泛用于机械制造中的产品设计、生产制造、装配过程和使用过程等几个方面。

（1）产品设计。由于标准零部件采用互换性原则设计和生产，因而可以简化绘图、计算等工作，缩短设计周期，加速产品的更新换代，且便于计算机辅助设计(CAD)。

（2）生产制造。按照互换性原则组织加工，实现专业化协调生产，便于计算机辅助制造(CAM)，以提高产品质量和生产效率，同时降低生产成本。

（3）装配过程。零部件具有互换性，可以提高装配质量，缩短装配时间，便于实现现代化的大工业自动化，提高装配效率。

（4）使用过程。由于工件具有互换性，在它磨损到极限或损坏后，很方便地用备件来替换。可以缩短维修时间和节约费用，提高修理质量，延长产品的使用寿命，从而提高机器的使用价值。

综上所述，在机械制造业中，遵循互换性原则，不仅能保证又多又快地进行生产，而且还能保证产品质量和降低生产成本。

任务二　理解零件的加工误差与公差

一、加工误差

在加工过程中，由于各种因素的影响，零件的实际几何参数不可能做得绝对准确，即与理想几何参数不完全一致，二者之间的差异称为几何量误差。它包括以下几个方面：

（1）尺寸误差：指一批工件的尺寸变动，即加工后零件的实际尺寸和理想尺寸之差，如直径误差、孔距误差等。

（2）形状误差：指加工后零件的实际表面形状对于理想形状的差异（或偏离程度），如圆度误差、直线度误差等。

（3）位置误差：指加工后零件的表面、轴线或对称平面之间的相互位置对于其理想位置的差异（或偏离程度），如同轴度误差、位置度误差等。

（4）表面粗糙度误差：指零件加工表面上具有较小间距和峰谷所形成的微观几何形状误差。

二、公差

公差是指允许工件尺寸、几何形状和相互位置变动的范围，用以限制加工误差。公差也可以说是允许的最大误差，它是由设计人员根据产品使用性能要求给定的。工件的误差在公差范围内，为合格件；超出了公差范围，为不合格件。

规定公差的原则是在保证满足产品使用性能的前提下，给出尽可能大的公差。它反映了一批工件对制造精度的要求、经济性要求，并体现加工难易程度。公差越小，加工越困难，生产成本就越高。因此，合理确定零部件的几何量公差是实现互换性的一个必备条件。

规定公差值 T 的大小顺序，应为

$$T_{尺寸} > T_{位置} > T_{形状} > 表面粗糙度公差$$

已加工好的零件是否满足公差要求，要通过技术测量即检测来判断。如果只规定零部件的公差，而缺乏相应的检测措施，互换性生产是不可能实现的。因此，正确地选择、使用测量工具是制造和检测的基本要求，也是必须掌握的技能。检测不仅用于评定零件合格与否，也常用于分析零件不合格的原因，以便及时调整生产工艺，预防废品的产生，因此，技术测量措施也是实现互换性的另一必备条件。

小知识点

一、标准与标准化

1. 标准

公差标准在工业革命中起过非常重要的作用，随着机械制造业的不断发展，要求企业内部有统一的技术标准，以扩大互换性生产规模和控制机器备件的供应。早在 20 世纪初，英国一家生产剪羊毛机器的公司——纽瓦乐（Newall）于 1902 年颁布了全世界第一个公差与配合标准（极限表），从而使生产成本大幅度下降，另外，产品质量也不断提高，从而在市场上挤垮了其他同类公司。

1924 年英国在全世界颁布了最早的国家标准 BS 164—1924，紧随其后的美国、德国、法国等都颁布了各自国家的国家标准，指导着各国制造业的发展。1929 年前苏联也颁布了"公差与配合"标准，在此阶段西方国家的工业化不断进步，生产也快速发展，同时国际间的交流也日益广泛。1926 年成立了国际标准化协会（ISA），1940 年正式颁布了国际"公差与配合"标准，第二次世界大战后的 1947 年 ISA 更名为 ISO（国际标准化组织）。

1959 年我国正式颁布了第一个《公差与配合》国家标准（GB 159～174—59），此国家标准完全依赖 1929 年前苏联的国家标准，这个标准指导了我国 20 年的工业生产。

1979 年随着我国经济建设的快速发展，旧国家标准已不能适应现代大工业互换性生产的要求。因此，在原国家标准局的统一领导下，有计划、有步骤地对旧的基础标准进行了修订，20 世纪 80 年代初期，修订了公差与配合(GB 1800～1804—79)、几何公差(GB 1182～1184—80)、表面粗糙度(GB 1031—83)；20 世纪 90 年代中期，修订了极限与配合(GB/T 1800.1—1997、GB/T 1800.4—1999 等)、几何公差(GB/T 1182—1996)、表面粗糙度(GB/T 1031—1995)等多项国家标准；2000 年以后，又陆续对相关标准进行了修订，详细内容可查阅相关资料。这些国家标准的修订，对我国的机械制造业产生着越来越大的作用。

标准的范围极广，种类繁多。本书主要介绍公差与配合、几何公差、表面粗糙度等标准。

2. 标准化

标准化是指以制定标准和贯彻标准为主要内容的全部活动过程，包括调查标准化对象，经试验、分析和综合归纳，进而制定和贯彻标准、修订标准等。标准化是以标准的形式体现的，也是一个不断循环、不断提高的过程。

根据标准法的规定，我国的标准分为国家标准、行业标准、地方标准和企业标准四级。

按照制定的范围不同，标准分为国际标准、国家标准、地方标准、行业标准和企业标准五个级别。在国际范围内制定的标准称为国际标准，用"ISO"、"IEC"等表示；在全国范围内统一制定的标准称为国家标准，用"GB"表示；在全国同一行业内制定的标准称为行业标准，各行业都有自己的行业标准代号，如机械标准(JB)等；在企业内部制定的标准称为企业标准，用"QB"表示。

二、标准化组织的含义

国际标准化组织(International Organization for Standardization，ISO)，是一个全球性的非政府组织，是国际标准化领域中一个十分重要的组织。在国际上，为了促进世界各国在技术上的统一，成立了 ISO 和国际电工委员会(简称 IEC)，由这两个组织负责制定和颁发国际标准。我国于 1978 年恢复参加 ISO 组织后，陆续修订了自己的标准。修订的原则是：在立足我国生产实际的基础上向 ISO 靠拢，以利于加强我国在国际上的技术交流和产品互换。

许多人会注意到，ISO 与国际标准化组织全称的缩写并不相同，为什么不是 IOS 呢？其实，ISO 并不是其全称首字母的缩写，而是一个词，它来源于希腊语，意为"相等"，现在有一系列用它做前缀的词，诸如 isometric(意为"尺寸相等")，isonomy(意为"法律平等")。从"相等"到"标准"，内涵上的联系使 ISO 成为组织的名称。

三、计量与检测工作

1. 检测工作

先进的公差标准是实现互换性的基础。但是，仅有公差标准而无相应的检测措施还不足以保证实现互换性。必要的检测是保证互换性生产的手段。通过检测，几何参数的误差控制在规定的公差范围内，零件就合格，就能满足互换性要求。反之，零件就不合格，也就不能达到互换的目的。

检测的目的，不仅在于仲裁零件是否合格，还要根据检测的结果，分析产生废品的原因，以便设法减少废品，进而消除废品。检测的作用是保证零部件的互换性，保证产品的质量。

随着生产和科学技术的发展，对几何参数的检测精度和检测效率，提出了越来越高的要求。

2. 计量工作

要进行检测，还必须从计量上保证长度计量单位的统一，在全国范围内规定严格的量值传递系统及采用相应的测量方法和测量工具，以保证必要的检测精度。

我国的计量工作自 1955 年起先后颁布了一系列有关度量衡的条例和命令，保证了我国计量制度的统一和量值传递的准确可靠，使得计量工作沿着科学、先进的方向迅速发展，促进了企业计量管理和产品质量水平的不断提高。

目前，我国计量测试仪器的制造工业已有长足的进步和发展，其产品不仅满足国内工业发展的需要，而且还出口到国际市场。我国已能生产机电一体化测试仪器产品，如激光丝杆动态检查仪、光栅式齿轮全误差测量仪、三坐标测量机、激光光电比较仪等一批达到或接近世界先进水平的精密测量仪器。

四、ISO 9000 质量管理体系标准

ISO 标准由技术委员会（Technical Committees，TC）制定。ISO 9000 是指质量管理体系标准，它不是指一个标准，而是一组标准的统称。ISO 9000 是由 TC176（TC176 指质量管理体系技术委员会）制定的所有国际标准。ISO 9000 是 ISO 发布的 12 000 多个标准中应用最广泛的标准。ISO 对 9000 族系列标准进行"有限修改"后，于 1994 年正式颁布实施，并转为 94 版。在广泛征求意见的基础上，又启动了修订战略的第二阶段，即"彻底修改"。1999 年 11 月提出了 2000 版 ISO/DIS 9000、ISO/DIS 9001 和 ISO/DIS 9004 国际标准草案。此草案经充分讨论并修改后，于 2000 年 12 月 15 日正式发布实施。ISO 规定自正式发布之日起三年内，94 版标准和 2000 版标准将同步执行，同时鼓励需要认证的企业现在按 2000 版标准申请认证。

任务三　明确本课程的研究对象及达到的目标

一、本课程的研究对象

本课程是高等职业院校机械类、机电类各专业必修的主干技术基础课程。它包含几何量公差与误差检测两大方面的内容，把标准化和计量学两个领域的有关部分有机地结合在一起，与机械设计、机械制造、质量控制等多方面密切相关，是机械工程技术人员和管理人员必备的基本知识技能。

本课程的研究对象就是几何参数的公差与误差的测量。即研究如何通过规定公差合理解决机器使用要求与制造要求之间的矛盾，如何运用技术测量手段保证国家公差标准的贯彻实施。

本课程是从加工的角度研究误差,从设计的科学性去探讨公差。众所周知,科学技术越发达,对机械产品的精度要求越高,对互换性的要求也越高,机械加工就越困难,这就必须处理好产品的使用要求与制造工艺之间的矛盾,处理好公差选择的合理性与加工出现误差的必然性之间的矛盾。因此,随着机械工业的高速发展,我国作为一个制造大国的地位越来越明显,本课程的重要性也显得越来越突出。

二、本课程达到的目标

通过本课程的学习,学生应达到以下知识目标和技能目标:

1. 知识目标

(1) 建立互换性的基本概念,掌握各有关公差标准的基础知识、特点和相关表格的使用;

(2) 正确理解图样上所标注的各种公差配合代号的技术含义;

(3) 掌握公差配合、几何公差和表面粗糙度的国家标准及其应用;

(4) 建立技术测量的基本概念,了解常用测量方法与测量器具的工作原理。

2. 技能目标

(1) 能根据零件的使用要求,选用其公差等级、配合种类、几何公差及表面质量参数值等,并能在图样上进行正确的标注;

(2) 正确、熟练地选择和使用生产现场的量具、量仪对零部件的几何量进行准确检测和综合处理检测数据。

总之,本课程的任务是使学生获得公差配合与技术测量的基本理论、基本知识和基本技能,了解互换性和测量技术学科的现状和发展,具有继续自学并结合工程实践应用、扩展的能力。

拓 展 知 识

优先数与优先数系

产品无论在设计、制造,还是在使用中,其规格(零件尺寸大小,原材料尺寸大小,公差大小,承载能力及所使用设备、刀具、测量器具的尺寸等性能与几何参数)都要用数值表示。而产品的数值是有扩散传播的,例如,复印机的规格与复印纸的尺寸有关,复印纸的尺寸则取决于书刊、杂志的尺寸,复印机的尺寸又影响造纸机械、印刷机械等的尺寸。又如,某一尺寸的螺栓会扩散传播到螺母尺寸,制造螺栓的刀具(丝锥、板牙等)尺寸,检验螺栓的量具(螺纹千分尺)的尺寸,安装刀具的工具,工件螺母的尺寸等。由此可见,产品技术参数的数值不能任意选,不然会造成产品规格繁杂,直接影响互换性生产、产品的质量以及产品的成本。

生产实践证明,对于产品技术参数合理分档、分级,对产品技术参数进行简化、协调统一,必须按照科学、统一的数值标准,即优先数与优先数系。它是一种科学的数值制度,也是国际上统一的数值分级制度,它不仅适用于标准的制定,也适用于标准制定前的规划、设计，从而把产品品种的发展一开始就引入科学的标准化轨道。因此，优先数系是一个国际上统一的重要的基础标准。

优先数系由一些十进制等比数列构成，其代号 R（R 是优先数系创始人 Renard 的缩写），相应的公比代号为 q_r。r 代表 5、10、20、40 等数值，其对应关系为

$$R5\ 系列 \qquad q_5 = \sqrt[5]{10} \approx 1.6$$
$$R10\ 系列 \qquad q_{10} = \sqrt[10]{10} \approx 1.25$$
$$R20\ 系列 \qquad q_{20} = \sqrt[20]{10} \approx 1.12$$
$$R40\ 系列 \qquad q_{40} = \sqrt[40]{10} \approx 1.06$$

一般优先选择 R5 系列，其次为 R10 系列、R20 系列等。

优先数系中的任何一个项值均为优先数，其值见表 1-1。从表 1-1 可以发现，R5 系列的项值包含在 R10 系列中，R10 系列的项值包含在 R20 系列中，R20 系列的项值包含在 R40 系列中。

表 1-1　优先数系的基本系列

R5	R10	R20	R40	R5	R10	R20	R40	R5	R10	R20	R40
1.00	1.00	1.00	1.00			2.24	2.24		5.00	5.00	5.00
			1.06				2.36				5.30
		1.12	1.12	2.50	2.50	2.50	2.50				
			1.18				2.65			5.60	5.60
	1.25	1.25	1.25			2.80	2.80				6.00
			1.32				3.00	6.30	6.30	6.30	6.30
		1.40	1.40		3.15	3.15	3.15				6.70
			1.50				3.35			7.10	7.10
1.60	1.60	1.60	1.60			3.55	3.55				7.50
			1.70				3.75		8.00	8.00	8.00
		1.80	1.80	4.00	4.00	4.00	4.00				8.50
			1.90				4.25			9.00	9.00
	2.00	2.00	2.00			4.50	4.50				9.50
			2.12				4.75	10.00	10.00	10.00	10.00

此外，为了使优先数系有更大的适应性，可从基本系列中每隔几项选取一个优先数，组成一个新的系列，这种新的系列称为派生系列。例如，派生系列 $R\dfrac{10}{2}$，就是从基本系列 R10 中每隔一项取出一个优先数组成的，当首项为 1 时，$R\dfrac{10}{2}$ 系列为 1.00，1.60，2.50，4.00，6.30，10.00，……

采用等比数列作为优先数系可使相邻两个优先数的相对差相同，且运算方便，简单易记。选用基本系列时，应遵守先疏后密的规则，即应当按照 R5、R10、R20、R40 的顺序，

优先采用公比较大的基本系列，以免规格过多。

项 目 小 结

本项目主要学习的内容包括：互换性的概念、分类及作用；围绕标准、标准化和技术测量来学习误差和公差的关系；本课程研究的对象和学生学习应达到的目标要求。

互换性是机械制造业中，设计和制造过程需遵循的重要原则，可使企业获得巨大的经济效益和社会效益。

互换性分为完全互换和不完全互换，其选择由产品的精度高低、产量多少、生产成本等因素决定。对无特殊要求的产品，均采用完全互换；对尺寸特大、精度特高、数量特少的产品则采用不完全互换性生产。

加工误差是由于工艺系统或其他因素，造成零件加工后实际状态与理想状态的差别（包括尺寸、形状、位置、表面粗糙度等误差）。

公差是允许的加工误差，用于限制误差。公差值 T 大小排列按 $T_{尺寸} > T_{位置} > T_{形状} >$ 表面粗糙度公差。

完全互换性是现代化大工业生产的基础，而国家标准是现代化大工业生产的依据，技术测量则是现代化大工业生产的保证。

思 考 与 练 习

一、填空题

1.互换性按其互换的程度和范围的不同可分为_____和_____两大类。

2.实行专业化协作生产必须遵守_____原则。

3.互换性表现为对产品零部件在装配过程中的要求是：装配前_____，装配中_____，装配后_____。

4.从零件的功能看，不必要求同一规格的零件的几何参数加工的_____，只要求其在某一规定范围内变动，该允许变动的范围叫作_____。

5.几何量误差包括_____误差、_____误差、_____误差和_____误差等。

二、判断题

（　　）1.完全互换的装配效率必高于不完全互换。

（　　）2.不完全互换性是指一批零件中，一部分零件具有互换性，而另一部分零件必须经过修配才具有互换性。

（　　）3.若零件不经挑选或修配，便能装配到机器上去，则该零件具有互换性。

（　　）4.机器制造业中的互换性生产必定是大量或成批生产，但大量或成批生产不一定是互换性生产，小批生产不是互换性生产。

（　　）5.现代科学技术虽然很发达，但要把两个尺寸做得完全相同是不可能的。

（　　）6.对大批量生产同规格零件要求有互换性，单件生产不必遵循互换性原则。

（　　）7. 零件的互换程度越高越好。

（　　）8. 有了公差标准，就能保证零件具有互换性。

（　　）9. 互换性要求零件按一个指定的尺寸制造。

三、选择题

1. 本课程研究的是零件（　　）方面的互换性。

A. 物理性能　　　　　B. 几何参数　　　　　C. 化学性能　　　　　D. 尺寸

2. 不完全互换一般用于（　　）的零部件，适用于部分场合。

A. 生产批量大、装配精度高　　　　　　B. 生产批量大、装配精度低

C. 生产批量小、装配精度高　　　　　　D. 生产批量小、装配精度低

3. 标准有不同的级别，"JB"为我国（　　）的代号。

A. 国家标准　　　　B. 行业标准　　　　C. 地方标准　　　　D. 企业标准

四、简答题

1. 什么叫互换性？互换性的分类有哪些？

2. 何谓标准化？标准化有何重要意义？

3. 检测的目的与作用是什么？

4. 为什么要规定公差？公差的大小与技术经济效益有何联系？

5. 本课程的研究对象是什么？学习本课程学生应达到的知识目标和技能目标有哪些？

项目二　零件图中尺寸、偏差、公差

1. 知识要求

（1）熟悉各种和尺寸、偏差、公差有关的术语；

（2）熟悉未注尺寸、未注公差的术语；

（3）熟悉偏差、公差之间的换算方法；

（4）熟悉标准公差的符号及含义。

2. 技能要求

（1）能读懂图纸中的所有尺寸、尺寸公差、尺寸偏差；

（2）会计算零件的各种偏差；

（3）能读懂图纸中的未注尺寸，并能确定未注尺寸的未注公差；

（4）掌握标准公差、基本偏差的查表方法；

（5）掌握极限偏差的确定方法及步骤。

任务一　认识偏差及有偏差要求的尺寸

◉ **任务引入**

图 2-1 是某机械加工厂的一份泵轴的零件图，请解释图中各项尺寸及偏差的含义。

◉ **知识准备**

一、有关尺寸的术语

例 2-1　说明轴 $\phi\,14^{\,0}_{-0.011}$ mm 的含义。

结论：$\phi14$ mm 是轴的公称尺寸；

$\phi14$ mm 是轴的上极限尺寸；$\phi13.989$ mm 是轴的下极限尺寸。

11

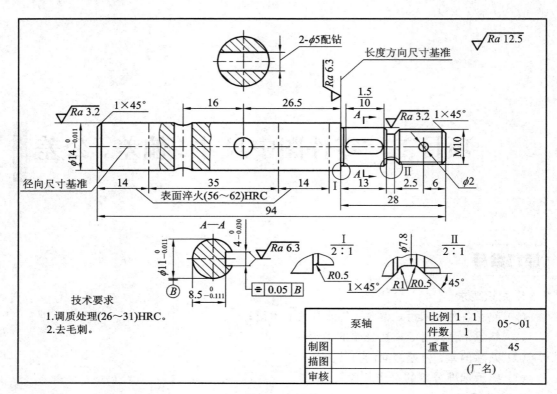

图 2-1　泵轴

1. 尺寸

尺寸是指用特定单位表示线性尺寸值的数值，从尺寸的定义可知，尺寸由数字和特定单位所组成，在机械零件上，长度值通常是两点之间的距离，如直径 $\phi 14$ mm。

在机械制图中，长度、中心距、圆弧半径、高度、深度等（不包括角度），尺寸的单位明确用 mm，所以标准规定图样上的尺寸仅标数字，mm 省略不标，而当采用其他单位时，则必须标出单位。

2. 公称尺寸（D、d）

公称尺寸也称为基本尺寸，是设计时给定的尺寸，它是计算极限尺寸和极限偏差的起始尺寸。（标准规定：大写表示孔的有关代号，小写表示轴的有关代号，后同。）

3. 实际尺寸

通过测量所得的尺寸。包含测量误差，且同一表面不同部位的实际尺寸往往也不相同。孔和轴的实际尺寸分别用 D_a 和 d_a 表示。

还应指出，同一零件的相同部位用同一量具重复测量多次，由于测量误差的随机性，其测得的实际尺寸也不一定完全相同。

4. 极限尺寸

允许尺寸变动的两个界限尺寸，两者中较大的称为上极限尺寸，较小的称为下极限尺寸。孔和轴的上极限尺寸、下极限尺寸分别用 D_{max}、d_{max} 和 D_{min}、d_{min} 表示。

如轴 $\phi 14_{-0.011}^{\ 0}$ mm，$\phi 14$ mm 是轴的上极限尺寸，$\phi 13.989$ mm 是轴的下极限尺寸。

注：上极限尺寸＝公称尺寸＋上极限偏差

下极限尺寸＝公称尺寸＋下极限偏差

上述尺寸中，公称尺寸和极限尺寸是设计给定的。由于几何测量误差是客观存在，任何尺寸不可能也没有必要作为绝对准确的唯一数值，所以设计时必须根据零件的使用要求和加工经济性，以公称尺寸为基数确定其尺寸允许的变化范围，这个变化范围以两个极限尺寸为界限。由此可知，公称尺寸不能理解为加工后要获得的最理想的尺寸。加工后的零件通过测量获得的实际尺寸，若不计形状误差的影响，实际尺寸在两极限尺寸所确定的范围之内，则零件合格，所以极限尺寸是用来控制实际尺寸的。

二、有关偏差的术语

例 2 - 2　说明 $\phi\,14_{-0.011}^{\ 0}$ mm 的极限偏差。

结论：0 是上极限偏差；－0.011 mm 是下极限偏差。

1. 尺寸偏差

尺寸偏差(简称偏差)：是指某一尺寸减去其公称尺寸所得的代数差。

(1) 实际偏差。实际尺寸减去其公称尺寸所得的代数差称为实际偏差。

(2) 极限偏差。上极限尺寸减去其公称尺寸所得的代数差称为上极限偏差(ES，es)；下极限尺寸减去其公称尺寸所得的代数差称为下极限偏差(EI，ei)。上、下极限偏差统称为极限偏差。极限偏差用以控制实际偏差。

根据定义，上、下极限偏差用公式：

对孔：$ES = D_{max} - D$

$$EI = D_{min} - D$$

对轴：$es = d_{max} - d$

$$ei = d_{min} - d$$

偏差可以为正、负或零，它分别表示其尺寸大于、小于或等于公称尺寸。所以不等于零的偏差值，在其值前必须标上相应的"＋"或"－"号，偏差值为零时，"0"也不能省略。如轴 $\phi 14$ 的尺寸中的上极限偏差＝0，下极限偏差＝－0.011 mm。

技术文件上标注极限偏差时，标准规定：上极限偏差标在公称尺寸右上角；下极限偏差标在公称尺寸右下角。当上、下极限偏差数值相等符号相反时，则标注为 14±0.011。

2. 基本偏差

基本偏差是指用以确定公差带相对于零线位置的上极限偏差或下极限偏差，一般是靠近零线或位于零线的那个极限偏差(有个别公差带例外)，如基准轴的直径尺寸中的基本偏差是上极限偏差 0。

如前所述，基本偏差是确定公差带的位置参数，原则与公差等级无关。为了满足各种不同配合的需要，必须将孔和轴的公差带位置标准化，为此，对应不同的公称尺寸，标准对孔和轴分别规定了 28 个公差带位置，分别由 28 个基本偏差来确定。

1) 代号

基本偏差代号用拉丁字母表示。小写代表轴，大写代表孔。以轴为例，它们的排列顺序基本上从 a 依次到 z，拉丁字母中，除去与其他代号易混淆的 5 个字母 i、l、o、q、w，增加了 7 个双写字母代号 cd、ef、fg、js、za、zb、zc 共 28 个。其排列顺序见图 2 - 2。孔的 28 个基本偏差代号，除大写外，其余与轴完全相同。

2）基本偏差系列图及其特征

图 2-2 是基本偏差系列图，它表示公称尺寸相同的 28 种轴、孔基本偏差相对零线的位置关系，基本偏差是"开口"公差带，这是因为基本偏差只表示公差带的位置，而不表示公差带的大小。图中只画出公差带的一端，另一端开口则表示将由公差等级来决定。

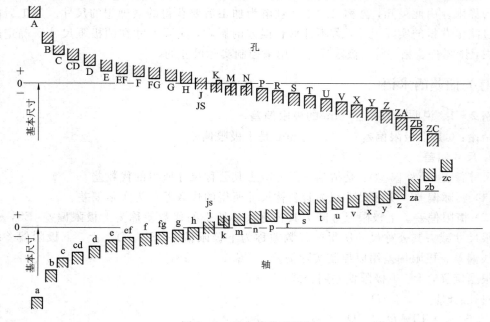

图 2-2 基本偏差系列图

由上图可以看出，轴、孔的基本偏差图形是基本对称的。

3）基本偏差数值

（1）轴的基本偏差值的确定。附录表 1 中轴的基本偏差数值是以基孔制为基础制定的，按照各种配合要求，再根据生产实践经验和统计分析结果得出的一系列公式经计算后圆整成尾数而得出列表值。

（2）孔的基本偏差数值的确定。孔的基本偏差数值见附录表 2。孔的基本偏差是按一定规则换算后得到的。

● **任务实施**

图 2-1 是某机械加工厂的泵轴零件图，请解释图中各项尺寸及偏差的含义。具体含义见表 2-1。

表 2-1 泵轴各项尺寸及偏差的含义   mm

尺寸	公称尺寸	上极限尺寸	下极限尺寸	上极限偏差	下极限偏差
$\phi 14_{-0.011}^{0}$	$\phi 14$	$\phi 14$	$\phi 13.989$	0	-0.011
$\phi 11_{-0.011}^{0}$	$\phi 11$	$\phi 11$	$\phi 10.989$	0	-0.011
$4_{-0.030}^{0}$	4	4	3.970	0	-0.030
$8.5_{-0.111}^{0}$	8.5	8.5	8.389	0	-0.111

任务二　认识尺寸公差、一般公差

◉ **任务引入**

图 2-1 是某机械加工厂的泵轴零件图，请解释图中各项尺寸及公差的含义。

◉ **知识准备**

例 2-3　说明 $\phi 14_{-0.011}^{\ 0}$ mm 的公差。

结论：尺寸公差是 0.011 mm。

一、尺寸公差

1. 定义

尺寸公差（简称公差）是指允许尺寸的变动量。孔和轴的公差分别以 T_h 和 T_s 表示。

2. 大小

公差数值等于上极限尺寸与下极限尺寸的代数差的绝对值，也等于上极限偏差与下极限偏差的代数差的绝对值。用公式表示为

$$T_h = |D_{max} - D_{min}| = |ES - EI|$$
$$T_s = |d_{max} - d_{min}| = |es - ei|$$

3. 公差与极限偏差的区别与联系

公差和极限偏差是两个既有联系又有区别的重要概念。两者都是设计时给定的，在数值上，极限偏差是代数值，正、负或零是有意义的；而公差是允许尺寸的变动范围，所以是没有正负号的绝对值，也不能取零值（零值意味着加工误差不存在，是不可能的）。实际计算时，由于上极限尺寸大于下极限尺寸（上极限偏差大于下极限偏差），故可省去绝对值符号。

从作用上看，极限偏差用于控制实际偏差，是判断完工零件尺寸是否合格的根据；而公差则是控制一批零件实际尺寸的差异程度。

从工艺上看，对某一具体尺寸，公差大小反映的是加工难易程度，即加工精度的高低。它是制订加工工艺、选择机床、刀具、夹具、量具的主要依据；而极限偏差则是调整机床时决定切削工具与工件相对位置的依据。

应当指出：由于公差是上、下极限偏差之代数差的绝对值，所以确定了两极限偏差也就确定了公差。

4. 标准公差系列

公差带大小进行标准化后，确定了一系列标准公差值并列成表格，如附录表 3 所列。表列中任一公差都称为标准公差，用以确定公差带的大小。设计时，在满足使用要求的前提下，尽量采用标准公差。

1）公差等级

公差等级是指确定尺寸精确程度的等级。由于不同零件和零件上不同部位的尺寸，对

精确程度的要求往往不相同，为了满足生产的需要，国家标准设置了 20 个公差等级。各级标准的代号为 IT01、IT0、IT1～IT18，其中 IT01 精度最高，其余依次降低，IT18 精度最低。其相应的标准公差在公称尺寸相同的条件下，随公差等级的降低而依次增大，见附录表 3。

2）尺寸公差带代号

尺寸公差带代号由基本偏差代号＋公差等级代号组成，如 H6、f8 等。

对于公称尺寸一定的孔和轴，若给定基本偏差代号和公差等级，则其公差带的位置和大小即可完全确定。标准规定，在基本偏差之后加注公差等级代号（数字），称为公差带代号，如 H8、F8、D9 等为孔的公差带代号；h7、f7、k6 等为轴的公差带代号。若指某一确定尺寸的公差带，则公称尺寸标在公差代号之前，如 ϕ20F8、ϕ20h7 等。

二、一般公差——线性尺寸的未注公差

所谓线性尺寸的一般公差是指在车间普通工艺条件下，机床设备可以保证的公差。对机器零件上各要素提出的尺寸、形状或各要素间的位置等要求，取决于它们的功能。因此，零件在图样上表达的所有要素都有一定的公差要求。但是对某些在功能无特殊要求的要素，则给出一般的公差。新颁布的 GB/T 1804—2000《一般公差、线性尺寸的未注公差》用以代替 GB 1804—79《公差与配合　未注公差尺寸的极限偏差》。新标准所规定的一般公差可应用的线性尺寸、角度尺寸、形状和位置等几何要素。

当零件上的要素采用一般公差时，在图样上不单独注出公差，而是在图样上、技术文件或标准中作出总的说明。

◉ 任务实施

图 2-1 是某机械加工厂的泵轴零件图，请解释图中各项尺寸及公差的含义。具体含义见表 2-2。

表 2-2　泵轴各项尺寸及公差的含义　　　　　　　　　　　　　　mm

尺寸	公称尺寸	上极限尺寸	下极限尺寸	公差
$\phi 14_{-0.011}^{0}$	$\phi 14$	$\phi 14$	$\phi 13.989$	0.011
$\phi 11_{-0.011}^{0}$	$\phi 11$	$\phi 11$	$\phi 10.989$	0.011
$4_{-0.030}^{0}$	4	4	3.070	0.030
$8.5_{-0.111}^{0}$	8.5	8.5	8.389	0.111

任务三　查孔轴基本偏差表、公差数值表和确定另一极限偏差

◉ 任务引入

试确定 ϕ35j6、ϕ72K8、ϕ90R7 的基本偏差与另一极限偏差。

◉ **知识准备**

学习使用附录表 1、附录表 2 及附录表 3，查孔、轴基本偏差表、公差数值表。

◉ **任务实施**

根据任务求解如下：

$\phi 35j6$：查附录表 3   IT6 时 $T_s = 16 \ \mu m$

查附录表 1   ei$=-5 \ \mu m$，则 es$=$ei$+T_d = 11 \ \mu m$

即 $\phi 5j6 = \phi 35^{+0.011}_{-0.005} \ mm$

$\phi 72K8$：查附录表 3   IT8 时 $T_h = 46 \ \mu m$

查附录表 2   ES$=-2+\Delta=(-2+16)\mu m = +14 \ \mu m$

EI$=$ES$-T_h = (14-46) \ \mu m = -32 \ \mu m$

即 $\phi 72K8 = \phi 72^{+0.014}_{-0.032} \ mm$

$\phi 90R7$：查附录表 3   IT7 时 $T_h = 35 \ \mu m$

查附录表 2   ES$=-51+\Delta=(-51+13)\mu m = -38 \ \mu m$

EI$=$ES$-T_h = (-38-35)\mu m = -73 \ \mu m$

即 $\phi 90R7 = \phi 90^{-0.038}_{-0.073} \ mm$

拓 展 知 识

一、尺寸公差带

为了清晰地表示上述术语及其相互关系，我们作尺寸公差带图，如图 2-3 所示。由于零件的公称尺寸和公差、极限偏差相比较，其值相差十分悬殊，所以图中仅将公差与极限偏差部分放大，且不考虑形状误差的影响。从图上可以直观地分析、推导尺寸公差计算公式。

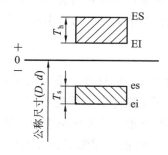

图 2-3   尺寸公差带图

为了方便起见，实用时对尺寸公差带图进行简化，不画孔和轴的全形且仅取纵截面视图中的一部分，称尺寸公差带图，简称公差带图。

（1）零线：在公差带图中，代表公称尺寸并确定偏差坐标位置的一条基准直线，即零偏差线。

通常将零线画成水平位置的线段，正偏差位于零线上方，负偏差位于零线下方，零偏差重合于零线。公差带图中的偏差用 mm 为单位时；可省略不标；如用 μm 为单位，则必须注明。

（2）尺寸公差带：在公差带图中，表示上、下极限偏差的两条直线所限写的一个区域。简称为公差带。公差带沿零线方向的长度可适当任取。

例 2 - 5 画出公称尺寸为 ϕ40 mm，上极限尺寸为 ϕ40.025 mm、下极限尺寸为 ϕ40 mm的孔与上极限尺寸为 ϕ39.99 mm、下极限尺寸为 ϕ39.974 mm 的轴的公差带图。

解：作图步骤如下

① 作零线，并在零线左端标上"0"号和"＋"、"－"号，在其左下方画出单箭头的尺寸线并标上公称尺寸 ϕ40 mm。

② 选择合适比例（一般可选 500：1，偏差值较小可选 1000：1），按选定放大比例画尺寸公差带。为了区别孔和轴的公差带，孔的公差带应画上剖面线；而轴的公差带则是和孔的剖面线方向相反，标上公差带代号。一般将极限偏差值直接标在公差带的附近，如图 2 - 4所示。

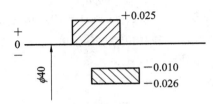

图 2 - 4 例题 2 - 2 尺寸公差带图

从公差带图上可清楚地看出，一个具体的公差带是由两个要素构成：一个是"公差带大小"，即公差带在零线垂直方向的宽度；另一个是"公差带位置"，即公差带相对于零线的坐标位置。只有既给定公差值以确定公差带大小，同时又给出一个极限偏差（上极限偏差或下极限偏差），才能完全确定一个公差带。

GB/T 1800.1 — 2009 产品几何技术规范（GPS）极限与配合中对构成孔、轴公差带的两个要素，即公差带大小和公差带位置，分别进行标准化，建立了标准公差和基本偏差两个系列，两者原则上彼此独立，使这项标准具有比较先进、比较科学的基本结构。

二、小知识

圆柱体结合通常指孔和轴的结合，是机器中最广泛采用的一种结合形式，为使加工后的孔与轴能满足互换性要求，必须在设计中采用公差与配合标准。圆柱结合的公差与配合标准是最早建立的，也是最基本的标准，是机械制造中的基础标准。

公差与配合的标准化不仅可以防止随意规定公差与配合数值的混乱现象，保证了零、部件的互换性和质量，而且还有利于刀具、量具的标准化，有利于广泛组织专业化协作生产和国际间的技术交流。我国 1959 年参照前苏联公差制颁布了《公差与配合》国家标准 GB 159～174—59（以下简称旧国标）。随着科学技术的发展，旧国标中存在没有检验标准、精度等级偏低、配合种类偏少、大尺寸公差不尽合理、与国际标准不一致等问题，故旧国标已不能满足目前生产与技术发展的需要。1999 年我国参照了国际标准（ISO），结合我国的生产实际情况对旧国标进行了修订，颁布了新的公差与配合国家标准。新国标的构成共分三个部分：

第一部分 GB/T 1801.1—1997、GB/T 1800.2—1998、GB/T 1800.3—1998、GB/T 1800.4—1998(旧标准 GB 1800—79)包括总论、标准公差与基本偏差。

第二部分 GB/T 1801—1999(旧标准 GB1801—79)为尺寸 0～500 mm 孔、轴公差与配合。

GB/T 1802—1999(旧标准 GB 1802—79)为尺寸 500～3150 mm 常用孔、轴公差带；

GB/T 1803—1999(旧标准 GB 1803—79)为尺寸 0～18 mm 孔、轴公差带；

GB/T 1804—1992(旧标准 GB 1804—79)为未注公差尺寸的极限偏差。

第三部分 GB 1957—81 为光滑极限量规；GB 3177—82 为光滑工件尺寸的检验。

2000 年以后，我国陆续对相关标准又进行修订，详情可查阅相关资料。

项 目 小 结

本项目主要学习的内容包括：认识偏差及有偏差要求的尺寸；认识尺寸公差、一般公差；会查孔轴基本偏差表、公差数值表、极限偏差数值表和确定另一极限偏差等方面的知识。

尺寸是指用特定单位表示线性尺寸值的数值，尺寸由数字和特定单位所组成。公称尺寸也称为基本尺寸，是设计时给定的尺寸，它是计算极限尺寸和极限偏差的起始尺寸。通过测量所得的尺寸是实际尺寸。允许尺寸变动的两个界限尺寸，两者中较大的称为上极限尺寸，较小的称为下极限尺寸。公称尺寸和极限尺寸是设计给定的，极限尺寸是用来控制实际尺寸的。

尺寸偏差(简称偏差)是指某一尺寸减去其公称尺寸所得的代数差。实际尺寸减去其公称尺寸所得的代数差称为实际偏差。上极限尺寸减去其公称尺寸所得的代数差称为上极限偏差；下极限尺寸减去其公称尺寸所得的代数差称为下极限偏差。上、下极限偏差统称为极限偏差，极限偏差用以控制实际偏差。偏差可以为正、负或零，它分别表示其尺寸大于、小于或等于公称尺寸。基本偏差是指用以确定公差带相对于零线位置的上极限偏差或下极限偏差，一般是靠近零线或位于零线的那个极限偏差(有个别公差带例外)。基本偏差是确定公差带的位置参数，原则上与公差等级无关。

基本偏差代号用拉丁字母表示。小写代表轴，大写代表孔。以轴为例，它们的排列顺序基本上从 a 依次到 z，拉丁字母中，除去与其他代号易混淆的 5 个字母 i、l、o、q、w，增加了 7 个双写字母代号 cd、ef、fg、js、za、zb、zc 共 28 个。孔的 28 个基本偏差代号，除大写外，其余与轴完全相同。基本偏差系列图，它表示公称尺寸相同的 28 种轴、孔基本偏差相对零线的位置关系，基本偏差是"开口"公差带。

尺寸公差(简称公差)是指允许尺寸的变动量。公差数值等于上极限尺寸与下极限尺寸的代数差的绝对值，也等于上极限偏差与下极限偏差的代数差的绝对值。

公差和极限偏差都是设计时给定的，在数值上，极限偏差是代数值，正、负或零是有意义的；而公差是允许尺寸的变动范围，所以是没有正负号的绝对值，也不能取零值(零值意味着加工误差不存在，是不可能的)。极限偏差用于控制实际偏差，是判断完工零件尺寸是否合格的根据;而公差则是控制一批零件实际尺寸的差异程度。对某一具体尺寸,公差大小反映的是加工难易程度,即加工精度的高低。它是制订加工工艺、选择机床、刀具、夹具、量具的主要依据;而极限偏差则是调整机床时决定切削工具与工件相对位置的依据。

公差等级是指确定尺寸精确程度的等级。由于不同零件和零件上不同部位的尺寸,对精确程度的要求往往不相同,为了满足生产的需要,国家标准设置了 20 个公差等级。尺寸公差带代号由基本偏差代号+公差等级代号组成,如 H6、f8 等。对于公称尺寸一定的孔和轴,若给定基本偏差代号和公差等级,则其公差带的位置和大小即可完全确定。标准规定,在基本偏差之后加注公差等级代号(数字),称为公差带代号,如 H8、F8、D9 等为孔的公差带代号;h7、f7、k6 等为轴的公差带代号。若指某一确定尺寸的公差带,则公称尺寸标在公差代号之前,如 $\phi20F8$、$\phi20h7$ 等。

线性尺寸的一般公差是指在车间普通工艺条件下,机床设备可以保证的公差。对机器零件上各要素提出的尺寸、形状或各要素间的位置等要求,取决于它们的功能。

思考与练习

一、判断题

(　　)1.公差在一般情况下为正,在个别情况下也可以为负或零。

(　　)2.公差是零件尺寸允许的最大偏差。

(　　)3.零件的实际尺寸愈接近于其公称尺寸,则其精度也愈高。

(　　)4.公称尺寸是设计时给定的尺寸,因此零件的实际尺寸越接近公称尺寸越好。

(　　)5.上极限尺寸一定大于公称尺寸,下极限尺寸一定小于公称尺寸。

二、试根据表 2-3 中的已知数据,计算并填写表 2-3 中各空格。

表 2-3　　　　　　　　　　　　　mm

公称尺寸	上极限尺寸	下极限尺寸	上极限偏差	上极限偏差	公差
孔 $\phi8$	8.040	8.025			
轴 $\phi60$			−0.060		0.046
孔 $\phi30$		30.020			0.100
轴 $\phi50$			−0.050	−0.112	
孔 $\phi40$				−0.01	0.025

三、单项选择题

1.$\phi20f6$、$\phi20f7$、$\phi20f8$ 三个公差带(　　　　)。

A.上、下极限偏差分别相同　　　　B.上极限偏差相同但下极限偏差不相同

C.上极限偏差不相同且下极限偏差相同　　D.上、下极限偏差各不相同

2.基本偏差代号为 J、K、M 的孔与基本偏差代号为 h 的轴可以构成(　　　　)。

A.间隙配合　　　B.间隙或过渡配合　　　C.过渡配合　　　D.过盈配合

四、简答题

1.公称尺寸、极限尺寸和实际尺寸有何区别和联系?

2. 尺寸公差、极限偏差和实际偏差有何区别与联系？

3. 什么叫标准公差和基本偏差？它们与公差带有何关系？

五、计算题

1. 按 $\phi 30R7\left(_{-0.041}^{-0.020}\right)$ mm 加工 200 个孔，若完工后测得某一孔的实际尺寸为 $\phi 29.990$ mm，另一孔的实际尺寸为 $\phi 29.960$ mm，试确定这批孔的上、下极限尺寸及尺寸公差，并判断以上两孔是否合格。

2. 已知 $\phi 20H7\left(_{0}^{+0.021}\right)$ mm，$\phi 20s6\left(_{+0.035}^{+0.048}\right)$ mm 公差带，求 $\phi 20S7$ mm 的极限偏差（不查表）。

项目三　装配图中孔、轴的装配关系

能力目标

1. 知识要求

（1）理解配合的概念，熟悉孔、轴之间的装配关系；

（2）熟悉零件图和装配图的标注方法。

2. 技能要求

（1）实际工作中会运用配合的选择要领；

（2）实际工作中能熟练运用标注方法。

任务一　认识装配图中的配合关系

◉ 任务引入

　　用一份工厂机械加工过程中常用的装配图或学生在制图课作过的装配图的作业，解释装配图中各组孔与轴的配合关系。

◉ 知识准备

一、配合的概念

　　公称尺寸相同，相互结合的孔、轴公差带之间的关系，称为配合。孔、轴配合示意图及公差带如图 3－1 所示。

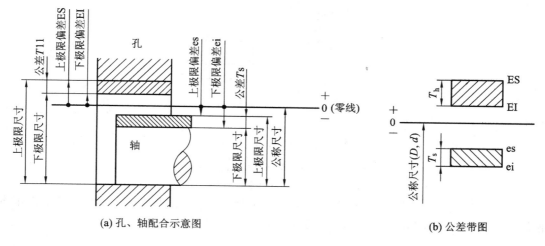

(a) 孔、轴配合示意图　　　　(b) 公差带图

图 3-1　孔、轴配合示意图及公差带图

二、配合的类别

通过公差带图，可以清楚地看到孔、轴公差带之间的关系。根据其公差带位置不同，配合可分为三种类型：间隙配合、过盈配合和过渡配合，如图 3-2 所示。

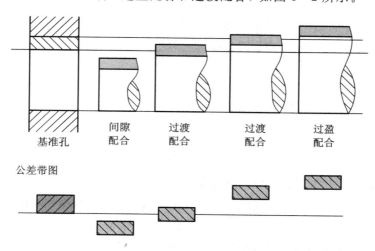

基准孔　　间隙配合　　过渡配合　　过渡配合　　过盈配合

公差带图

图 3-2　配合类别及孔、轴公差带位置关系图

1. 间隙配合

具有间隙(包括最小间隙为零)的配合称为间隙配合。此时，孔的公差带在轴的公差带之上。其特征值是最大间隙 X_{max} 和最小间隙 X_{min}，如图 3-3 所示。

孔的上极限尺寸减去轴的下极限尺寸所得的代数差称为最大间隙，用 X_{max} 表示。

$$X_{max} = D_{max} - d_{min} = (D + ES) - (d + ei) = ES - ei$$

孔的下极限尺寸减去轴的上极限尺寸所得的代数差称为最小间隙，用 X_{min} 表示。

$$X_{min} = D_{min} - d_{max} = (D + EI) - (d + es) = EI - es$$

实际生产中，平均间隙更能体现其配合性质。

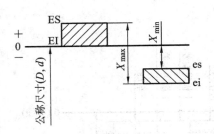

图 3-3 间隙配合公差带位置

$$X_{av} = \frac{X_{max} + X_{min}}{2}$$

注：基本偏差代号为 A～H 的孔和基准件的轴的相互结合形成的是间隙配合；而基本偏差代号为 a～h 的轴和基准件的孔相互结合形成的也是间隙配合。

2. 过盈配合

具有过盈（包括最小过盈等于零）的配合称为过盈配合。此时，孔的公差带在轴的公差带之下，如图 3-4 所示。

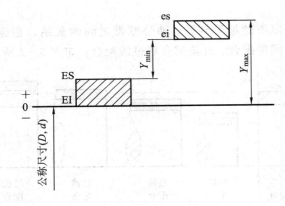

图 3-4 过盈配合公差带位置

其特征值是最大过盈 Y_{max} 和最小过盈 Y_{min}。

孔的下极限尺寸减去轴的上极限尺寸所得的代数差称为最大过盈，用 Y_{max} 表示。

$$Y_{max} = D_{min} - d_{max} = (D + EI) - (d + es) = EI - es$$

孔的上极限尺寸减去轴的下极限尺寸所得的代数差称为最小过盈，用 Y_{min} 表示。

$$Y_{min} = D_{max} - d_{min} = (D + ES) - (d + ei) = ES - ei$$

实际生产中，平均过盈更能体现其配合性质。

$$Y_{av} = \frac{Y_{max} + Y_{min}}{2}$$

注：基本偏差代号为 P～ZC 的孔和基准件的轴相互结合形成的绝大多数是过盈配合；基本偏差代号为 p～zc 的轴和基准件的孔相互结合形成的也是过盈配合。

3. 过渡配合

可能具有间隙也可能具有过盈的配合称为过渡配合。此时，孔的公差带与轴的公差带相互重叠，如图 3-5 所示。

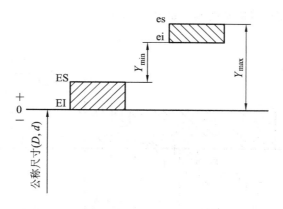

图 3-5　过渡配合公差带位置

其特征值是最大间隙 X_{max} 和最大过盈 Y_{max}。

孔的上极限尺寸减去轴的下极限尺寸所得的代数差称为最大间隙，用 X_{max} 表示。

$$X_{max} = D_{max} - d_{min} = (D + ES) - (d + ei) = ES - ei$$

孔的下极限尺寸减去轴的上极限尺寸所得的代数差称为最大过盈，用 Y_{min} 表示。

$$Y_{max} = D_{min} - d_{max} = (D + EI) - (d + es) = EI - es$$

实际生产中，其平均松紧程度可能表示为平均间隙，也可能表示为平均过盈。即

$$X_{av}（或 Y_{av}）= \frac{X_{max} + Y_{max}}{2}$$

注：基本偏差代号为 J～N 的孔和基准件的轴相互结合绝大多数形成的是过渡配合；基本偏差代号为 j～n 的轴和基准件的孔相互结合绝大多数形成的是过渡配合。

三、配合公差

配合公差是指允许间隙或过盈的变动量。它是设计人员根据机器配合部位使用性能的要求对配合松紧变动的程度给定的允许值。它反映配合的松紧变化程度，表示配合精度，是评定配合质量的一个重要的综合指标。

在数值上，它是一个没有正、负号，也不能为零的绝对值。它的数值用公式表示为

对于间隙配合　　　　　　　　$T_f = |X_{max} - X_{min}|$

对于过盈配合　　　　　　　　$T_f = |Y_{min} - Y_{max}|$

对于过渡配合　　　　　　　　$T_f = |X_{max} - Y_{max}|$

将最大、最小间隙和过盈分别用孔、轴极限尺寸或极限偏差换算后代入上式，则得三类配合的配合公差的共同公式为

$$T_f = T_h + T_s$$

四、配合制

配合制是由同一种极限制的轴和孔的公差带组成配合的一种制度。国家标准规定了两种配合制，基孔配合制和基轴配合制。

1. 基孔配合制

基孔配合制指基本偏差为一定（H）的孔的公差带与不同基本偏差（a～zc）的轴公差带形

成各种配合的一种制度，简称基孔制，如图 3-6 所示。

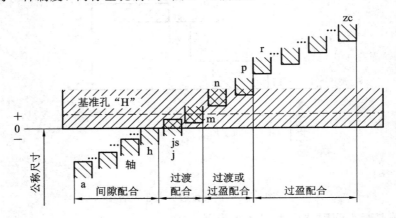

图 3-6 基孔配合制中孔和轴的公差带位置

2. 基轴配合制

基轴配合制指基本偏差为一定(h)的轴的公差带与不同基本偏差(A~ZC)的孔公差带形成各种配合的一种制度，简称基轴制，如图 3-7 所示。

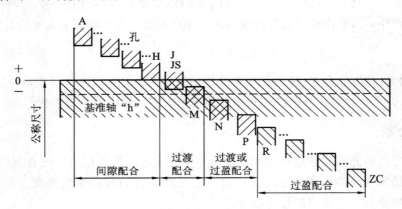

图 3-7 基轴配合制中轴和孔的公差带位置

◉ 任务实施

根据任务试确定以下各组孔与轴的配合关系：

(1) 孔 $\phi\,50^{+0.025}_{0}$ mm 与轴 $\phi\,50^{-0.025}_{-0.041}$ mm。

(2) 孔 $\phi\,50^{+0.025}_{0}$ mm 与轴 $\phi\,50^{+0.059}_{+0.043}$ mm。

(3) 孔 $\phi\,50^{+0.025}_{0}$ mm 与轴 $\phi\,50^{+0.018}_{+0.002}$ mm。

解 (1) 最大间隙 $\quad X_{\max} = \text{ES} - \text{ei} = +0.025 - (-0.041) = +0.066$ mm

最小间隙 $\quad X_{\min} = \text{EI} - \text{es} = 0 - (-0.025) = +0.025$ mm

配合公差 $\quad T_{\mathrm{f}} = |\,X_{\max} - X_{\min}\,| = |\,+0.066 - (+0.025)\,| = 0.041$ mm

此配合为间隙配合。如图 3-8(a)所示。

(2) 最大过盈 $\quad Y_{\max} = \text{EI} - \text{es} = 0 - (+0.059) = -0.059$ mm

最小过盈 $\quad Y_{\min} = \text{ES} - \text{ei} = +0.025 - (+0.043) = -0.018$ mm

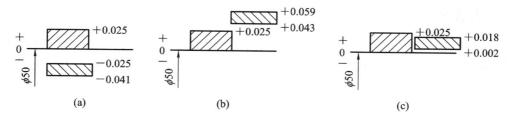

图 3-8 例 3-1 题图(孔、轴公差带位置)

配合公差 $\quad T_f = |Y_{min} - Y_{max}| = |-0.018-(-0.059)| = 0.041$ mm

此配合为过盈配合。如图 3-8(b)所示。

(3) 最大间隙 $\quad X_{max} = ES - ei = +0.025 - (+0.002) = +0.023$ mm

最大过盈 $\quad Y_{max} = EI - es = 0 - (+0.018) = -0.018$ mm

配合公差 $\quad T_f = |X_{max} - Y_{max}| = |+0.023 - (-0.018)| = 0.041$ mm

此配合为过渡配合。如图 3-8(c)所示。

任务二 学会公差配合在图样上的标注方法

● 任务引入

用一份工厂机械加工过程中常用的装配图或学生在制图课作过的装配图的作业,对图中的配合进行标注。

● 知识准备

一、公差带代号

如前所述,一个确定的公差带应由基本偏差和公差等级组合而成。孔、轴的公差代号由基本偏差代号和公差等级数字组成。例如:H8、F7 等为孔的公差带代号;h8、f7 等为轴的公差带代号,如图 3-9 所示。

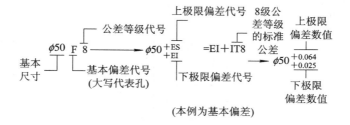

图 3-9 尺寸偏差注法

二、配合代号

用孔、轴公差带的组合表示，写成分数形式，分子为孔的公差带代号，分母为轴的公差带代号，如 H7/f6。若指某公称尺寸的配合，则公称尺寸标在配合代号之前，如 φ25 H7/f6，如图 3-10 所示。

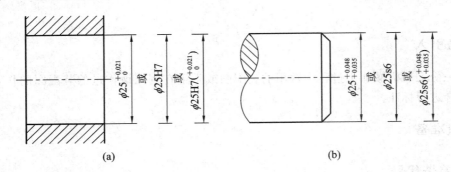

图 3-10　配合代号标法

三、零件图中尺寸公差带的标注形式

零件图中尺寸公差带的标注形式有三种，如图 3-11 所示。从左到右根据加工的需要应选择第一种标注形式。

图 3-11　尺寸公差在零件图上的标注

（a）孔；（b）轴

四、装配图中配合的标注形式

装配图中配合的标注形式如图 3-12 所示。

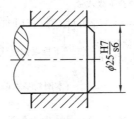

图 3-12　配合在装配图上的标注

五、常用和优先的公差带与配合

1. 公差带

根据国家标准的标准公差和基本偏差的数值，可组成大量不同大小与位置的公差带，具有非常广泛选用公差带的可能性。从经济性出发，为避免刀具、量具的品种、规格不必要的繁杂，国家标准对公差带的选择多次加以限制。

（1）孔的公差带：公称尺寸至 500 mm 的孔公差带规定了 105 种（见图 3 - 13）。选择时，应优先选用圆圈中的公差带，其次选用方框中的公差带，最后选用图中的其他公差带。公称尺寸大于 500 mm 至 3150 mm 的孔公差带规定了 31 种（见图 3 - 14）。

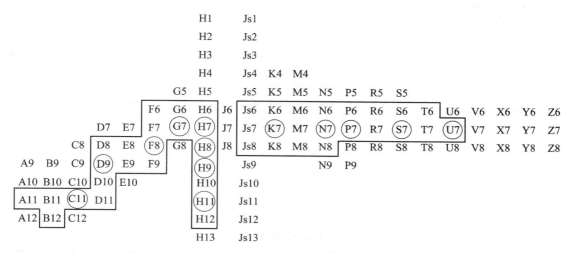

图 3 - 13　公称尺寸至 500 mm 的孔的常用、优先公差带

```
        G6  H6  JS6  K6  M6  N6
    F7  G7  H7  JS7  K7  M7  N7
D8  E8  F8      H8  JS8
D9  E9  F9      H9  JS9
D10             H10  JS10
D11             H11  JS11
                H12  JS12
```

图 3 - 14　公称尺寸大于 500 mm 至 3150 mm 孔的常用公差带

（2）轴的公差带：公称尺寸至 500 mm 的轴公差带规定了 116 种（见图 3 - 15）。选择时，应优先选用圆圈中的公差带，其次选用方框中的公差带，最后选用图中的其他公差带。公称尺寸大于 500 mm 的孔公差带规定了 41 种（见图 3 - 16）。

2. 配合

GB/T 1801—1999 规定基孔制常用配合 59 种，优先配合 13 种（见表 3 - 1）；基轴制常用配合 47 种，优先配合 13 种（见表 3 - 2）。

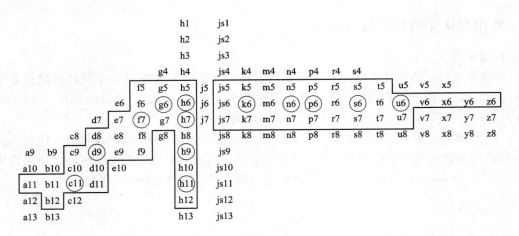

图 3-15　公称尺寸至 500 mm 轴的常用、优先公差带

```
                g6  h6  js6  k6  m6  n6  p6  r6  s6  t6  u6
            f7  g7  h7  js7  k7  m7  n7  p7  r7  s7  t7  u7
d8  e8  f8          h8  js8
d9  e9  f9          h9  js9
d10             h10  js10
d11             h11  js11
                h12  js12
```

图 3-16　公称尺寸大于 500 mm 至 3150 mm 轴的常用公差带

表 3-1　基孔制常用、优先配合

基准孔	轴																				
	a	b	c	d	e	f	g	h	js	k	m	n	p	r	s	t	u	v	x	y	z
	间隙配合								过渡配合			过盈配合									
H6						H6/f5	H6/g5	H6/h5	H6/js5	H6/k5	H6/m5	H6/n5	H6/p5	H6/r5	H6/s5	H6/t5					
H7						H7/f6	H7/g6	H7/h6	H7/js6	H7/k6	H7/m6	H7/n6	H7/p6	H7/r6	H7/s6	H7/t6	H7/u6	H7/v6	H7/x6	H7/y6	H7/z6
H8					H8/e7	H8/f7	H8/g7	H8/h7	H8/js7	H8/k7	H8/m7	H8/n7	H8/p7	H8/r7	H8/s7	H8/t7	H8/u7				
				H8/d8	H8/e8	H8/f8		H8/h8													
H9			H9/c9	H9/d9	H9/e9	H9/f9		H9/h9													
H10			H10/c10	H10/d10				H10/h10													
H11	H11/a11	H11/b11	H11/c11	H11/d11				H11/h11													
H12		H12/b12						H12/h12													

注：① $\frac{H6}{n5}$、$\frac{H7}{p6}$ 在基本尺寸≤3 mm 和 $\frac{H8}{r7}$ 的基本尺寸≤100 mm 时，为过渡配合；

② 标注▼符号者为优先配合。

30

表 3 - 2　基轴制常用、优先配合

基准孔	孔																				
	A	B	C	D	E	F	G	H	js	K	M	N	P	R	S	T	U	V	X	Y	Z
	间隙配合								过渡配合			过盈配合									
h5						$\dfrac{F6}{h5}$	$\dfrac{G6}{h5}$	$\dfrac{H6}{h5}$	$\dfrac{js6}{h5}$	$\dfrac{K6}{h5}$	$\dfrac{M6}{h5}$	$\dfrac{N6}{h5}$	$\dfrac{P6}{h5}$	$\dfrac{R6}{h5}$	$\dfrac{S6}{h5}$	$\dfrac{T6}{h5}$					
h6						$\dfrac{F7}{h6}$	▶$\dfrac{G7}{h6}$	▶$\dfrac{H7}{h6}$	$\dfrac{js7}{h6}$	▶$\dfrac{K7}{h6}$	$\dfrac{M7}{h6}$	▶$\dfrac{N7}{h6}$	$\dfrac{P7}{h6}$	$\dfrac{R7}{h6}$	▶$\dfrac{S7}{h6}$	$\dfrac{T7}{h6}$	▶$\dfrac{U7}{h6}$				
h7				$\dfrac{E8}{h7}$		▶$\dfrac{F8}{h7}$		▶$\dfrac{H8}{h7}$	$\dfrac{js8}{h7}$	$\dfrac{K7}{h7}$	$\dfrac{M7}{h7}$	$\dfrac{N7}{h7}$									
h8				$\dfrac{D8}{h8}$	$\dfrac{E8}{h8}$	$\dfrac{F8}{h8}$		$\dfrac{H8}{h8}$													
h9				▶$\dfrac{D9}{h9}$	$\dfrac{E9}{h9}$	$\dfrac{F9}{h9}$		▶$\dfrac{H9}{h9}$													
h10				$\dfrac{D10}{h10}$				$\dfrac{H10}{h10}$													
h11	$\dfrac{A11}{h11}$		$\dfrac{B11}{h11}$	▶$\dfrac{C11}{h11}$	$\dfrac{D11}{h11}$			▶$\dfrac{H11}{h11}$													
h12		$\dfrac{B12}{h12}$						$\dfrac{H12}{h12}$													

注：标注 ▶ 符号者为优先配合。

● 任务实施

根据任务要求，读者自己完成。

拓 展 知 识

广义的孔与轴：孔为包容面（尺寸之间无材料），在加工过程中，尺寸越加工越大；而轴是被包容面（尺寸之间有材料），尺寸越加工越小。

1. 孔

孔主要指工件圆柱形的内表面，也包括其他由单一尺寸确定的非圆柱形的内表面部分（由两平行平面或切面形成的包容面）。

2. 轴

轴主要指工件的圆柱形外表面，也包括其他由单一尺寸确定的非圆柱外表面部分（由两平行平面或切面形成的被包容面）。

在公差与配合标准中，孔是包容面，轴是被包容面，孔与轴都是由单一的主要尺寸构成，例如：圆柱形的直径、轴的键槽宽和键的键宽等。孔和轴不仅表示通常的概念，即圆柱体的内、外表面，而且也表示由二平行平面或切面形成的包容面、被包容面。由此可见，除孔、轴以外，类似键连接的公差与配合也可直接应用公差与配合国家标准。如图 3 - 17 所示的各表面，如 ϕD、B、B_1、L、L_1 所形成的包容面都称为孔；如 ϕd、l、l_1 所形成的被包容面都称为轴。因而孔、轴分别具有包容和被包容的功能。

孔和轴的定义：

对于形状复杂的孔和轴可以按照以下的方法进行判断。从装配关系上看：零件装配后

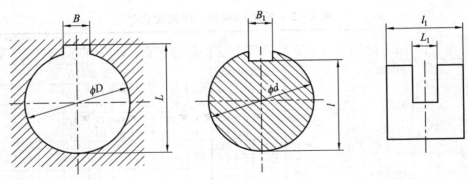

图 3-17 孔与轴的定义

形成包容与被包容的关系，凡包容面统称为孔，被包容面统称为轴。从加工过程看：在切削过程中尺寸由小变大的为孔，而尺寸由大变小的为轴。

项 目 小 结

本项目主要学习的内容包括：认识装配图中的配合关系，学会公差配合在图样上的标注方法等方面的知识。

公称尺寸相同、相互结合的孔、轴公差带之间的关系，称为配合。根据其公差带位置不同，可分为三种类型：间隙配合、过盈配合和过渡配合。

具有间隙（包括最小间隙为零）的配合称为间隙配合，孔的公差带在轴的公差带之上。具有过盈（包括最小过盈等于零）的配合称为过盈配合，孔的公差带在轴的公差带之下。可能具有间隙也可能具有过盈的配合称为过渡配合。此时，孔的公差带与轴的公差带相互重叠。

配合公差是指允许间隙或过盈的变动量。它是设计人员根据机器配合部位使用性能的要求对配合松紧变动的程度给定的允许值。它反映配合的松紧变化程度，表示配合精度，是评定配合质量的一个重要的综合指标。

配合制是由同一种极限制的轴和孔的公差带组成配合的一种制度。国家标准规定了两种配合制，基孔配合制和基轴配合制。基孔配合制指基本偏差为一定（H）的孔的公差带与不同基本偏差（a~zc）的轴公差带形成各种配合的一种制度，简称基孔制。基轴配合制指基本偏差为一定（h）的轴的公差带与不同基本偏差（A~ZC）的孔公差带形成各种配合的一种制度，简称基轴制。

一个确定的公差带应由基本偏差和公差等级组合而成。孔、轴的公差代号由基本偏差代号和公差等级数字组成。配合代号是用孔、轴公差带的组合表示，写成分数形式，分子为孔的公差带代号，分母为轴的公差带代号。

思 考 与 练 习

一、判断题

（　　）1.从制造角度讲，基孔制的特点就是先加工孔，基轴制的特点就是先加工轴。

（　　）2. ϕ10E7、ϕ10E8、ϕ10E9 三种孔的上极限偏差各不相同，而下极限偏差相同。

（　　）3. 过渡配合可能有间隙，可能有过盈。因此过渡配合可能是间隙配合，也可能是过盈配合。

（　　）4. 公称尺寸不同的零件，只要它们的公差值相同，就可以说明它们的精度要求相同。

（　　）5. 有相对运动的配合应选用间隙配合，无相对运动的配合均选用过盈配合。

（　　）6. 凡间隙配合，孔轴间必出现松动。

（　　）7. 基孔制过渡配合的轴，其上偏差必大于零。

二、真空题

试根据表 3-3 中的已知数据，计算并填写表中各空格。（单位：mm）

表 3-3

公称尺寸	孔			轴			X_{max} 或 Y_{min}	X_{min} 或 Y_{max}	X_{av} 或 Y_{av}	T_f	基准制	配合性质
	ES	EI	T_h	es	ei	T_s						
ϕ25		0				0.021	+0.074		+0.057			
ϕ14		0				0.010		−0.012	+0.0025			
ϕ45			0.025	0					−0.050	−0.0295		

三、单项选择题

1. 配合的程度取决于（　　）。

A. 公称尺寸　　　　　　　　B. 极限尺寸

C. 基本偏差　　　　　　　　D. 标准公差

2. 作用尺寸是（　　）。

A. 设计给定的　　　　　　　B. 加工后形成的

C. 测量得到的　　　　　　　D. 装配时产生的

四、简答题

1. 配合分哪几类？各类配合中孔和轴公差带的相对位置有何特点？

2. 什么是配合制？为什么要规定配合制？为什么优先采用基孔制？在什么情况下采用基轴制？

五、计算题

1. 查表和计算下列孔与轴配合的极限间隙或极限过盈以及配合公差，画出孔、轴公差带示意图，并说明基准制和配合性质。

① ϕ12H7/r6；② ϕ80H8/n7；③ ϕ45F9/h9；④ ϕ75JS7/h6；⑤ ϕ20P7/h6；

⑥ ϕ50M8/h7。

2. 试查标准公差表、基本偏差数值表确定下列孔、轴的公差带代号。

① 轴 ϕ40$_{-0.016}^{0}$ mm；② 轴 ϕ18$_{+0.028}^{+0.046}$ mm；③ 孔 ϕ60$_{-0.054}^{-0.035}$ mm；④ 孔 ϕ40$_{-0.034}^{+0.005}$ mm。

3. 设孔、轴配合的公称尺寸和使用要求如下：

① $D=\phi$60 mm，$X_{max}=+28$ μm，$Y_{max}=-21$ μm；

② $D=\phi$40 mm，$Y_{max}=-80$ μm，$Y_{min}=-35$ μm；

③ $D=\phi$90 mm，$X_{max}=+125$ μm，$X_{min}=+36$ μm。

试采用基孔制（或基轴制），结合公式计算和查表来确定孔和轴的公差等级、公差带代号，并画出孔、轴公差带示意图。

4. 在不查表和计算的情况下，试判别下列各组配合（单位：mm）的配合性质（极限间隙或过盈值）是否完全相同？

① $\phi25H8/f6$ 与 $\phi25F8/h6$；② $\phi40H7/r7$ 与 $\phi40R7/h7$；

③ $\phi60H8/m7$ 与 $\phi60M8/h7$；④ $\phi10H7/k6$ 与 $\phi10K6/h7$。

项目四　公差配合标准的选用

1. 知识要求

（1）理解公差配合的标准；

（2）掌握配合标准的应用。

2. 技能要求

（1）会确定配合的种类；

（2）会选用装配图中的配合公差符号。

任务　确定零件的公差与配合

● 任务引入

用一份工厂机械加工过程中常用的装配图或学生的制图课做过的作业，分析选用哪些配合，并进行相应标注。

学习导航：对照轴、轴套实物——→基准制的选择——→公差等级的选择——→配合的选择

● 知识准备

圆柱结合的精度设计实际上就是圆柱结合的公差与配合的选用，它是机械设计与制造中至关重要的一环，公差与配合的选用是否恰当，对机械的使用性能和制造成本有着很大的影响。圆柱结合的精度设计包括：基准制的选择、公差等级的选择、配合的选择。

一、基准制的选择

1. 一般情况下优先选用基孔制

孔通常用定值刀具加工，用极限量规检验。为了减少定值刀具、量具的规格和数量，利于生产，提高经济性，应优先选用基孔制。

2. 选用基轴制的情况

（1）当在机械制造中采用具有一定公差等级的冷拉钢材，其外径不经切削加工即能满足使用要求，此时应选择基轴制。

（2）由于结构上的特点，宜采用基轴制。

图 4 - 1(a)所示为发动机的活塞销轴与连杆铜套孔和活塞孔之间的配合，若采用基孔制配合，如图 4 - 1(b)所示；若采用基轴制配合，如图 4 - 1(c)所示。

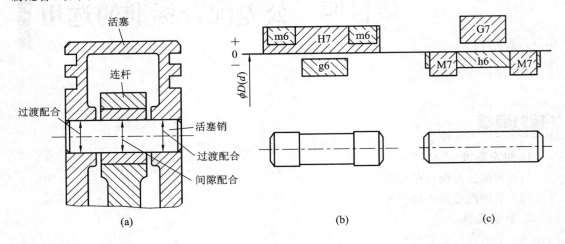

图 4 - 1　连杆系统的配合

二、公差等级的选择

公差等级的选择的实质就是尺寸制造精度的确定，尺寸的精度与加工的难易程度、加工的成本和零件的工作质量有关。公差等级越高，合格尺寸的大小越趋一致，配合精度越高，但加工的成本也越高。因此，选择公差等级的基本原则是：在满足零件使用要求的前提下，尽量选取较低的公差等级。

公差等级的选择常用类比法，即参考从生产实践中总结出来的经验资料，联系待定零件的工艺、配合和结构特点，经分析后再确定公差等级。

用类比法选择公差等级时，还应考虑以下几个方面。

1. 工艺等价原则

工艺等价原则是指使相配合的孔、轴加工难易程度相当。对于间隙配合和过渡配合，基本尺寸≤500 mm，且孔的公差等级≤IT8 时，由于孔的加工成本比同级的轴加工成本高，所以轴应比孔高一级；若孔的公差等级大于 IT8 时，由于孔、轴加工难易程度相当，孔和轴的公差等级应取同级。

对于过盈配合，基本尺寸≤500 mm，且孔的公差等级≤IT7 时，轴应比孔高一级；若孔的公差等级大于 IT7 时，孔和轴的公差等级应取同级。若基本尺寸＞500 mm，孔和轴的公差等级也可取同一等级。

2. 相互配合零件的精度

与滚动轴承、齿轮等配合的孔和轴的公差等级与滚动轴承、齿轮的精度等级有关。

3. 配合性质

由于孔、轴公差等级的高低直接影响配合间隙或过盈的变动量，即影响配合的稳定性。因此，对过渡配合和过盈配合一般不允许其间隙或过盈的变动量太大，应选较高的公差等级。推荐孔≤IT8，轴≤IT7。对于间隙配合，一般来说，间隙小，应选较高的公差等级，反之可以低一些。

4. 主、次配合表面

对于一般机械而言，主要配合表面的孔和轴选 IT5～IT8；次要配合表面的孔和轴选 IT9～IT12；非配合表面的孔和轴一般选 IT12 以下。

三、配合的选择

在进行配合的选择时，应尽可能地选用国家标准推荐的优先和常用配合。如果优先和常用配合不能满足要求时，可选择标准中推荐的一般用途的孔、轴公差带按需要组成配合。如果仍不能满足要求时，可从国家标准所提供的孔、轴公差带中选取合适的公差带，组成所需要的配合。

一般选择配合的方法有三种：计算法、试验法和类比法。在选择配合时，还要综合考虑其他一些因素。

配合种类的选择是为了确定相配合孔与轴在工作时的相互关系，保证机器各零件协调地工作、完成预定的任务。在确定了基准制和公差等级以后，选择配合种类就是如何确定与基准件配合的轴或孔的公差带位置，即如何选择轴或孔的基本偏差代号的问题。首先应根据零件的使用要求和结构特点确定配合关系类别（间隙配合、过渡配合和过盈配合），然后再考虑零件的具体工作条件选择基本偏差种类，见表 4-1。

表 4-1　配合选择的大体方向

无相对运动	要传递扭矩	要精确同轴	永久结合	过盈配合
			可拆结合	过渡配合或基本偏差为 H(h)[2] 的间隙配合加紧固件[1]
		不要精确同轴		间隙配合加紧固件[1]
	不需要传递扭矩			过渡配合或轻的过盈配合
有相对运动	只有移动			基本偏差为 H(h)、G(g)[2] 等间隙配合
	转动或转动和移动复合运动			基本偏差为 A～F(a～f)[2] 等间隙配合

① 紧固件指键、销和螺钉等。

② 指非基准件的基本偏差代号。

对大尺寸孔、轴公差与配合，要掌握其特点，大尺寸受温度误差和测量误差的影响更为显著，大尺寸的孔与轴采用同级配合，大尺寸孔基本偏差与轴基本偏差的换算采用通用原则。可按互换性原则选取孔和轴配合，也可从经济性原则出发，采用基准制配合。

◉ 任务实施

根据任务求解如下：

1. 已知使用要求，用计算法确定配合

例 4-1 有一孔、轴配合的公称尺寸为 $\phi30$ mm，要求配合间隙在 $+0.020\sim+0.055$ mm 之间，试确定孔和轴的精度等级和配合种类。

解 （1）选择基准制。本例无特殊要求，选用基孔制。孔的基本偏差代号为 H，EI＝0。

（2）确定公差等级。根据使用要求，其配合公差为

$$T_f = X_{max} - X_{min} = T_h + T_s = +0.055 - (+0.020) = 0.035 \ \mu m$$

孔、轴同级配合，则

$$T_h = T_s = \frac{T_f}{2} = 17.5 \ \mu m$$

从附录表 3 得得：孔和轴公差等级介于 IT6 和 IT7 之间。

根据工艺等价原则，在 IT6 和 IT7 的公差等级范围内，孔应比轴低一个公差等级

故选 孔为 IT7，$T_h = 21 \ \mu m$，轴为 IT6，$T_s = 13 \ \mu m$

配合公差 $T_f = T_h + T_s = $ IT7＋IT6＝0.021＋0.013＝0.034 mm＜0.035 mm，满足使用要求。

（3）选择配合种类。根据使用要求，本例为间隙配合。采用基孔制配合，孔的基本偏差代号为 H，孔的上极限偏差为 ES＝EI＋T_h＝0＋0.021＝＋0.021 mm。孔的公差代号为 $\phi30H7\binom{+0.021}{0}$mm。

根据 X_{min}＝EI－es，得 ES＝X_{min}＝－0.020 mm，而 es 为轴的基本偏差，从附录表 1 中查得轴的基本偏差代号为 f，即轴的公差带为 f。ei＝es－T_h＝－0.020－（＋0.013）＝－0.033 mm，轴的公差带代号为 $\phi30f6\binom{-0.020}{-0.033}$mm。

选择的配合为 $\phi30H7/f6$

（4）验算设计结果。

$$X_{max} = ES - ei = +0.021 - (-0.033) = +0.054 \text{ mm}$$

$$X_{min} = EI - es = 0 - (-0.020) = +0.020 \text{ mm}$$

$\phi30H7/f6$ 的 $X_{max} = +54 \ \mu m$，$X_{min} = +20 \ \mu m$，它们分别小于要求的最大间隙（＋55 μm）和等于要求的最小间隙（＋20 μm），因此设计结果满足使用要求，本例选定的配合为 $\phi30H7/f6$。

2. 典型配合的选择实例

例 4-2 如图 4-2 所示圆锥齿轮减速器，已知传递的功率 $P=10$ kW，中速轴转速 $n=750$ r/min，稍有冲击，在中、小型工厂小批生产。试选择：（1）联轴器 1 和输入端轴颈 2；（2）皮带轮 8 和输出端轴颈；（3）小锥齿轮 10 内孔和轴颈；（4）套杯 4 外径和箱体 6 座孔，以上四处配合的公差等级和配合。

解 以上四处配合，无特殊要求，优先采用基孔制。

（1）联轴器 1 是用铰制螺孔和精制螺栓连接的固定式刚性联轴器。为防止偏斜引起附加载荷，要求对中性好，联轴器是中速轴上重要配合件，无轴向附加定位装置，结构上采用紧固件，故选用过渡配合 $\phi40H7/m6$。

（2）皮带轮 8 和输出轴轴颈配合与上述配合比较，定心精度因是挠性件传动，故要求不高，且又有轴向定位件，为便于装卸可选用：H8/h7（h8、js7、js8），本例选用 $\phi50H8/h8$。

（3）小锥齿轮 10 内孔和轴颈，是影响齿轮传动的重要配合，内孔公差等级由齿轮精度决定，一般减速齿轮为 8 级，故基准孔为 IT7。传递负载的齿轮和轴的配合，为保证齿轮的工作

精度和啮合性能，要求准确对中，一般选用过渡配合加紧固件，可供选用的配合有 H7/js6（k6、m6、n6，甚至 p6、r6），至于采用哪种配合，主要考虑装卸要求、载荷大小、有无冲击振动、转速高低、批量等。此处为中速、中载，稍有冲击，小批生产，故选用 $\phi45$H7/k6。

（4）套杯 4 外径和箱体孔配合是影响齿轮传动性能的重要部位，要求准确定心。但考虑到为调整锥齿轮间隙而有轴向移动的要求，为便于调整，故选用最小间隙为零的间隙定位配合 $\phi130$H7/h6。

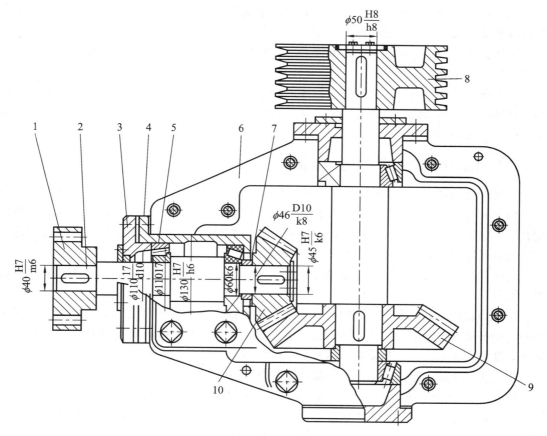

1—联轴器；2—输入轴颈；3—轴承端盖；4—套杯；5—轴承；
6—箱体；7—轴套；8—皮带轮；9—大锥齿轮；10—小锥齿轮

图 4-2　圆锥齿轮减速器

拓 展 知 识

一、基准制的选择

配合制分为基孔制和基轴制。基孔制配合能满足要求的，用同一偏差代号按基轴制形成的配合，也能满足使用要求。如 H7/k6 与 K7/h6 的配合性质基本相同，称为"同名配合"。所以，基准制的选择与功能要求无关，主要考虑加工的经济性和结构的合理性。

从制造加工方面考虑，两种基准制适用的场合不同；从加工工艺的角度来看，对应用最广泛的中小直径尺寸的孔，通常采用定尺寸刀具（如钻头、铰刀、拉刀等）加工和定尺寸量具（如塞规、心轴等）检验。而一种规格的定尺寸刀具和量具，只能满足一种孔公差带的需要。对于轴的加工和检验，一种通用的外尺寸量具，也能方便地对多种轴的公差带进行检验。由此可见：对于中小尺寸的配合，应尽量采用基孔制配合。

用冷拉光轴作轴时，冷拉圆型材，其尺寸公差可达 IT7～IT9，能够满足农业机械、纺织机械上的轴颈精度要求，在这种情况下采用基轴制，可免去轴的加工。只需按照不同的配合性能要求加工孔，就能得到不同性质的配合。

采用标准件时，滚动轴承为标准件，它的内圈与轴颈配合无疑应是基孔制，而外圈与外壳的配合应是基轴制。

在实际生产中，由于结构或某些特殊的需要，允许采用非配合制配合。即非基准孔和非基准轴配合，如当机构中出现一个非基准孔（轴）和两个以上的轴（孔）配合时，其中肯定会有一个非配合制配合。

二、实际工作中配合种类的选择举例

过渡配合一般分为两种情形。一是间隙配合概率大些的过渡配合，二是过盈配合概率大些的过渡配合。一般用于消除振动的影响、比较紧密的配合的地方。如轴承内圈与轴的配合；大功率或有冲击、振动的传动零件的配合（皮带轮、齿轮等）。过渡配合的装配是用木锤进行敲击装配，或是静压力装配。

间隙配合一般采用较多，易装配。间隙配合，一般用于自由装拆；过渡配合，要求较高，例如用于滚动轴承的精密定位。

传递力比较大时，多用过盈配合，常见的加热轴承使轴承内径变大。过盈量较大，无法通过挤压达到装配目的，或为达到特定的使用需求时，对要进行装配的孔进行加热使其胀大，然后迅速与其配合的轴进行装配，待到冷却后达到更加牢固的效果。

传递力不大时，用小过盈配合，即过渡配合，如轴承等。

例 4 - 3 试分析确定图 4 - 3 所示 C6132 车床尾座有关部位的配合选择。

该车床属中等精度，多属小批量生产的机械。尾座的作用主要是以顶尖顶持工件或安装钻头、铰刀等，并承受切削力。尾座与主轴要求严格的同轴度。

尾座应能沿床身导轨移动，移动到位可扳动扳手 11，通过偏心轴 12 使拉紧螺钉 13 上提，使压板 17 紧压床身，从而固定尾座位置。转动手轮 9，通过丝杠 5，推动螺母 6、顶尖套筒 3 和顶尖 1 沿轴向移动，顶紧工件。最后扳动小扳手 21，由螺杆 20 拉紧夹紧套 19，使顶尖的位置固定。

极限与配合选用如下：

（1）顶尖套筒 3 的外圆柱面与尾座体 2 上孔的配合选用 $\phi 60 H6/h5$。这是因为套筒要求能在孔中沿轴向移动，且不能晃动，故应选高精度的小间隙配合。

（2）螺母 6 与顶尖套筒 3 上 $\phi 32$ mm 内孔的配合选用 $\phi 32 H7/h6$。因 $\phi 32$ mm 尺寸起径向定位作用，为装配方便，宜选用间隙不大的间隙配合，保证螺母同心和丝杠转动灵活性。

（3）后盖 8 凸肩与尾座体 2 上 $\phi 60$ mm 孔的配合选用 $\phi 60 H6/js6$。后盖 8 要求能沿径向挪动，补偿其与丝杠轴装配后可能产生的偏心误差，从而保证丝杠的灵活性，需用小间隙配合。

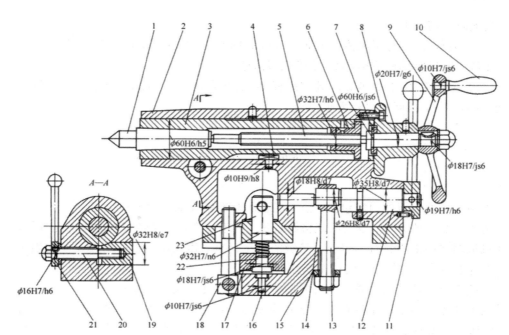

1—顶尖；2—尾座体；3—顶尖套筒；4—定位块；5—丝杠；6—螺母；7—挡圈；8—后盖；9—手轮；
10—手柄；11—扳手；12—偏心轴；13—拉紧螺钉；14—座板；15—杠杆；16—小压块；17—压板；
18—螺钉；19—夹紧套；20—螺杆；21—小扳手；22—压块；23—柱

图 4-3　车床尾座装配图

（4）后盖 8 与丝杠 5 上 $\phi20$ mm 轴颈的配合选用 $\phi20H7/g6$。要求能在低速转动，间隙比轴向移动时稍大即可。

（5）手轮 9 与丝杠 5 右端 $\phi18$ mm 轴颈的配合选 $\phi18H7/js6$。手轮由半圆键带动丝杠转动，要求装卸方便且不产生相对晃动。

（6）手柄 10 与手轮 9 上 $\phi10$ mm 孔的配合，可选 $\phi10H7/js6$ 或 $\phi10H7/k6$。因手轮为铸铁件，过盈不能太大，装后无拆卸要求。

（7）定位块 4 与尾座体 2 上 $\phi10$ mm 孔的配合，选 $\phi10H9/h8$。为使定位块装配方便，轴在 $\phi10$ mm 孔内稍作回转，选精度不高的间隙配合。

（8）偏心轴 12 与尾座体 2 上 $\phi18$ mm 和 $\phi35$ mm 两支承孔的配合分别选 $\phi18H8/d7$ 和 $\phi35H8/d7$。应使偏心轴能顺利回转且能补偿偏心轴两轴颈与两支承孔的同轴度误差，故分别应选间隙较大的配合。

（9）偏心轴 12 与拉紧螺钉 13 上 $\phi26$ mm 孔的配合。选用 $\phi26H8/d7$，功能要求与（8）相近。

（10）偏心轴 12 与扳手 11 的配合选用 $\phi19H7/h6$。装配时销与偏心轴配作，需调整手柄 10 处于紧固位置时，偏心轴也处于偏心向上位置，因此不能选有过盈的配合。

（11）杠杆 15 上 $\phi10$ mm 孔与小压块 16 的配合选 $\phi10H7/js6$。为装配方便，且装拆时不易掉出，故选过盈很小的过渡配合。

（12）压板 17 上 $\phi18$ mm 孔与压块 22 的配合选 $\phi18H7/js6$，其要求同（11）。

（13）底板 14 上 $\phi32$ mm 孔与柱 23 的配合选 $\phi32H7/n6$。因要求在有横向力时不松

41

动，装配时可用锤击。

(14) 夹紧套 19 与尾座体 2 上 $\phi32$ mm 孔的配合选 $\phi32H8/e7$。要求当小扳手 21 松开后，夹紧套能很容易地退出，故选间隙较大的配合。

(15) 小扳手 21 上 $\phi16$ mm 孔与螺杆 20 的配合选 $\phi16H7/h6$。因二者用半圆键联接，功能与(5)相近，但间隙可稍大于(5)。

项 目 小 结

本项目主要学习的内容包括：公差配合的标准以及配合标准的应用。

为了减少定值刀具、量具的规格和数量，利于生产，提高经济性，应优先选用基孔制。当在机械制造中采用具有一定公差等级的冷拉钢材，其外径不经切削加工即能满足使用要求，或由于结构上的特点，应选择基轴制。

公差等级的选择的实质就是尺寸制造精度的确定，尺寸的精度与加工的难易程度、加工的成本和零件的工作质量有关。公差等级越高，合格尺寸的大小越趋一致，配合精度越高，但加工的成本也越高。因此，选择公差等级的基本原则是：在满足零件使用要求的前提下，尽量选取较低的公差等级。

在进行配合的选择时，应尽可能地选用国家标准推荐的优先和常用配合。如果优先和常用配合不能满足要求时，可选标准中推荐的一般用途的孔、轴公差带按需要组成配合。如果仍不能满足要求时，可从国家标准所提供的孔、轴公差带中选取合适的公差带，组成所需要的配合。选择配合的方法有三种：计算法、试验法和类比法。在选择配合时，还要综合考虑其他一些因素。

思 考 与 练 习

一、判断题

(　　) 1. 选用公差带时，应按常用、优先、一般公差带的顺序选取。

(　　) 2. 滚动轴承是标准件，因此轴承内径与轴颈的配合应为基轴制，轴承外径与外壳孔的配合应为基孔制。

二、单项选择题

利用同一加工方法，加工 $\phi50H7$ 孔和 $\phi125H6$ 孔，应理解为(　　)。

A. 前者加工困难　　　B. 后者加工困难　　　C. 两者加工难易相当　　　D. 无从比较

三、分析题

图 4-4 所示为车床溜板箱手动机构的部分装配图。转动手轮 3，通过键带动轴 4、轴 7 转动，再通过轴 7 右端的齿轮与床身上齿条啮合，使溜板箱沿导轨作纵向移动。各配合面公称尺寸(单位：mm)为：① $\phi40$；② $\phi28$；③ $\phi28$；④ $\phi46$；⑤ $\phi32$；⑥ $\phi32$；⑦ $\phi18$。确定各配合面的配合种类。

选择公差配合时需考虑：

（1）各滑动轴承套 2、5、6 压在溜板箱座上，内孔用油润滑；

（2）选择面②和③处的配合时，应尽量使得加工和装配方便。

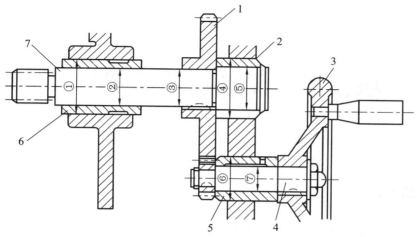

1—齿轮；2、5、6—滑动轴承套；3—手轮；4、7—轴

图 4 - 4　车床溜板箱手动机构的部分装配图

项目五　测量技术基础与尺寸检测

测量技术研究的基本问题是：选择经济合理的测量方法和测量器具，科学地处理测量结果，按测量精度评定测量值。

1. 知识要求

(1) 熟悉量具的种类，掌握常用量具的结构及测量原理；

(2) 熟悉测量误差的有关术语，掌握误差的处理方法。

2. 技能要求

(1) 合理地选用量具，能够熟练地测量零件；

(2) 能够正确处理测量数据，检验零件的合格性。

任务一　正确使用测量器具

● 任务引入

正确选用测量工具测量轴类零件和套类零件。

● 知识准备

一、有关测量的基本概念

1. 测量的概念

测量是为了得到被测零件几何量的量值而进行的实验过程，其实质是将被测几何量 L 与作为计量单位的标准量 E 进行比较，从而获得两者比值 q 的过程，即 $L=qE$。

在测量技术领域和技术监督工作中，还经常用到检验和检定两个术语。

检验是确定被检零件几何量是否在规定的极限范围内，从而判断其是否合格的实验过程。检验通常用量规、样板等专用定值无刻度量具来判断被检对象的合格性，所以它不能得到被测量的具体数值。

检定是指为评定计量器具的精度指标是否合乎该计量器具的检定规程的全部过程。例如，用量块来检定千分尺的精度指标等。

2. 测量的基本要素

一个完整的几何量测量过程包括被测对象、计量单位、测量方法和测量精度等四个要素。

被测对象：在几何量测量中，被测对象是指长度、角度、表面粗糙度、几何误差等。

计量单位：用以度量同类量值的标准量。

测量方法：指测量原理、测量器具和测量条件的总和。

测量精度：指测量结果与真值一致的程度。

3. 测量技术的基本要求

测量技术的基本要求是：在测量的过程中，保证计量单位的统一和量值准确；将测量误差控制在允许的范围内，以保证测量结果的精度；正确、经济合理地选择计量器具和测量方法，保证一定的测量条件。

二、长度单位、基准和量值传递

1. 长度单位和基准

1）长度单位

在国际单位制及我国法定计量单位中，长度的基本单位名称是"米"，其单位符号为"m"。工程单位：mm、μm。

$$1 \text{ m} = 1000 \text{ mm}, \qquad 1 \text{ mm} = 1000 \text{ } \mu\text{m}$$

"米"的定义于18世纪末始于法国，当时规定"米等于经过巴黎的地球子午线的四千万分之一"。19世纪，"米"逐渐成为国际通用的长度单位。1889年在法国巴黎召开了第一届国际计量大会，从国际计量局订制的30根米尺中，选出了作为统一国际长度单位量值的一根米尺，把它称之为"国际米原器"。

2）基准

基准单位"米"。一米是光在真空中 1/299 792 458 秒的时间间隔内所经过的行程长度。

2. 量值传递系统

以经过中间基准将长度基准逐级传递到生产中使用的各种计量器具上，形成量值传递系统。我国量值传递系统如图 5-1 所示，从最高基准谱线开始，通过两个平行的系统向下传递。

3. 量块

量块也叫块规，它是保持度量统一的工具，在工厂中常作为长度基准，是无刻度的平面平行端面量具。量块除了作为标准器具进行长度量值传递之外，还可以作为标准器来调整仪器、机床或直接检测零件。

1）量块的材料、形状、尺寸

量块通常用线膨胀系数小、性能稳定、耐磨、不易变形的材料制成，如铬锰钢等。其形状有长方体和圆柱体两种，常用的是长方体。（长方体：有上、下两个经过精密加工的很

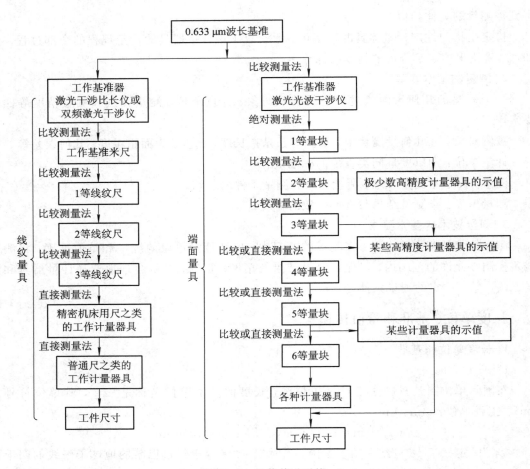

图 5-1　量值传递系统

平、很光的工作面称为上、下测量表面和四个非测量面），如图 5-2 所示。量块的工作尺寸是指中心长度 OO'，即从一个测量面上的中心至该量块另一测量面相研合的辅助体表面（平晶）之间的距离。

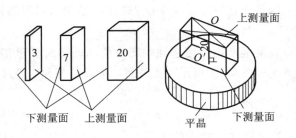

图 5-2　量块

2）量块的精度等级

根据 GB/T 6093—2001 的规定，量块按制造精度分为 00、0、1、2、3 和 K 级共六级，00 级最高。3 级最低，K 级为校准级，主要根据量块长度极限偏差、测量面的平面度、粗糙度及量块的研合性等指标来划分的。

量块生产企业大都按"级"向市场销售量块。用量块长度极限偏差(中心长度与标称长度允许的最大误差)控制一批相同规格量块的长度变动范围;用量块长度变动量(量块最大长度与最小长度之差)控制每一个量块两测量面间各对应点的长度变动范围。用户则按量块的标称尺寸使用量块。按"级"使用时,以标记在量块上的标称尺寸作为工作尺寸,因此,按"级"使用量块必然受到量块长度制造偏差的影响,将把制造误差带入测量结果。

国家计量局标准 JJG 146—2011 对量块按检定精度分为 5 等,即 1、2、3、4、5 等,其中 1 等精度最高,5 等精度最低。"等"主要依据量块中心长度测量的极限偏差和平面平行性允许偏差来划分的。按"等"使用时,必须以检定后的实际尺寸作为工作尺寸,该尺寸不包含制造误差,但包含了检定时较小的测量误差。

量块在使用一段时间后,也会因磨损而引起尺寸减小,使其原有的精度级别降低。因此,经过维修或使用一段时间后的量块,要定期送专业部门按照标准对其各项精度指标进行检定,确定符合哪一"等",并在检定证书中给出标称尺寸的修正值。

例如:标称长度为 30 mm 的 0 级量块,其长度的极限偏差为 ±0.000 20 mm,若按"级"使用,不管该量块的实际尺寸如何,均按 30 mm 计,则引起的测量误差就为 ±0.000 20 mm。但是,若该量块经过检定后,确定为 3 等,其实际尺寸为 30.000 12 mm,测量极限误差为 ±0.000 15 mm。显然,按"等"使用,即尺寸为 30.000 12 mm 使用的测量极限误差为 ±0.000 15 mm,比按"级"使用测量精度高。

3)量块的特性和应用

量块的基本特性除上述的稳定性、耐磨性和准确性之外,还有一个重要的特性,即研合性。所谓量块的研合性,即量块的一个测量面与另一量块测量面或与另一经过精加工的类似量块测量面的表面,通过分子力的作用而相互粘合的性能,它是由于量块表面的粗糙度极低时,表面附着的油膜的单分子层的定向作用所致。

我国生产的成套量块有 91 块、83 块、46 块、38 块等。在使用量块时,为了减小量块组合的积累误差,应尽量减少使用块数,一般不超过 4 块。选择量块,应根据所需尺寸的最后一位数字选择量块,每选择一块至少减少所需尺寸的一位小数。

表 5-1 列出了部分套别量块的尺寸系列。

表 5-1 成套量块的尺寸表(GB/T 6093—2001)

套别	总块数	级别	尺寸系列/mm	间隔/mm	块数
1	91	00, 0, 1	0.5		1
			1		1
			1.001, 1.002, …, 1.009	0.001	9
			1.01, 1.02, …, 1.49	0.01	49
			1.5, 1.6, …, 1.9	0.1	5
			2.0, 2.5, …, 9.5	0.5	16
			10, 20, …, 100	10	10

套别	总块数	级别	尺寸系列/mm	间隔/mm	块数
2	83	00, 1, 2, (3)	0.5		1
			1		1
			1.005		1
			1.01, 1.02, …, 1.49	0.01	49
			1.5, 1.6, …, 1	0.1	5
			2.0, 2.5, …, 9.5	0.5	16
			10, 20, …, 100	10	10
3	46	0, 1, 2	1		1
			1.001, 1.002, …, 1.009	0.001	9
			1.01, 1.02, …, 1.09	0.01	9
			1.1, 1.2, …, 1.9	0.1	9
			2, 3, …, 9	1	8
			10, 20, …, 100	10	10
4	38	0, 1, 2, (3)	1		1
			1.005		1
			1.01, 1.02, …, 1.09	0.01	9
			1.1, 1.2, …, 1.0	0.1	9
			2, 3, …, 9	1	8
			10, 20, …, 100	10	10

例如，从 83 个一套的量块组中选取几个量块组成尺寸为 38.985 mm 的量块。选取步骤如下：

① 第一个量块尺寸为 1.005 mm，38.985－1.005＝37.98；

② 第二个量块尺寸为 1.48 mm，37.98－1.48＝36.5；

③ 第三个量块尺寸为 6.5 mm，36.5－6.5＝30；

④ 第四个量块尺寸为 30 mm，30－30＝0。

即以上四块量块研合后的整体尺寸为 38.985 mm。

三、计量器具与测量方法的分类

计量器具是指能直接或间接测出被测对象量值的技术装置。

1. 计量器具的分类

1) 计量器具的分类

根据计量器具结构特点和用途，可以分为标准量具、极限量规、计量仪器和计量装置。

（1）标准量具。标准量具是指以一个固定尺寸复现量值的计量器具，又可分为单值量具和多值量具。单值量具只能复现几何量的单个量值，如量块、直角尺等。多值量具能够复现几何量在一定范围内的一系列不同的量值，如线纹尺等。标准量具一般没有放大装置。

（2）极限量规。极限量规是指没有刻度的专用计量器具，用来检验工件实际尺寸和形位误差的综合结果。量规只能判断被测工件是否合格，而不能获得被测工件的具体尺寸数值，如光滑极限量规、螺纹量规等。

（3）计量仪器。计量仪器是指将被测量值转换成可直接观测的指示值或等效信息的计量器具。其特点是一般都有指示、放大系统。

（4）计量装置。计量装置是指为确定被测量值所必需的测量器具和辅助设备的总体。它能够测量较多的几何参数和较复杂的工件，如连杆和滚动轴承等。

2）计量器具的技术参数指标

计量器具的技术参数指标既反映了计量器具的功能，也是选择、使用计量器具的依据。计量器具的技术参数指标如下。

（1）分度间距（刻度间距）。分度间距是计量器具的刻度标尺或度盘上两相邻刻线中心之间的距离，一般 1～2.5 mm。

（2）分度值（刻度值）。分度值是指计量器具的刻度尺或分度盘上相邻两刻线所代表的量值之差。例如，千分尺的微分套筒上相邻两刻线所代表的量值之差为 0.01 mm，即分度值为 0.01 mm。一般来说，分度值越小，计量器具的精度越高。

（3）示值范围。示值范围指计量器具所显示或指示的最小值到最大值的范围。

（4）测量范围。测量范围指在允许的误差内，计量器具所能测出的最小值和最大值的范围。

（5）示值误差。示值误差指计量器具上的示值与被测量真值的代数差。示值误差可从说明书或检定规程中查得，也可通过实验统计确定。一般来说，示值误差越小，计量器具的精度越高。

（6）灵敏度。灵敏度指计量器具对被测量变化的反应能力。一般来说，分度值越小，灵敏度越高。

（7）修正值。修正值是指为消除系统误差，加到未修正的测量结果上的代数值。修正值与示值误差绝对值相等而符号相反。

（8）测量重复性。测量重复性是指在测量条件不变的情况下，对同一被测几何量进行多次测量时（一般 5～10 次），各测量结果之间的一致性。

（9）不确定度。不确定度是指由于测量误差的存在而对被测几何量的真值不能肯定的程度。它也反映了计量器具精度的高低。

2. 测量方法的分类

测量方法是指获得测量值的方式，可从不同角度进行分类。

1）按实测几何量与被测几何量的关系分类

（1）直接测量。直接测量是指直接通过计量器具获得被测几何量量值的测量方法，如用游标卡尺直接测量圆柱体直径。

（2）间接测量。间接测量是指先测量出与被测几何量有已知函数关系的几何量，然后通过函数关系计算出被测几何量的测量方法。例如，因为条件所限，不能直接测量轴径时，可用一段绳子先测出周长，再通过关系式计算出轴径的尺寸。

2）按指示值是否是被测几何量的量值分类

（1）绝对测量。绝对测量是指能够从计量器具上直接读出被测几何量的整个量值的测量方法。例如，用游标卡尺、千分尺测量轴径，轴径的大小可以直接读出。

（2）相对测量。相对测量是指计量器具的指示值仅表示被测几何量对已知标准量的偏差，而被测几何量的量值为计量器具的指示值与标准量的代数和的测量方法。例如，用机械比较仪测量轴径，测量时先用量块调整量仪的零位，然后对被测量进行测量，该比较仪指示出的示值为被测轴径相对于量块尺寸的偏差。一般来说，相对测量的测量精度比绝对测量的测量精度高。

3）按测量时被测表面与计量器具的测头之间是否接触分类

（1）接触测量。接触测量是指计量器具在测量时测头与零件被测表面直接接触，即有测量力存在的测量方法。例如，用游标卡尺、千分尺测量工件，用立式光学比较仪测量轴径。

（2）非接触测量。非接触测量是指测量时计量器具的测头与零件被测表面不接触，即无测量力存在的测量方法。例如，用光切显微镜测量表面粗糙度，用气动量仪测量孔径。

对于接触测量而言，由于有测量力的存在，会引起被测表面和计量器具有关部分产生弹性变形，从而产生测量误差，而非接触测量则无此影响。

4）按工件上同时被测几何量的多少分类

（1）单项测量。单项测量是指分别测量同一工件上的各单项几何量的测量方法，如分别测量螺纹的螺距、中径和牙型半角。

（2）综合测量。综合测量是指同时测量工件上几个相关几何量，以判断工件的综合结果是否合格的测量方法。例如，用齿距仪测量齿轮的齿距累积误差，实际上反映的是齿轮的公法线长度变动和齿圈径向跳动两种误差的综合结果。

一般来说，单项测量结果便于工艺分析，综合测量适用于只要求判断合格与否，而不需要得到具体测量值的场合。此外，综合测量的效率比单项测量的效率高。

5）按决定测量结果的全部因素或条件是否改变分类

（1）等精度测量。等精度测量是指测量过程中，决定测量结果的全部因素或条件都不改变的测量方法。

例如，由同一个人，在计量器具、测量环境、测量方法都相同的情况下，对同一个被测对象自行进行多次测量，可以认为每一个测量结果的可靠性和精确度都是相等的。为了简化对测量结果的处理，一般情况下采用等精度测量。

（2）不等精度测量。不等精度测量是指在测量过程中，决定测量结果的全部因素或条件可能完全改变或部分改变的测量方法。例如，用不同的测量方法和不同的计量器具，在不同的条件下，由不同人员对同一个被测对象进行不同次数的测量，显然，其测量结果的可靠性和精确度各不相等。由于不等精度测量的数据处理比较麻烦，因此只用于重要的高精度测量。

四、常用计量器具的基本结构与工作原理

（一）游标类量具

1. 定义

利用游标读数原理制成的量具称之为游标类量具，如图 5 - 3(a)所示。包括普通游标

卡尺、深度游标卡尺、高度游标卡尺、角度游标卡尺等。

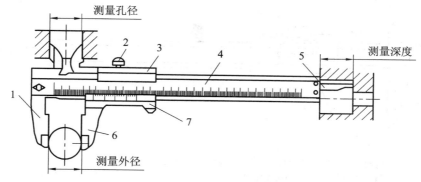

1—外量爪；2—锁紧螺丝；3—游标；4—主尺；5—测深杆；6—尺框；7—副尺

(a)

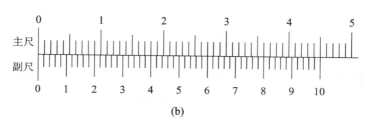

(b)

图 5-3　游标卡尺

2. 卡尺结构

卡尺主要由主尺和副尺（游标）等组成。主尺为一条刻有刻度的直尺，副尺为游标。

3. 游标的读数原理

主尺上刻线的间隔为 $a=1$ mm，游标上的刻线间隔为 $b=0.9$ mm，故主副尺刻线间距差为 $i=a-b=0.1$ mm。若游标移动一个间距 b，则与主尺间就产生 0.1 mm 的差值，此值即为分度值。读数：整数部分读主尺，小数部分读游标。

新型的卡尺为读数方便，装有测微表头或配有电子数显，如图 5-4 和图 5-5 所示。

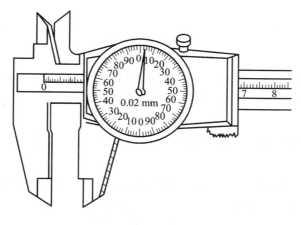

图 5-4　带表游标卡尺

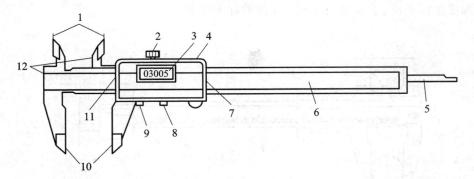

1—内测量面；2—固紧螺钉；3—液晶显示器；4—数据输出端口；5—深度尺；6—尺身；
7、11—去尘板；8—置零按钮；9—米/英制换算按钮；10—外测量面；12—台阶测量面

图 5-5　电子数显卡尺

注意：游标上的一条刻线与主尺上的线对齐，则小数值为游标刻线条数与分度值 i 的乘积（条数×i）。此例为 1/10 分尺，其余类推。

4. 用游标卡尺测量轴径步骤

（1）根据轴径的公称尺寸和公差大小选择与测量范围相当的游标卡尺。擦拭游标卡尺两量爪的测量面，将两量爪测量面合拢，检查读数是否为 0，如不是 0，应记下零位的示值误差，取其负值作为测量结果的修正值。

（2）擦净被测轴的表面，将游标卡尺测量面卡紧被测轴的外径，注意不要卡得太紧，但也不能松动，当上下试移动时，以手感到有一点阻力为宜。特别要注意一定要卡在轴的直径部位。

（3）三个截面测量轴径，注意各截面均要按互相垂直的方向进行测量，这样就得到六个测量得读数。

（4）对六个读数进行数据处理，比较简单的方法是去掉最大读数和最小读数，再取余下的几个读数的平均值，并以第（1）步中所得的修正值进行修正，从而获得最终测得的轴径尺寸。

（二）螺旋测微类量具

1. 定义

利用螺旋副运动原理制成的量具叫测微量具。测微量具包括外径千分尺、内径千分尺、深度千分尺、螺纹千分尺和公法线千分尺等，如图 5-6 所示为外径千分尺。

2. 结构

千分尺主要由尺架、测砧、测微螺杆、微分筒、测力装置等组成。

3. 读数原理

千分尺的测微螺杆螺距为 0.5 mm，测量时微分筒转一周，测微螺杆轴向移动一个螺距，而微分筒一周分为 50 等份，也即是微分筒转动一小格，螺杆移动 0.5/50 mm，即 0.01 mm。此为分度值 i，再利用主尺（测杆）上的刻线记录所走路程，故读数为：整数读测杆上的主刻线，小数部分为微分筒的格数与 i 的乘积。又因转一周只能移动 0.5 mm，而主

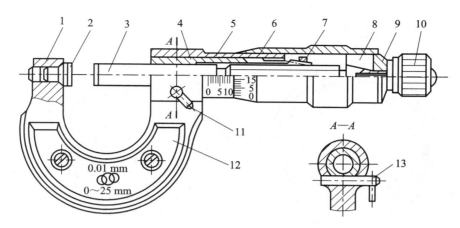

1—尺架；2—测钻；3—测微螺杆；4—螺纹轴套；5—固定套筒；6—微分筒；7—调节；
8—接头；9—垫片；10—测力装置；11—锁紧机构；12—绝热板；13—锁紧轴

图 5-6 外径千分尺

尺上刻线为 1 mm 间距，故在主尺的水平刻线下方再刻上与上方两刻线对中的一条刻线，即是将上面的 1 mm 两等份，为 0.5 mm。最后千分尺读数为：主尺刻度＋微分筒格数×i 或主尺刻度＋0.5 mm＋微分筒格数×i 两种。

注意：0.01 mm 分度值的千分尺每 25 mm 为一规档，应根据工件尺寸大小选择千分尺规格，使工件尺寸在其测量范围之内。

4. 用外径千分尺测量轴径的步骤

（1）先按被测轴图上设计公称尺寸和公差大小选择适当的千分尺。

（2）将千分尺测量面合拢校对读数是否为 0，若不是 0，则应记下零位时的示值误差，取负值为修正值。

（3）对测量范围大于 25 mm 的千分尺用校对杆或量块对比所要测量的尺寸。

（4）将千分尺测量面与被测轴表面轻微接触，旋转右端棘轮，当听到略略声，即可读数，注意 0.5 mm 以内的读数，并将读数减去示值误差，即获得测量结果。

（5）轴的实际尺寸应在其验收极限尺寸范围内，才算合格。

注意测量时要多测量几个截面的直径，然后做数据处理，确定测量结果。

（三）机械量仪

1. 定义

应用机械传动件如齿轮、杠杆等，将测量杆的直线位移进行传动、放大，并由读数装置指示出来的量仪。测量精度较高，结构简单，使用方便。

主要用于长度的相对测量以及形状和相互位置误差的测量等。

2. 百分表

百分表如图 5-7 所示。组成：由表盘、测量杆、测量头、指针、齿轮等组成。

作用：用于测量各类零件的线值尺寸、形状和位置误差，找正工件位置或与其他仪器配套使用。

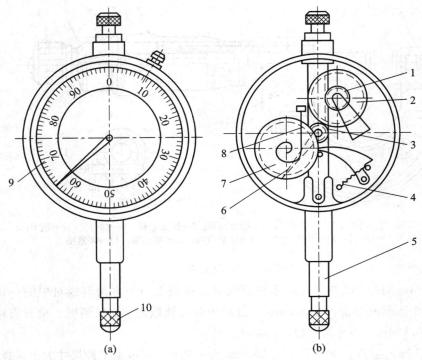

(a)   (b)

1—小齿轮；2、7—大齿轮；3—中间齿轮；4—弹簧；5—测量杆；6—指针；8—游丝；9—表盘；10—测量头

图 5-7　百分表

测量方法：测量时利用测量杆的上下移动带动齿轮转动，使指针转动指示读数。

3. 内径百分表

内径百分表如图 5-8 所示。

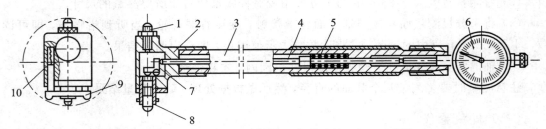

1—可换测量头；2—测量套；3—测量杆；4—传动杆；5、10—弹簧；
6—指示表；7—杠杆；8—活动测量头；9—定位装置

图 5-8　内径百分表

定义：它是利用相对测量法测内孔的一种量仪。有 0.01 mm、0.001 mm 两种。

结构：由表头、表杆、测头等部分组成。

测量方法：当活动测量头 8 被压缩时，通过等臂杠杆推动推杆，使指示表表杆上下移动，带动指针转动，完成测量。

注意：使用时要进行校零。

4. 杠杆百分表

杠杆百分表如图 5-9 所示。杠杆百分表是将杠杆测点头的位移，通过机械传动系统，转化为表针的传动。其分度值为 0.01 mm，示值范围一般为 0.4 mm。

杠杆百分表的外形与传动原理如图所示。它是由杠杆、齿轮传动机构等组成。将测量杆 5 的摆动，通过杠杆使扇形齿轮绕其轴摆，并带动与它相啮合的齿轮 1 转动，使固定在同一轴上的指针 3 偏转。

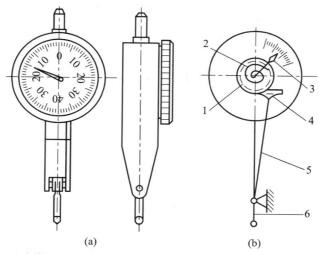

1—齿轮；2—扭簧；3—指针；4—扇形齿轮；5—测量杆；6—表夹头

图 5-9 杠杆百分表

由于杠杆百分表体积较小，故可将表身伸入工件孔内测量，测头可变换测量方向，使用方便。尤其对测量或加工中，小孔工件的找正，突出其精度高、灵活的特点。

杠杆表使用时，也需装夹于表座上，夹持部位为表夹头 6。

（四）光学量仪

光学量仪是利用光学原理制成的量仪，有光学计、测长仪等。

1. 立式光学计

立式光学计是利用光学杠杆放大作用将测量杆的直线位移转换为反射镜的偏转，使反射光线也发生偏转，从而得到标尺影像的一种光学量仪。又称为立式光学比较仪。

2. 万能测长仪

万能测长仪是利用光学系统和电气部分相结合的长度测量仪器。按测量轴的位置分：立式测长仪、卧式测长仪、万能测长仪。立式测长仪用于测量外尺寸。卧式测长仪用于测量外尺寸、内尺寸、螺纹中径等。万能测长仪的测量原理是指被测工件的被测尺寸应处于仪器基准刻线尺的轴线的延长线上，以保证仪器的高精度测量。

◉ **任务实施**

参看下篇实训一和实训二。

任务二 分析测量误差与进行数据处理

◉ 任务引入

对某一轴的直径进行 15 次等精度测量，按测量顺序各测得值依次为

| 34.959 | 34.955 | 34.958 | 34.957 | 34.959 | 34.956 | 34.957 | 34.958 |

| 3 4.955 | 34.957 | 34.959 | 34.955 | 34.956 | 34.957 | 34.958 |

（设不含系统误差），请分析误差产生的原因，正确处理处理数据，确定测量结果。

◉ 知识准备

一、测量误差及产生原因

1. 测量误差概念

测量误差是指在测量时，测量结果与真值之间的差异。测量误差可以用绝对误差和相对误差表示。

（1）绝对误差。绝对误差是指被测几何量的测得值（即仪表的指示值）与其真值之差，即

$$\delta = x - x_0 \tag{5-1}$$

式中：δ 为绝对误差；x 为测得值；x_0 为被测量的真值。

由于测得值 x 可能大于或小于真值 x_0，所以绝对误差 δ 可能是正值也可能是负值。因此，真值可用下式表示：

$$x_0 = x \pm |\delta| \tag{5-2}$$

按照式（5-2），可用测得值 x 和测量误差 δ 来估算真值 x_0 所在的范围。所以测量误差的绝对值越小，说明测得值越接近真值，因此测量精度就高。反之，测量精度就低。但是对于不同的被测几何量，绝对误差就不能说明它们测量精度的高低。例如，用某测量长度的量仪测量 50 mm 的长度，绝对误差为 0.005 mm。用另一台量仪测量 500 mm 的长度，绝对误差为 0.02 mm。这时，就不能用绝对误差的大小来判断测量精度的高低。因为后者的绝对误差虽然比前者大，但它相对于被测量的值却很小。为此，需要用相对误差来比较它们的测量精度。

（2）相对误差。相对误差是指被测几何量的绝对误差（一般取绝对值）与其真值之比，即

$$\varepsilon = \frac{x - x_0}{x_0} \times 100\% = \frac{\delta}{x_0} \times 100\% \tag{5-3}$$

式中：ε 为相对误差。

相对误差是一个无量纲的数值。相对误差比绝对误差能更好地说明测量的精确程度。

2. 测量误差的来源

在实际测量中，产生测量误差的因素很多，归纳起来主要有以下几个方面。

（1）测量器具。测量器具的制造和装配误差都会引起其示值误差。其中最重要的是基准件的误差，如刻线尺的误差。

（2）测量方法。因测量方法产生的误差，除了某些间接测量法中的原理误差以外，主要有阿贝误差和对准误差两种。

（3）测量环境。主要包括温度、气压、湿度、振动、噪声以及空气净化程度等因素。在一般测量过程中，温度是重要的因素，其他因素只在精密测量中才考虑。

（4）测量人员。主要有视觉、估读误差、观测误差、调整误差以及对准误差等。

二、测量误差的分类

按照测量误差的性质和产生的原因，可分为系统误差、随机误差和粗大误差。

1. 系统误差

系统误差是指在一定条件下多次测量的结果总是向一个方向偏离，其数值一定或按一定规律变化。系统误差的特征是具有一定的规律性。

系统误差的来源具有以下几个方面：

（1）仪器误差。仪器误差是由于仪器本身的缺陷或没有按规定条件使用仪器而造成的误差。

（2）理论误差。理论误差是由于测量所依据的理论公式本身的近似性，或实验条件不能达到理论公式所规定的要求，或测量方法等所带来的误差。

（3）观测误差。观测误差是由于观测者本人生理或心理特点造成的误差。

例如，用"落球法"测量重力加速度，由于空气阻力的影响，多次测量的结果总是偏小，这是测量方法不完善造成的误差；用停表测量运动物体通过某一段路程所需要的时间，若停表走时太快，即使测量多次，测量的时间 t 总是偏大为一个固定的数值，这是仪器不准确造成的误差；在测量过程中，若环境温度升高或降低，使测量值按一定规律变化，这是由于环境因素变化引起的误差。

在任何一项实验工作和具体测量中，必须要想尽一切办法，最大限度的消除或减小一切可能存在的系统误差，或者对测量结果进行修正。发现系统误差需要改变实验条件和实验方法，反复进行对比，系统误差的消除或减小是比较复杂的一个问题，没有固定不变的方法，要具体问题具体分析各个击破。产生系统误差的原因可能不止一个，一般应找出影响的主要因素，有针对性地消除或减小系统误差。

2. 随机误差

在实际测量条件下，多次测量同一量时，误差的绝对值和符号的变化，时大时小、时正时负，以不可预定方式变化着的误差叫做随机误差。

当测量次数很多时，随机误差就显示出明显的规律性。实践和理论都已证明，随机误差服从一定的统计规律（正态分布），其特点如下：

（1）绝对值小的误差出现的概率比绝对值大的误差出现的概率大（单峰性）。

（2）绝对值相等的正负误差出现的概率相同（对称性）。

（3）绝对值很大的误差出现的概率趋于零（有界性）。

（4）误差的算术平均值随着测量次数的增加而趋于零（抵偿性）。因此，增加测量次数可以减小随机误差，但不能完全消除。

引起随机误差的原因也很多。如与仪器精密度和观察者感官灵敏度有关。仪器显示数值的估计读数位偏大和偏小；仪器调节平衡时，平衡点确定不准；测量环境扰动变化以及其他不能预测不能控制的因素，如空间电磁场的干扰，电源电压波动引起测量的变化等。

由于测量者过失，如实验方法不合理，用错仪器，操作不当，读错数值或记错数据等引起的误差，是一种人为的过失误差，不属于测量误差，只要测量者采用严肃认真的态度，过失误差是可以避免的。

实验中，精密度高是指随机误差小，而数据很集中；准确度高是指系统误差小，测量的平均值偏离真值小；精确度高是指测量的精密度和准确度都高。数据集中而且偏离真值小，即随机误差和系统误差都小。

3. 粗大误差

超出规定条件下预计的误差。粗大误差是由于某种非正常原因造成的。如读数错误、温度的突然变动等。根据误差理论，按一定的规则予以剔除。

三、测量精度

测量精度是指被测几何量的测得值与其真值的接近程度。测量误差越小，测量精度就越高；测量误差越大，则测量精度就越低。

根据在测量过程中系统误差和随机误差对测量结果的不同影响，测量精度一般分为三种。

1. 正确度

正确度是指在规定的测量条件下，测量结果与真值的接近程度。系统误差影响的程度，系统误差小，则正确度高。

2. 精密度

测量精密度表示在同样测量条件下，对同一物理量进行多次测量，所得结果彼此间相互接近的程度，即测量结果的重复性、测量数据的弥散程度，因而测量精密度是测量偶然误差的反映。测量精密度高，偶然误差小，但系统误差的大小不明确。

3. 精确度

测量精确度表示多次测量所得的测得值与真值接近的程度。测量精确度则是对测量的系统误差及随机误差的综合评定。精确度高，测量数据较集中在真值附近，测量的随机误差及系统误差都比较小。

在具体测量中，精密度高，正确度不一定高；正确度高，精密度不一定也高。精密度和正确度都高，则精确度就高。

以打靶为例来比较说明精密度、正确度、精确度三者之间的关系。图 5-10 中靶心为射击目标，相当于真值，每次测量相当于一次射击。

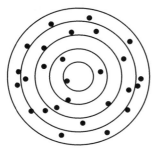

(a) 精确度高精密度不高

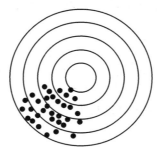

(b) 精密度高正确度不高

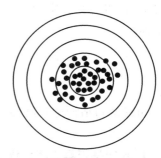

(c) 精密度正确度都高

图 5-10 正确度、精密度和精确度关系示意图

四、随机误差的数据处理

随机误差的大小和方向是变化的，不能用修正值予以消除，但可用实验统计的方法对大量测得值作统计处理，便能较准确地估计和评定测量结果，随机误差的一般处理方法如下。

1. 求算术平均值

在同一条件下，对同一被测量进行多次（n 次）等精度测量，将得到一系列不同的测得值 x_1，x_2，x_3，$\cdots$，x_n，则算术平均值为

$$\bar{x} = \frac{1}{n} \sum_{i=1}^{n} x_i \tag{5-4}$$

2. 求残余误差

残余误差 ν_i 是指测量列的各个测得值 x_i 与该测量列算术平均值 $\bar{x}$ 之差，简称残差。计算公式为

$$\nu_i = x_i - \bar{x} \tag{5-5}$$

从符合正态分布规律的随机误差的分布特性可以得出残差有两个基本性质。

（1）残差的代数和等于零，即 $\sum_{i=1}^{n} \nu_i = 0$。

（2）残差的平方和为最小，即 $\sum_{i=1}^{n} \nu_i^2$ 为最小。

3. 求单次测得值的标准偏差

测得值的算术平均值虽能表示测量结果，但不能表示各测得值的精密度。为此，需要引入标准偏差的概念。

标准偏差是表征对同一被测量进行 n 次测量所得值的分散程度的参数。

根据误差理论，随机误差的标准偏差 σ 是各随机误差平方和的平均值的平方根，即

$$\sigma = \sqrt{\frac{\delta_1^2 + \delta_2^2 + \cdots + \delta_n^2}{n}} = \sqrt{\frac{\sum_{i=1}^{n} \delta_i^2}{n}} \tag{5-6}$$

虽然根据式（5-6）可以求出标准偏差 σ 值，但由于被测量的真值是未知量，因此随机

误差 δ_i 也不可知。实际测量时常用残差 ν_i 代替 δ_i，根据贝塞尔公式求出标准偏差 σ 估算值，即

$$\sigma = \sqrt{\frac{\sum\limits_{i=1}^{n} \nu_i^2}{n-1}} \tag{5-7}$$

单次测得值的测量结果的表达式可以写为

$$\nu_{ei} = x_i \pm 3\sigma \tag{5-8}$$

4. 判断是否具有粗大误差

在一列实测值中，要判断某个值是否具有粗大误差，其判断准则有 3σ 准则，根据随机误差的正态分布规律，其残余误差在 $\pm 3\sigma$ 以外是不可能出现的，而当 $|\nu_i| > 3\sigma$ 时，则认为它属于粗大误差，在测量列中把具有粗大误差的测量值剔除，重新计算标准偏差 σ。

5. 求算术平均值的标准偏差

标准偏差 σ 代表一组测得值的精密度，但是在系列测量中是以算术平均值作为被测量的测量结果，因此，重要的是要知道算术平均值的标准偏差 $\sigma_{\bar{x}}$。

根据误差理论，测量列算术平均值的标准偏差与测量列中单次测得值的标准偏差 σ 之间的关系如下式

$$\sigma_{\bar{x}} = \frac{\sigma}{\sqrt{n}} \tag{5-9}$$

测量列算术平均值的测量极限误差为

$$\delta_{\lim(\bar{x})} = \pm 3\sigma_{\bar{x}} \tag{5-10}$$

多次测量所得结果的表达式为

$$x_{ei} = \bar{x} \pm 3\sigma_{\bar{x}} \tag{5-11}$$

● **任务实施**

根据任务求解如下：

解 按测量顺序将各测得值，计算算术平均值 $\bar{x}$，残差 ν_i，残差的平方 ν_i^2，残差的平方和 $\sum\limits_{i=1}^{15} \nu_i^2$，依次列于表 5-2 中。

误差产生的原因有：① 计量器具的误差；② 测量方法误差；③ 环境条件所引起的测量误差；④ 人员误差。

数据处理：

（1）求算术平均值：

$$\bar{x} = \frac{1}{n} \sum_{i=1}^{n} x_i = 34.957 \text{ mm}$$

（2）计算残差和判定变值系统误差。各残差的数值经过计算后列于表 5-2 中，按照残差观察法，这些残差的符号大体上正、负相同，没有周期性变化，因此可以认为测量列中不存在变值系统误差。

表 5－2　测量数据计算结果表

测量序号	测得值 x_i/mm	残差 $\nu_i = x_i - \bar{x}$/μm	残差的平方 ν_i^2/μm^2
1	34.959	+2	4
2	34.955	−2	4
3	34.958	+1	1
4	34.957	0	0
5	34.958	+1	1
6	34.956	−1	1
7	34.957	0	0
8	34.958	+1	1
9	34.955	−2	4
10	34.957	0	0
11	34.959	+2	4
12	34.955	−2	4
13	34.956	−1	1
14	34.957	0	0
15	34.958	+1	1
算术平均值 $\bar{x} = 34.957$		$\sum\limits_{i=1}^{15} \nu_i = 0$	$\sum\limits_{i=1}^{15} \nu_i^2 = 26(\mu m^2)$

（3）计算测量列中单次测得值的标准偏差：

$$\sigma = \sqrt{\frac{\sum\limits_{i=1}^{n} \nu_i^2}{n-1}} \approx 1.36 \text{ mm}$$

（4）判断粗大误差：

$$|\nu_i|_{max} = 2 \ \mu m \quad 3\sigma = 3 \times 1.36 \ \mu m = 4.08 \ \mu m$$

测量列中没有大于 4.08 μm 的残差，即 $|\nu_i| < 3\sigma$，可以认为测量列中不存在粗大误差。

（5）计算算术平均值的标准偏差：

$$\sigma_{\bar{x}} = \frac{\sigma}{\sqrt{n}} = \frac{\sigma}{\sqrt{15}} \ \mu m \approx 0.35 \ \mu m$$

（6）计算算术平均值的测量极限误差：

$$\delta_{\lim(\bar{x})} = \pm 3\sigma_{\bar{x}} \ \mu m \pm 3 \times 0.35 = 1.05 \ \mu m$$

轴的直径的测量结果：

$$d_e = \bar{x} \pm 3\sigma_{\bar{x}} = (34.957 \pm 0.001 \ 05) \text{ mm}$$

任务三　光滑工件尺寸检验与批量零件检验

◉ **任务引入**

(1) 设备中有一个装配零件需要检验,尺寸为 $\phi40h9(_{-0.062}^{0})$ mm,且采用包容原则,试确定测量该轴径时的验收极限,选择适当的计量器具。

(2) 工厂现有 1000 件配合件需要检验,零件尺寸标注为 $\phi18H8/h7$,请设计适合的检验工具。

◉ **知识准备**

一、光滑工件的尺寸检验

用普通计量器具测量工件应参照国家标准 GB/T 3177—2009 进行。该标准适用于车间用的计量器具(游标卡尺、千分尺和分度值不小于 0.5 μm 的指示表和比较仪等),主要用以检测公称尺寸至 500 mm,公差等级为 IT6~IT18 的光滑工件尺寸,也适用于对一般公差尺寸的检测。

1. 误收与误废

由于测量误差的存在,在验收工件时,可能会受测量误差的影响,对位于极限尺寸附近的工件产生两种错误判断——误收和误废。误收是指将超出极限尺寸的工件误判为合格品而接收;误废是指将未超出极限尺寸的工件误判为废品而报废。

误收影响产品质量,误废造成经济损失。GB/T 3177—2009 中规定的验收原则是:所用验收方法原则上是"应只接收位于规定的尺寸极限之内的工件",即只允许有误废而不允许有误收。

2. 验收极限与安全裕度

为了减少误收,保证零件的质量,一般采用规定验收极限的方法来验收工件,即采用安全裕度来抵消测量的不确定度。国家标准对确定验收极限规定了两种方式。

(1) 内缩方式。验收极限是从规定的上极限尺寸和下极限尺寸分别向工件公差带内移动一个安全裕度 A,如图 5-11 所示。

即工件的验收极限:

　　　　上验收极限＝上极限尺寸－安全裕度

　　　　下验收极限＝下极限尺寸＋安全裕度

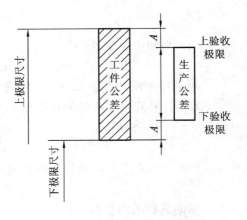

图 5-11　验收极限与安全裕度

内缩方式主要适用于符合包容要求、公差等级高的尺寸。

安全裕度 A 值应按工件的公差大小确定，一般为工件公差的 1/10，数值见表 5 - 3。

表 5 - 3　安全裕度 A 及计量器具不确定度的允许值 u_1　　　　mm

零件公差值 T		安全裕度 A	计量器具的不确定度的允许值 u_1
大于	至		
0.009	0.018	0.001	0.0009
0.018	0.032	0.002	0.0018
0.032	0.058	0.003	0.0027
0.058	0.100	0.006	0.0054
0.100	0.180	0.010	0.0090
0.180	0.320	0.018	0.0160
0.320	0.580	0.032	0.0290
0.580	1.000	0.060	0.0540
1.000	1.800	0.100	0.0900
1.800	3.200	0.180	0.1600

（2）不内缩方式。不内缩方式的验收极限等于工件的上极限尺寸和下极限尺寸，即安全裕度 $A=0$。由于这种验收极限方式比较宽松，所以一般使用于非配合尺寸和一般公差尺寸。

3. 计量器具的选择

在机械制造中，计量器具的选择要综合考虑计量器具的技术指标和经济指标，主要有两点要求。① 按照被测工件的外形、位置和尺寸的大小及被测参数的特性来选择计量器具，使选择的计量器具的测量范围能满足工件的要求。② 按照被测工件的精度来选择计量器具，使选择的计量器具的不确定度 u_1，既能保证测量精度，又符合经济性要求。

GB/T 3177 - 2009 中规定，应按照计量器具的测量的不确定度允许值（u_1）选择计量器具。选择时应使所选用的计量器具的测量不确定度数值等于或小于选定的 u_1 值。

计量器具的测量不确定度允许值（u_1）按测量不确定度（u）与工件公差的比值分档。

对 IT6～IT11 级别分为 Ⅰ、Ⅱ、Ⅲ 三档，分别为工件公差的 1/10、1/6、1/4，对 IT12～IT13 级分为 Ⅰ、Ⅱ 两档。见表 5 - 4。

计量器具的测量不确定度允许值为测量不确定度的 0.9 倍。

一般情况下应优先选用 Ⅰ 档，其次选用 Ⅱ、Ⅲ 档。

表5-4　安全裕度 A 与计量器具不确定度的允许值 u_1　　　　　μm

公称尺寸/mm 大于	至	IT6 T	A	u_1 I	u_1 II	u_1 III	IT7 T	A	u_1 I	u_1 II	u_1 III	IT8 T	A	u_1 I	u_1 II	u_1 III	IT9 T	A	u_1 I	u_1 II	u_1 III
—	3	6	0.6	0.5	0.9	1.4	10	1.0	0.9	1.5	2.3	14	1.4	1.3	2.1	3.2	25	2.5	2.3	3.8	5.6
3	6	8	0.8	0.7	1.2	1.8	12	1.2	1.1	1.8	2.7	18	1.8	1.6	2.7	4.1	30	3.0	2.7	4.5	6.8
6	10	9	0.9	0.8	1.4	2.0	15	1.5	1.4	2.3	3.4	22	2.2	2.0	3.3	5.0	36	3.6	3.3	5.4	8.1
10	18	11	1.1	1.0	1.7	2.5	18	1.8	1.7	2.7	4.1	27	2.7	2.4	4.1	6.1	43	4.3	3.9	6.5	9.7
18	30	13	1.3	1.2	2.0	2.9	21	2.1	1.9	3.2	4.7	33	3.3	3.0	5.0	7.4	52	5.2	4.7	7.8	12
30	50	16	1.6	1.4	2.4	3.6	25	2.5	2.3	3.8	5.6	39	3.9	3.5	5.9	8.8	62	6.2	5.6	9.3	14
50	80	19	1.9	1.7	2.9	4.3	30	3.0	2.7	4.5	6.8	46	4.6	4.1	6.9	10	74	7.4	6.7	11	17
80	120	22	2.2	2.0	3.3	5.0	35	3.5	3.2	5.3	7.9	54	5.4	4.9	8.1	12	87	8.7	7.8	13	20
120	180	25	2.5	2.3	3.8	5.6	40	4.0	3.6	6.0	9.0	63	6.3	5.7	9.5	14	100	10	9.0	15	23
180	250	29	2.9	2.6	4.4	6.5	46	4.6	4.1	6.9	10	72	7.2	6.5	11	16	115	12	10	17	26
250	315	32	3.2	2.9	4.8	7.2	52	5.2	4.7	7.8	12	81	8.1	7.3	13	18	130	13	12	19	29
315	400	36	3.6	3.2	5.4	8.1	57	5.7	5.1	8.4	13	89	8.9	8.0	13	20	140	14	13	21	32
400	500	40	4.0	3.6	6.0	9.0	63	6.3	5.7	9.5	14	97	9.7	8.7	15	22	155	16	14	23	35

公称尺寸/mm 大于	至	IT10 T	A	u_1 I	u_1 II	u_1 III	IT11 T	A	u_1 I	u_1 II	u_1 III	IT12 T	A	u_1 I	u_1 II	u_1 III	IT13 T	A	u_1 I	u_1 II	u_1 III
—	3	40	4.0	3.6	6.0	9.0	60	6.0	5.4	9.0	14	100	10	9.0	15		140	14	13	21	
3	6	48	4.8	4.3	7.2	11	75	7.5	6.8	11	17	120	12	11	18		180	18	16	27	
6	10	58	5.8	5.2	8.7	13	90	9.0	8.1	14	20	150	15	14	23		220	22	20	33	
10	18	70	7.0	6.3	11	16	110	11	10	17	25	180	18	16	27		270	27	24	41	
18	30	84	8.4	7.6	13	19	130	13	12	20	29	210	21	19	32		330	33	30	50	
30	50	100	10	9.0	15	22	160	16	14	24	36	250	25	23	38		390	39	35	59	
50	80	120	12	11	18	27	190	19	17	29	43	300	30	27	45		460	46	41	69	
80	120	140	14	13	21	32	220	22	20	33	50	350	35	32	53		540	54	49	81	
120	180	160	16	15	24	36	250	25	23	38	56	400	40	36	60		630	63	57	95	
180	250	185	18	1	28	42	290	29	26	44	65	460	46	41	66		720	72	65	110	
250	315	210	21	19	32	47	320	32	29	48	72	520	52	47	78		810	81	73	120	
315	400	230	23	21	35	52	360	36	32	54	81	570	57	51	80		890	89	80	130	
400	500	250	25	23	38	56	400	40	36	60	90	630	63	57	95		970	97	87	150	

　　选择计量器具时，应保证其不确定度 u_1' 不大于其允许值 u_1。有关量仪 u_1 值见表5-5至表5-7。

表 5 - 5　千分尺和游标卡尺的不确定度 u'_1　　　　　　mm

尺寸范围	计量器具类型			
	分度值0.01千分尺	分度值0.01内径千分尺	分度值0.02游标尺	分度值0.05游标卡尺
	不 确 定 度			
0～50	0.004			0.050
50～100	0.005	0.008		
100～150	0.006			
150～200	0.007		0.020	
200～250	0.008	0.013		0.100
250～300	0.009			
300～350	0.010			
350～400	0.011	0.020		
400～450	0.012			
450～500	0.013	0.025		
500～600		0.030		
600～700				
700～1000				0.150

注：本表仅供参考。

表 5 - 6　比较仪的不确定度 u'_1　　　　　　mm

尺寸范围		所 使 用 的 计 量 器 具			
大于	至	分度值为 0.0005 mm（相当于放大倍数2000倍）的比较仪	分度值为 0.001 mm（相当于放大倍数 1000 倍）的比较仪	分度值为 0.002 mm（相当于放大倍数 400 倍）的比较仪	分度值为 0.005 mm（相当于放大倍数 250 倍）的比较仪
		不 确 定 度			
	25	0.006	0.0010	0.0017	0.0030
25	40	0.007			
40	65	0.008	0.0011	0.0018	
65	90	0.008			
90	115	0.009	0.0012	0.0019	
115	165	0.0010	0.0013		
165	215	0.0012	0.0014	0.0020	
215	265	0.0014	0.0016	0.0021	0.0035
265	315	0.0016	0.0017	0.0022	

注：测量时，使用的标准器由 4 块 1 级（或 4 等）量块组成。本表仅供参考。

表 5 - 7 指示表的不确定度 u_1' mm

尺寸范围		所使用的计量器具			
		分度值为 0.001 mm 的千分表（0 级在全程范围内，1 级在 0.2 mm 内）分度值为 0.002 mm 的千分表（在一转范围内）	分度值为 0.001、0.002、0.005 mm 的千分表（1 级在全程范围内）分度值为 0.01 mm 的百分表（0 级在任意 1 mm 内）	分度值为 0.01 mm 的百分表（0 级在全程范围内，1 级在任意 1 mm 内）	分度值为 0.01 mm 的百分表（1 级在全程范围内）
大于	至	不 确 定 度			
	25	0.005	0.010	0.018	0.030
25	40				
40	65				
65	90				
90	115				
115	165	0.006			
165	215				
215	265				
265	315				

注：测量时，使用的标准器由 4 块 1 级（或 4 等）量块组成。本表仅供参考。

二、批量零件的检验

大批量的同规格零件需要检测时，如果用常规的测量器具逐个零件检查费时费力，那么能不能采用一种专用的测量器具呢？光滑极限量规就能很好地解决这一问题。光滑极限量规是一种没有刻度的专用检验工具，它不能确定工件的实际尺寸，只能确定工件尺寸是否处于规定的极限尺寸范围内。

1. 光滑极限量规的测量原理及分类

最大实体尺寸（MMS）是指确定要素最大实体状态的尺寸，即内尺寸要素的下极限尺寸或外尺寸要素的上极限尺寸，分别用 D_M 和 d_M 表示。

最小实体尺寸（LMS）是指确定要素最小实体状态的尺寸，即内尺寸要素的上极限尺寸或外尺寸要素的下极限尺寸，分别用 D_L 和 d_L 表示。

检验孔的光滑极限量规称为塞规，一个塞规按被测孔的最大实体尺寸制造，称为通规或过端，另一个塞规按被测孔的最小实体尺寸制造，称为止规或止端，如图 5 - 12(a) 所示。检验轴的光滑极限量规称为环规或卡规。一个环规按被测轴的最大实体尺寸制造，称为通规；另一个环规按被测轴的最小实体尺寸制造，称为止规，如图 5 - 12(b) 所示。测量时，必须把通规和止规联合使用，只有当通规能够通过被测孔或轴，同时，止规不能通过被测孔或轴时，该孔或轴才是合格品。

在机械制造业中，由于光滑极限量规结构简单，使用方便，测量可靠，所以，成批或大量生产的工件，多采用光滑极限量规检验。

光滑极限量规按其不同的用途分为工作量规、验收量规和校对量规三类。工作量规是工人在制造工件过程中使用的量规，工作量规的通规用代号 T 表示，止规用代号 Z 表示；

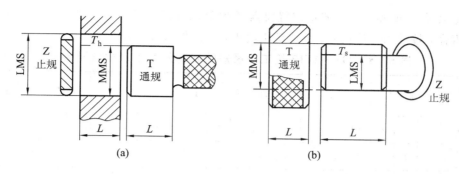

图 5 - 12　光滑极限量规

验收量规是检验部门或用户代表验收产品时使用的量规；校对量规只是用来校对轴用量规，以发现卡规是否符合制造公差或已经磨损或变形。对于孔用量规，因其工作表面为外表面，可以很方便地使用量仪检验，则不用校对量规。

2. 工作量规的尺寸公差带

（1）工作量规公称尺寸的确定。工作量规中的通规是检验工件的作用尺寸是否超过最大实体尺寸（轴的上极限尺寸或孔的下极限尺寸），工作量规中的止规是检验工件的实际尺寸是否超过最小实体尺寸（轴的下极限尺寸或孔的上极限尺寸），各种量规即以被检验的极限尺寸作为公称尺寸。

（2）工作量规公差带。工作量规公差带由两部分组成。

① 制造公差。量规制造时不可避免也会产生误差，故需规定制造公差。但量规制造公差要比被检验工件公差小得多。

② 磨损公差。通规在检验时，经常要通过被检验工件，其工作表面会产生磨损，故还需规定磨损公差以使通规有一合理的使用寿命。而止规因不经常通过被检验工件，故不需规定磨损公差。

图 5 - 13 所示为光滑极限量规公差带图，GB/T 1957—2006 中规定量规公差带以不超越工件极限尺寸为原则，通规的制造公差带对称于 Z 值，其允许磨损量以工件的最大实体尺寸为极限，止规的制造公差带是从工件的最小实体尺寸算起，分布在尺寸公差带之内。

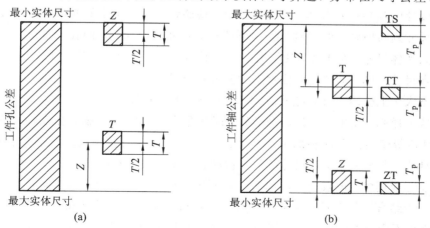

图 5 - 13　量规公差带图

制造公差 T 值和通规公差带位置要素 Z 值是综合考虑了量规的制造工艺水平和一定的使用寿命,按件的公称尺寸、公差等级给出,具体数值可见表 5-8。

表 5-8　IT6～IT12 级工作量规的制造公差 T 及位置要素 Z　　mm

工件基本尺寸	IT6			IT7			IT8			IT9			IT10			IT11			IT12		
D/mm	IT6	T	Z	IT7	T	Z	IT8	T	Z	IT9	T	Z	IT10	T	Z	IT11	T	Z	IT12	T	Z
～3	6	1	1	10	1.2	1.6	14	1.6	2	25	2	3	40	2.4	4	60	3	6	100	4	9
＞3～6	8	1.2	1.4	12	1.4	2	18	2	2.6	30	2.4	4	48	3	4	75	4	8	120	5	11
＞6～10	9	1.4	1.6	15	1.8	2.4	22	2.4	3.2	36	2.8	5	58	3.6	6	90	5	9	150	6	13
＞10～18	11	1.6	2	18	2	2.8	27	2.8	4	43	3.4	6	70	4	8	110	6	11	180	7	15
＞18～30	13	2	2.4	21	2.4	3.4	33	3.4	5	52	4	7	84	5	9	130	7	13	210	8	18
＞30～50	16	2.4	2.8	25	3	4	39	4	6	62	5	8	100	6	11	160	8	16	250	10	22
＞50～80	19	2.8	3.4	30	3.6	4.6	46	4.6	7	74	6	9	120	7	13	190	9	19	300	12	26
＞80～120	22	3.2	3.8	35	4.2	5.4	54	5.4	8	87	7	10	140	8	15	220	10	22	350	14	30
＞120～180	25	3.8	4.4	40	4.8	6	63	6	9	100	8	12	160	9	18	250	12	25	400	16	35
＞180～250	29	4.4	5	46	5.4	7	72	7	10	115	9	14	185	10	20	290	14	29	185	185	40
＞250～315	32	4.8	5.6	52	6	8	81	8	11	130	10	16	210	12	22	320	16	32	520	20	45
＞315～400	36	5.4	6.2	57	7	9	89	9	12	140	11	18	230	14	25	360	18	36	570	22	50
＞400～500	40	6	7	63	8	10	97	10	14	155	12	20	250	16	28	400	20	40	630	24	55

3. 量规的设计

1）量规设计原则及其结构

当所设计的轴和孔要求遵守包容原则时,检验该轴、孔所用的光滑极限量规的设计应符合极限尺寸判断原则(即泰勒原则)。所谓极限尺寸判断原则,即孔或轴的作用尺寸不允许超过最大实体尺寸,对于孔,其作用尺寸应不小于下极限尺寸;对于轴,其作用尺寸应不大于上极限尺寸。同时,在任何位置上的实际尺寸不允许超过最小实体尺寸,对于孔,实际尺寸应不大于上极限尺寸;对于轴,则应不小于下极限尺寸。

根据这一原则,通规应设计成全形的,即其测量面应具有与被测孔或轴相应的完整表面,其尺寸应等于被测孔或轴的最大实体尺寸,其长度应与被测孔或轴的配合长度一致;止规应设计成点接触式的,其尺寸应等于被测孔或轴的最小实体尺寸。

但在实际应用中,极限量规常偏离上述原则。例如,为了用已标准化的量规,允许通规的长度小于结合面的全长;对于尺寸大于 100 mm 孔,用全形塞规通规很笨重,不便使用,则允许用不全形塞规;环规通规不能检验正在顶尖上加工的工件及曲轴,允许用卡规代替;检验小孔的塞规止规,常用便于制造的全形塞规,检验刚性差的工件,也常用全形塞规或环规。

　　同时应该指出,只有在保证被检验工件的形状误差不致影响配合性质的前提下,才允许使用偏离极限尺寸判断原则的量规。

　　选用量规结构型式时,必须考虑工件结构、大小、产量和检验效率等,图5-14所示给出了量规的型式及其应用。

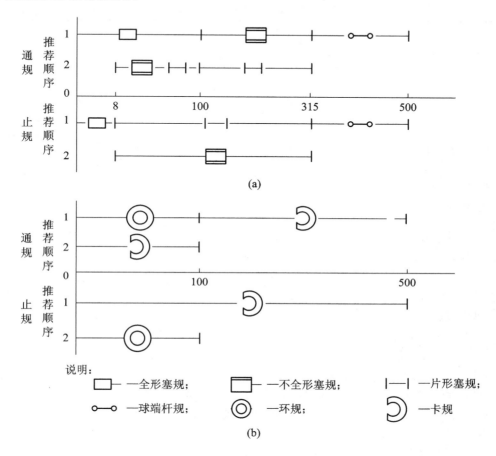

图5-14　量规的型式及其应用

（a）孔用量规型式和应用尺寸范围；（b）轴用量规型式和应用尺寸范围

　　2）量规极限偏差的计算

　　（1）按公差与配合国标确定孔与轴的上、下极限偏差；

　　（2）按表5-8查出工作量规制造公差 T 值和位置要素 Z 值；

　　（3）计算各种量规的上、下极限偏差,画出公差带图。

　　3）量规的其他技术要求

　　工作量规的形位误差应在量规的尺寸公差带内,形位公差为尺寸公差的50%,但形位公差小于0.001 mm时,由于制造和测量都比较困难,形位公差都规定选为0.001 mm。由于校对量规尺寸公差已经比较小,因此,对其形位公差不再另外规定,只要在其尺寸公差带内即可。

69

量规测量面的材料可用淬硬钢（合金工具钢、碳素工具钢等）和硬质合金，也可在测量面镀上耐磨材料，测量面的硬度应为 58～65HRC。

量规测量面的粗糙度，主要是从量规使用寿命、工件表面粗糙度及量规制造的工艺水平考虑。一般量规工作面的粗糙度要求比被检工件的粗糙度要求要严格些，量规测量面粗糙度要求可参照表 5-9 选用。

表 5-9 量规测量表面粗糙度 μm

工作量规	工件基本尺寸/mm		
	≤120	>120～315	>315～500
	表面粗糙度 R_a/μm		
IT6 级孔用量规	≤0.04	≤0.08	≤0.16
IT9～IT6 轴用量规	≤0.08	≤0.16	≤0.32
IT12～IT10 孔、轴用量规	≤0.16	≤0.32	≤0.63
IT16～IT13 孔、轴用量规	≤0.32	≤0.63	≤0.63

● 任务实施

根据任务求解如下：

（1）解：① 确定安全裕度和计量器具不确定度允许值。

已知公差等级 IT9，公差 $T=0.062$ mm，由表 5-3 中查出：安全裕度 $A=0.006$ mm，计量器具不确定允许值 $u_1=0.0054$ mm。

② 确定验收极限。

上验收极限＝上极限尺寸－安全裕度＝$\phi40-0.006=\phi39.994$ mm

下验收极限＝下极限尺寸＋安全裕度＝$\phi39.938+0.006=\phi39.944$ mm

③ 选择计量器具：工件公称尺寸为 $\phi40$ mm，从表 5-5 中查得：分度值为 0.01 mm 的千分尺的不确定度 $u_1'=0.004$ mm，因为 $u_1'<u_1$，所以满足使用要求。

（2）解：批量的配合件检验应该设计专用量规，根据题意设计计算如下：

$\phi18H8$ 的上极限偏差 ES＝＋0.027 mm；

下极限偏差 EI＝0，$\phi18h7$ 的上极限偏差 es＝0；

下极限偏差 ei＝－0.018 mm。

由表 5-6 查得：

$\phi18H8$ 孔用塞规：

制造公差 $T=0.0028$ mm，位置要素 $Z=0.004$ mm

$\phi18h7$ 轴用卡规：

制造公差 $T=0.002$ mm，位置要素 $Z=0.0028$ mm

① $\phi18H8$ 孔用塞规。

通规：

$$上极限偏差＝ES+Z+\frac{T}{2}=(0+0.004+0.0014)mm=+0.0054\ mm$$

$$下极限偏差＝EI+Z-\frac{T}{2}=(0+0.004-0.0014)mm=+0.0026\ mm$$

$$磨损极限＝EI＝0$$

止规：

$$上极限偏差＝ES＝＋0.027 \text{ mm}$$

$$下极限偏差＝EI-T＝（＋0.027-0.0028）\text{mm}＝＋0.0242 \text{ mm}$$

② ϕ18h7 轴用卡规。

通规：

$$上极限偏差＝es-Z＋\frac{T}{2}＝（0-0.0028＋0.001）\text{mm}＝-0.0018 \text{ mm}$$

$$下极限偏差＝ei-Z-\frac{T}{2}＝（0-0.0028-0.001）\text{mm}＝-0.0038 \text{ mm}$$

磨损极限＝es＝0

止规：

$$上极限偏差＝es＝ei＋T＝（-0.018＋0.002）\text{mm}＝-0.016 \text{ mm}$$

$$下极限偏差＝ei＝-0.018 \text{ mm}$$

量规的尺寸公差带如图 5-15 所示，量规工作尺寸的标注如图 5-16 所示。

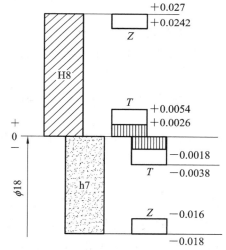

图 5-15　量规的尺寸公差带

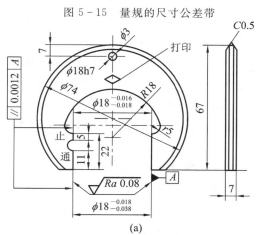

(a)

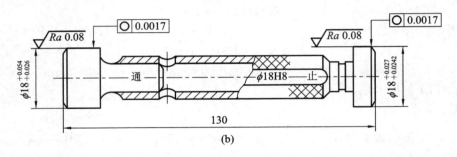

$$图 5-16 \qquad 量规工作尺寸的标注$$

$$（a）卡规；（b）塞规$$

拓 展 知 识

一、测量四原则

（1）阿贝原则：被测量与计量基准的尺寸应在同一处。

（2）基准统一原则：工序测量基准与工艺加工基准一致，终检测量基准与设计基准一致。

（3）最短测量链原则：即尽量减少测量链的环节数目，例如用量块时，一般不超过4块组成量块组。

（4）最小变形原则：采取标准温度测量、控制测量力，减少变形而造成的测量误差。

二、量规使用注意事项

量规是一种精密测量器具，使用量规过程中要与工件多次接触，如何保持量规的精度、提高检验结果的可靠性，这与操作者的关系很大，因此必须合理正确地使用量规。

（1）使用前，要认真地进行检查。先要核对图纸，看这个量规是不是与要求的检验尺寸和公差相符，以免发生差错、造成大批废品。同时要检查量规有没有检定合格的标记或其他证明。还要检查量规的工作表面上是否有锈斑、划痕和毛刺等缺陷，因为这些缺陷容易引起被检验工件表面质量下降，特别是公差等级和表面粗糙度较高的有色金属工件更为突出。还要检查量规测头与手柄联结是否牢固可靠。最后还要检查工件的被检验部位（特别是内孔）是否有毛刺、凸起、划伤等缺陷。

（2）使用前，要用清洁的细棉纱或软布，把量规的工作表面擦干净，允许在工作表面上涂一层薄油，以减少磨损。

（3）使用前，要辨别哪是通端、哪是止端，不要搞错。

（4）使用时，量规的正确操作方法可归纳为"轻"、"正"、"冷"、"全"四个字。

轻，就是使用量规时要轻拿轻放，稳妥可靠；不能随意丢掷；不要与工件碰撞，工件放稳后再来检验；检验时要轻卡轻塞，不可硬卡硬塞。

正，就是用量规检验时，位置必须放正，不能歪斜，否则检验结果也不会可靠。

冷，就是当被检工件与量规温度一致时才能进行检验，而不能把刚加工完还发热的工件进行检验；精密工件应与量规进行等温。

全，就是用量规检验工件要全面，才能得到正确可靠的检验结果，塞规通端要在孔的整个长度上检验，而且还要在 2 或 3 个轴向平面内检验；塞规止端要尽可能在孔的两端进行检验。卡规的通端和止端，都应沿轴和围绕轴不少于 4 个位置上进行检验。

（5）若塞规卡在工件孔内时，不能用普通铁锤敲打、扳手扭转或用力摔砸，否则会使塞规工作表面受到损伤。这时要用木、铜、铝锤或钳工拆卸工具（如拔子或推压器），还要在塞规的端面上垫一块木片或铜片加以保护，然后用力拔或推出来。必要时，可以把工件的外表面稍微加热后，再把塞规拔出来。

（6）当机床上装夹的工件还在运转时，不能用量规去检验。

（7）不要用量规去检验表面粗糙和不清洁的工件。

（8）量规的通端要通过每一个合格的工件，其测量面经常磨损，因此，量规需要定期检定。

对工作量规，当塞规通端接近或超过其最小极限，卡规（环规）的通端接近或超过其上极限尺寸时，工件量规要改为验收量规来使用。当验收量规接近或超过磨损极限时，应立即报废，停止使用。

（9）使用光滑极限量规检验工件，如判定有争议时，应该使用下述尺寸的量规检验；

通端应等于或接近工件的最大实体尺寸（即孔的下极限尺寸、轴的上极限尺寸）；

止端应等于或接近工件的最小实体尺寸（即孔的上极限尺寸、轴的下极限尺寸）。

项 目 小 结

本项目主要学习的内容包括：测量的概念、分类；测量器具和测量误差的分类；随机误差的数据处理；用通用计量器具和光滑极限量规检测工件等。

测量是指为确定被测对象的量值而进行的实验过程。即测量是将被测量与测量单位或标准量在数值上进行比较，从而确定两者比值的过程。一个完整的几何量测量过程应包括以下四个要素：被测对象、计量单位、测量方法、测量精度。在测量技术领域和技术监督工作中，还经常用到检验和检定两个术语：检验是确定被检几何量是否在规定的极限范围内，从而判断其是否合格的实验过程；检定是指为评定计量器具的精度指标是否合乎该计量器具的检定规程的全部过程。

测量仪器和测量工具统称为计量器具，按其原理、结构特点及用途可分为基准量具、通用计量器具、极限量规、计量装置等。

按测得示值方式不同，测量方法可分为绝对测量和相对测量；按测量结果获得的方法不同可分为直接测量和间接测量；按同时测量被测参数的多少可分为单项测量和综合测量；按被测对象在测量过程中所处的状态可分为静态测量和动态测量；按被测表面与量仪间是否有机械作用的测量力可分为接触测量与不接触测量；按测量过程中决定测量精度的因素或条件是否相对稳定可分为等精度测量和不等精度测量等。

误差分为随机误差和系统误差,随机误差的大小和方向是变化的,不能用修正值予以消除,但可用实验统计的方法对大量测得值作统计处理。随机误差的一般处理方法有:求算术平均值、求测量列中任一测得值的标准偏差、判断是否具有粗大误差、求测量列算术平均值的标准偏差等。

由于各种测量误差的存在,若按零件的最大、下极限尺寸验收,当零件的实际尺寸处于上、下极限尺寸附近时,有可能将本来处于零件公差带内的合格品判为废品,或将本来处于零件公差带以外的废品误判为合格品,前者称为"误废",后者称为"误收"。

国家标准规定的验收原则是:所用验收方法应只接收位于规定的极限尺寸之内的工件。为了保证这个验收原则的实现,保证零件达到互换性要求,规定了验收极限。

量规按用途可分为:工作量规、验收量规和校对量规。按被检工件类型分为塞规和卡规。制造量规也会产生误差,需要规定制造公差。光滑极限量规的设计应遵循泰勒原则。

思考与练习

一、填空题

1. 测量误差按其特性可分为_____、_____、_____三大类。

2. 一个完整的测量过程应包括_____、_____、_____、_____四要素。

3. 量块按"等"使用比按"级"使用精度_____。

4. 量规按检验的对象不同分为_____和_____两种;按用途不同分为_____、_____和_____三类。

5. 光滑极限量规的设计应遵循_____原则。

6. 计量器具的分度值是指_____,百分尺的分度值为_____mm。

7. 测量公称尺寸为 45 mm 的轴径,应选择测量范围为_____ mm 的百分尺。

8. 测量器具所能读出的最大最小值的范围称为_____。

9. 测量精度是指被测几何量的_____与_____的接近程度。

10. 按决定测量结果的全部因素或条件是否改变分类,测量可分为_____测量和_____测量。

二、判断题

(   )1. 使用的量块数越多,组出的尺寸越精确。

(   )2. 千分表的测量精度比百分表高。

(   )3. 测量范围与示值范围属同一概念。

(   )4. 游标卡尺两量爪合拢后,游标尺的零线应与主尺的零线对齐。

(   )5. 对某一尺寸进行多次测量,它们的平均值就是真值。

(   )6. 以多次测量的平均值作为测量结果可以减小系统误差。

(   )7. 加工误差只有通过测量才能得到,所以加工误差实质上就是测量误差。

(   )8. 实际尺寸就是真实的尺寸,简称真值。

（　　）9. 量块按等使用时，量块的工件尺寸既包含制造误差，也包含检定量块的测量误差。

三、选择题

1. 测量中属于间接测量的有（　　　），属于相对测量的有（　　　）。

A. 用外径百分尺测外径　　　　　　　　B. 用内径百分表测内径

C. 用游标卡尺测量孔中心距　　　　　　D. 用游标卡尺测外径

2. 计量器具的修正值和示值误差的关系是（　　　）。

A. 大小相等，符号相反　　　　　　　　B. 大小相等，符号相同

3. 1/50 游标卡尺的精度为（　　　）。

A. 0.1 mm　　　　　　B. 0.05 mm　　　　　　C. 0.02 mm　　　　　　D. 0.001 mm

4. 工作量规的通规是根据零件的（　　　）设计的，而止规是根据零件的（　　　）设计的。

A. 公称尺寸　　　　　　B. 最大实体尺寸　　　　　　C. 最小实体尺寸

5. 对某一尺寸进行系列测量得到一系列测得值，测量精度明显受到环境温度的影响，此温度误差为（　　　）。

A. 系统误差　　　　　　B. 随机误差　　　　　　C. 粗大误差

6. 用比较仪测量零件时，调整仪器所用量块的尺寸误差，按性质为（　　　）。

A. 系统误差　　　　　　B. 随机误差　　　　　　C. 粗大误差

7. 精密度是表示测量结果中（　　　）影响的程度。

A. 系统误差大小　　　　　　B. 随机误差大小

C. 粗大误差大小　　　　　　D. 以上都是

四、简答题

1. 什么是测量？测量过程包含哪四个要素？

2. 什么是测量误差？测量误差有几种表示形式？为什么规定相对误差？

3. 测量误差按其性质可以分为几类？实际测量中对各类误差的处理原则是什么？

4. 测量精度分为哪几种？什么是安全裕度和验收极限？

5. 某计量器具在示值为 40 mm 处的示值误差为 +0.004 mm。若用该计量器具测量工件时，读数正好为 40 mm，试确定该工件的实际尺寸是多少？

6. 用两种测量方法分别测量 100 mm 和 200 mm 两段长度，前者和后者的绝对测量误差分别为 +6 μm 和 −8 μm，试确定两者的测量精度中何者较高？

7. 某一测量范围为 0～25 mm 的千分尺，当活动测杆与测砧可靠接触时，其读数为 +0.02 mm，若用此千分尺测量工件直径时，读数为 19.95 mm，系统误差值和修正后的测量结果是多少？

五、综合题

1. 试从 83 块一套的量块中分别组合下列尺寸：① 28.785 mm；② 38.935 mm。

2. 用两种方法分别测量两个尺寸，设它们的真值分别为 $L_1 = 50$ mm 和 $L_2 = 80$ mm，如果测得值分别为 50.004 mm 和 80.006 mm，试评定哪一种方法测量精度较高。

3. 对同一几何量等精度连续测量 15 次，按测量顺序将各测量记录如下（单位为：mm）：

40.039	40.043	40.040	40.042	40.041
40.043	40.039	40.040	40.041	40.042
40.041	40.041	40.039	40.043	40.041

设测量中不存在系统误差，试确定其测量结果。

4. 已知某轴尺寸为 $\phi20f10$，满足包容要求，试选择测量器具并确定验收极限。

5. 计算 $\phi20H7/f6$ 配合的孔、轴用工作量规的极限偏差，并画出公差带图。

项目六 几何公差及其误差的测量

1. 知识要求

（1）理解几何公差的相关术语及定义；

（2）掌握几何公差在图样上的标注方法；

（3）熟悉公差原则及检测原则。

2. 技能要求

（1）理解几何公差的内涵，学会正确识读和标注图样上的几何公差；

（2）能够使用检测工具检测零件的几何误差，检验零件的合格性；

（3）能合理设计零件的形位精度。

任务一 正确识读和标注零件图上的几何公差

● 任务引入

图 6-1 所示为一连杆轴，请解释图中各项几何公差的含义。

● 知识准备

一、几何公差的基础知识

（一）概述

零件在加工过程中，由于机床、刀具、夹具和工件所组成的工艺系统本身存在几何误差，同时因受力变形、热变形、振动、刀具磨损等影响，被加工的零件不仅有尺寸误差，构成零件几何特征的点、线、面的实际形状或相对位置与理想几何体规定的形状和相对位置不可避免地存在差异，这种形状上的差异即为形状误差，位置上的差异即为位置误差。形

77

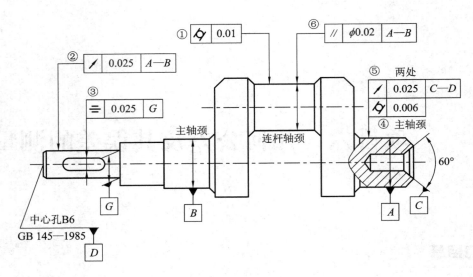

图 6-1　连杆轴

状误差和位置误差统称为几何误差。例如在车削圆柱表面时，刀具的运动轨迹与工件的旋转轴线不平行或者工件的刚性较差时，加工出的工件产生锥度，这就是形状误差。在钻床上钻孔时，孔与零件的定位面不垂直，这就是位置误差。

零件的几何误差直接影响零件的使用功能，机器的使用功能是由组成产品的零件的使用性能来保证的，而零件的使用性能，如零件的工作精度，运动件的运动平稳性、耐磨性、润滑性，连接件的连接强度、密封性能等，不但与零件的尺寸精度有关，而且还受到零件的形状和位置精度的影响。

总之，零件的几何误差对其使用性能的影响不容忽视。因此，为保证机械产品的质量和零件的互换性，在零件设计中需根据零件的功能要求，结合制造经济性对零件的几何误差加以限制，即对零件的几何要素规定合理的形状和位置公差，简称几何公差，并在图样中规范标注。国家为统一零件的设计、加工和检测等过程中对形位公差的认识和要求，保证互换性生产，已制定出一套几何公差国家标准。

近年来，根据科学技术和经济发展的需要，按照与国际标准接轨的原则，我国对形位公差国家标准进行了几次修订。目前现行几何公差的国家标准主要有：

（1）GB/T 1182—2008《产品几何技术规范（GPS）　几何公差形状、方向、位置和跳动公差标注》。

（2）GB/T 1184—1996《形状和位置公差　未注公差值》。

（3）GB/T 4249—2009《产品几何技术规范（GPS）　公差原则》。

（4）GB/T 16671—2009《产品几何技术规范（GPS）　几何公差　最大实体要求、最小实体要求和可逆要求》。

（5）GB/T 17851—2010《产品几何技术规范（GPS）　几何公差　基准和基准体系》。

（6）GB/T 17852—1999《形状和位置公差　轮廓的尺寸和公差标注》。

（7）GB/T 18780.1—2002《产品几何量技术规范（GPS）　几何要素　第 1 部分：基本术语及定义》。

（8）GB/T 1958—2004《产品几何量技术规范（GPS）　形状和位置公差检测规定》。

（9）GB/T 18779.1—2004《产品几何量技术规范（GPS）　工件与测量设备的测量检验　第 1 部分：按规范检验合格或不合格的判定规则》。

（10）GB/T 18779.2—2004《产品几何量技术规范（GPS）　工件与测量设备的测量检验　第 2 部分：测量设备校准和产品检验中 GPS 测量的不确定度评定指南》。

GB/T 1182—2008 是于 2008 年 8 月 1 日公布实行的国家标准，其中的"几何公差"即旧标准中的"形状和位置公差"。由于该标准的规范性引用文件中特别说明在标准中所引用到的 GB/T 4249—1996、GB/T 16671—1996、GB/T 17851—1999、GB/T 18780.1—2002、GB/T 17852—1999 、GB/T 18780.2—2003 等国家标准，通过该标准的引用而成为该标准的条款，这些引用文件的修改单（不包括勘误的内容）或修订版均不适用于本标准。而在这些引用文件中，均使用"形状和位置公差"。

（二）几何公差研究的对象

任何形状的零件都是由几何要素的点（圆心、球心、中心点和锥顶等）、线（素线、轴线、中心线和曲线等）、面（平面、中心平面、圆柱面、圆锥面、球面和曲面等）构成，如图 6 - 2 所示。构成零件几何特征的点、线、面统称为零件的几何要素。

几何公差研究的对象就是零件几何要素本身的形状精度和相关要素之间相互的位置精度问题。在选择几何公差和图样标注以及几何误差检测时，必须弄清几何要素及其分类。

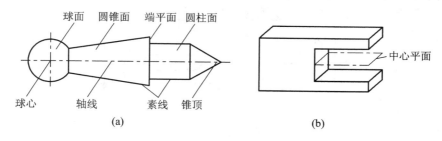

图 6 - 2　零件的几何要素

1. 按结构特征分类

（1）组成要素：是指实有的面或面上的线。组成要素可分为提取组成要素和拟合组成要素。提取组成要素是指按规定方法，由实际（组成）要素提取有限数目的点所形成的实际（组成）要素的近似替代。拟合组成要素是指由提取组成要素形成的并具有理想形状的组成要素。

（2）导出要素：是指由一个或几个组成要素得到的中心点、中心线或中心面。例如，球面是组成要素，球心是由球面得到的导出要素；圆柱面是组成要素，圆柱的中心线是由圆柱面得到的导出要素。

导出要素可分为提取导出要素和拟合导出要素。其中，提取导出要素是指由一个或几个提取组成要素得到的中心点、中心线或中心面；拟合导出要素是指由一个或几个拟合组成要素导出的中心点、轴线或中心平面。

提取组成要素和提取导出要素统称为提取要素；拟合组成要素和拟合导出要素统称为拟合要素。

2. 按存在的状态分类

（1）公称要素（理想要素）：是指具有几何学意义的要素。它不存在任何误差，是绝对正确的几何要素。图样上表示的要素一般均为公称要素，是评价实际要素几何误差的基础。

公称要素可分为公称组成要素和公称导出要素。其中，公称组成要素是指由技术制图或其他方法确定的理论正确组成要素；公称导出要素是指由一个或几个公称组成要素导出的中心点、轴线或中心平面。

（2）实际要素：是指零件上实际存在的要素，是由加工形成的点、线、面等要素。由于测量误差是不可避免的，对具体的零件，标准规定，测量时由测得的要素代替实际要素。当然，它并非为该要素的真实状况。

3. 按所处地位分类

（1）被测要素：图样上给出了形状或（和）位置公差要求的要素，也就是需要研究和测量的要素。图 6-3 中 ϕd_2 的圆柱面和键槽给出了几何公差，都是被测要素。

（2）基准要素：图样上用来确定被测要素方向或（和）位置的要素。理想基准要素简称基准。图 6-3 中 ϕd_1 的轴线是用来确定键槽中心平面位置的，是基准要素。

4. 按功能关系分类

（1）单一要素：仅对被测要素本身提出形状公差要求的要素。图 6-3 中 ϕd_2 的圆柱面提出形状公差圆柱度要求，故 ϕd_2 为单一要素。

（2）关联要素：相对于基准要素有方向或（和）位置功能要求而给出位置公差要求的被测要素。图 6-3 中键槽与 ϕd_1 的轴线 A 发生功能关系，故键槽为关联要素。

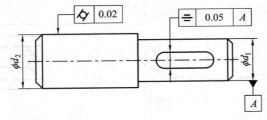

图 6-3　阶梯轴

（三）几何公差特征项目及符号

国家标准 GB/T 1182—2008 规定了 14 种形状、方向、位置和跳动等公差的特征项目符号。几何公差特征项目及符号见表 6-1。几何公差的附加符号见表 6-2。

表 6-1　几何公差特征项目符号（GB/T 1182—2008）

公差类型	几何特征	符　号	有无基准
形状公差	直线度	—	无
	平面度	▱	无
	圆度	○	无
	圆柱度	⌭	无
	线轮廓度	⌒	无
	面轮廓度	⌓	无

公差类型	几何特征	符　号	有无基准
方向公差	平行度	//	有
	垂直度	⊥	有
	倾斜度	∠	有
	线轮廓度	⌒	有
	面轮廓度	⌓	有
位置公差	位置度	⊕	有或无
	同心度（用于中心点）	◎	有
	同轴度（用于轴线）	◎	有
	对称度	≡	有
	线轮廓度	⌒	有
	面轮廓度	⌓	有
跳动公差	圆跳动	∕	有
	全跳动	⌰	有

表 6-2　几何公差的附加符号

说　明	符　号	说　明	符　号
被测要素	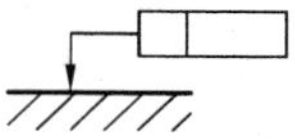	全周（轮廓）	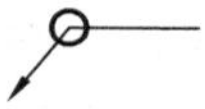
基准要素	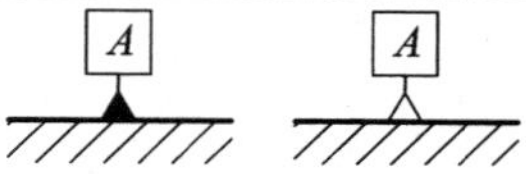 A　A	包容要求	Ⓔ
		公共公差带	CZ
基准目标	 $\frac{\phi 2}{A1}$	小径	LD
理论正确尺寸	50	大径	MD
延伸公差带	Ⓟ	中径、节径	PD
最大实体要求	Ⓜ	线素	LE
最小实体要求	Ⓛ	不凸起	NC
自由状态条件（非刚性零件）	Ⓕ	任意横截面	ACS

注：如需标注可逆要求，可采用Ⓡ表示，详见 GB/T 16671—2009。

（四）几何公差的标注方法

几何公差在图样上用框格的形式标注，如图 6-4 所示。

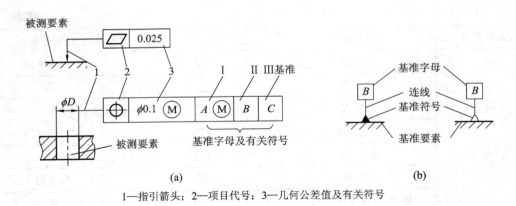

(a)   (b)

1—指引箭头；2—项目代号；3—几何公差值及有关符号

图 6-4 公差框格及基准代号

几何公差框格由 2～5 格组成。形状公差一般为 2 格，方向、位置和跳动公差一般为 3～5 格，框格中的内容从左到右顺序填写：公差特征符号；几何公差值（以 mm 为单位）和有关符号；基准字母及有关符号。代表基准的字母（包括基准代号方框内的字母）用大写英文字母（为不引起误解，其中 E、I、J、M、Q、O、P、L、R、F 不用）表示。若几何公差值的数字前加注有"ϕ"或"$S\phi$"，则表示其公差带为圆形、圆柱形或球形。如果要求在几何公差带内进一步限定被测要素的形状，则应在公差值后或框格上、下加注相应的符号，见表 6-3 所列。

表 6-3 对被测要素说明与限制符号

含义	符号	举例	含义	符号	举例
公共公差带	CZ	▭ t CZ	线要素	LE	▭ // t A LE
不凸起	NC	▭ t NC	任意横截面	ACS	ACS ◎ ϕt A

对被测要素的数量说明，应标注在形位公差框格的上方，如图 6-5(a)所示；其他说明性要求应标注在形位公差框格的下方，如图 6-5(b)所示；如对同一要素有一个以上的几何公差特征项目的要求，其标注方法又一致时，为方便起见，可将一个框格放在另一个框格的下方，如图 6-5(c)所示；当多个被测要素有相同的几何公差（单项或多项）要求时，可从框格引出的指引线上绘制多个指示箭头并分别与各被测要素相连，如图 6-5(d)所示。

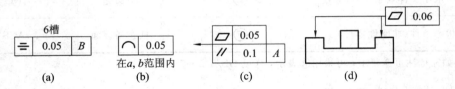

(a)   (b)   (c)   (d)

图 6-5 几何公差的标准

1. 被测要素的标注

设计要求给出几何公差的要素用带指示箭头指引线与公差框格相连。指引线一般与框格一端的中部相连，也可与框格任意位置水平或垂直相连。

当被测要素为轮廓要素(轮廓线或轮廓面)时，指示箭头应直接指向被测要素或其延长线上，并与尺寸线明显错开，如图 6-6 所示。

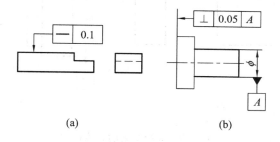

图 6-6　被测要素为轮廓要素时的标注

当被测要素为中心要素(中心点、中心线、中心面等)时，指示箭头应与被测要素相应的轮廓要素的尺寸线对齐，如图 6-7 所示。指示箭头可代替一个尺寸线箭头。

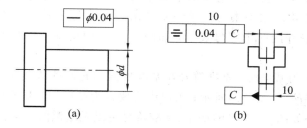

图 6-7　被测要素为中心要素时的标注

对被测要素任意局部范围内的公差要求，应将该局部范围的尺寸标注在几何公差值后面，并用斜线隔开，图 6-8(a)表示箭头所指圆柱面素线在任意 100 mm 长度范围内的直线度公差为 0.05 mm；图 6-8(b)表示箭头所指平面在任意边长为 100 mm 的正方形范围内的平面度公差为 0.01 mm；图 6-8(c)表示上平面对下平面的平行度公差在任意 100 mm 长度范围内为 0.08 mm。

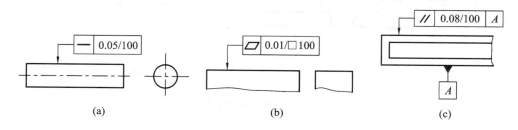

图 6-8　被测要素任意范围内几何公差要求的标注

当被测要素为视图上的整个轮廓线(面)时，应在指示箭头的指引线的转折处加注全周符号。如图 6-9 (a)所示线轮廓度公差 0.1 mm 是对该视图上全部轮廓线的要求。其他视图上的轮廓不受该公差要求的限制。以螺纹、齿轮、花键的轴线为被测要素时，应在几何公差框格下方标明节径 PD、大径 MD 或小径 LD，如图 6-9（b）所示。

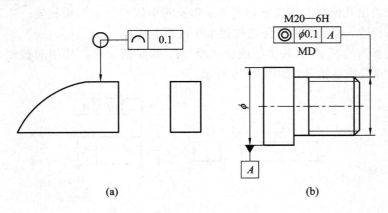

(a)　　　　　　　　　(b)

图 6-9　被测要素的其他标注

2. 基准要素的标注

对关联被测要素的方向、位置和跳动公差要求必须注明基准。基准代号如图 6-10 所示，方框内的字母应与公差框格中的基准字母对应，且不论基准代号在图样中的方向如何，方框内的字母均应水平书写。单一基准由一个字母表示，如图 6-10(a)所示；公共基准采用由横线隔开的两个字母表示，如图 6-10(b)所示；基准体系由两个或三个字母表示。

当以轮廓要素作为基准时，基准符号在基准要素的轮廓线或其延长线上，且与轮廓的尺寸线明显错开，如图 6-10（a）所示；当以中心要素为基准时，基准连线应与相应的轮廓要素的尺寸线对齐，如图 6-10(b)所示（基准符号可以是涂黑的或空白的三角形）。

此外，国家标准中还规定了一些其他特殊符号，如 Ⓔ Ⓜ Ⓛ Ⓡ（详见公差原则）及 Ⓟ（延伸公差带）、Ⓕ（非刚性零件的自由状态）等，需要时可参见国家标准。

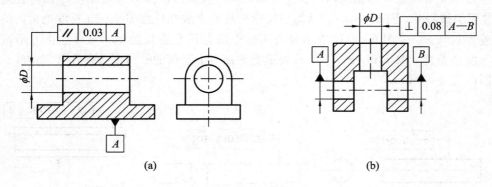

(a)　　　　　　　　　(b)

图 6-10　基准要素的标注

（五）几何公差带

几何公差带是指用来限制被测要素变动的区域。只要被测要素完全落在给定的公差带区域内，就表示被测要素的形状和位置符合要求。几何公差带由形状、大小、方向和位置四个要素确定。几何公差带的形状取决于被测要素的理想形状和给定的公差特征。常见的几何公差带形状主要有图6-11所示几种。几何公差带的大小是指几何公差带的直径或宽度，由图样中给出的几何公差值 t 确定。

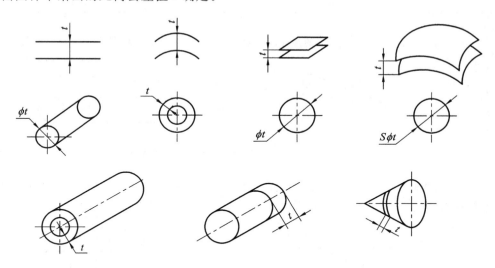

图6-11　几何公差带的形状

二、形状公差与形状公差带

（一）形状公差与公差带

形状公差是指单一实际要素的形状对其理想形状所允许的变动量，包括直线度公差、平面度公差、圆度公差、圆柱度公差、线轮廓度公差和面轮廓度公差等几何特征。

形状公差带没有基准，不与其他要素发生关系。形状公差带本身没有方向和位置要求，它可根据被测要素的实际方向和位置进行浮动，只要被测要素位于其中即可。

形状公差带定义、标注示例和解释如表6-4所示。

表6-4　形状公差带定义、标注示例和解释

特征	公差带定义	标注示例和解释
直线度	公差带为在给定平面内和给定方向上，间距等于公差值 t 的两平行直线所限定的区域	在任一平行于图示投影面的平面内，上平面的提取（实际）线应限定在间距等于0.1 mm的两平行直线之间
	公差带为间距等于公差值 t 的两平行平面所限定的区域	提取（实际）刀口尺的棱边应限定在间距等于0.03 mm的两平行平面内

特征	公差带定义	标注示例和解释
直线度	公差带为直径等于公差值 ϕt 的圆柱面所限定的区域	圆柱面的提取(实际)中心线应限定在直径等于公差带值 $\phi 0.08$ mm 的圆柱面内
平面度	公差带为间距等于公差值 t 的两平行平面所限定的区域	提取(实际)表面应限定在间距等于 0.06 mm 的两平行平面之间
圆度	公差带为在给定横截面内,半径差为公差值 t 的两同心圆所限定的区域	在圆柱面的任意横截面内,提取(实际)圆周应限定在半径差为公差值 0.02 mm 的两共面同心圆之间
圆柱度	公差带为半径差等于公差值 t 的两同轴圆柱面所限定的区域	提取(实际)圆柱面应限定在半径差等于公差值 0.05 mm 的两同轴圆柱面之间

（二）轮廓度公差与公差带

线轮廓度公差和面轮廓度公差,当无基准要求时,属于形状公差,其公差带的形状只由理论正确尺寸确定,公差带的位置是浮动的;当有基准要求时,属于方向或位置公差,其公差带的形状和位置由理论正确尺寸和基准确定,公差带的位置是固定的。

轮廓度公差带定义、标注示例和解释如表 6-5 所示。

表 6－5　轮廓度公差带定义、标注示例和解释

特征	公差带定义	标注示例和解释
线轮廓度	公差带为直径等于公差值 t、圆心位于具有理论正确几何形状上的一系列圆的两包络线所限定的区域 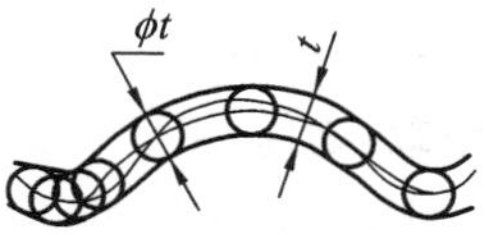	在任一平行于图示投影面的截面内，提取（实际）轮廓线应限定在直径为公差值 $\phi 0.04$ mm，圆心位于被测要素理论正确几何形状上的一系列圆的两包络线之间 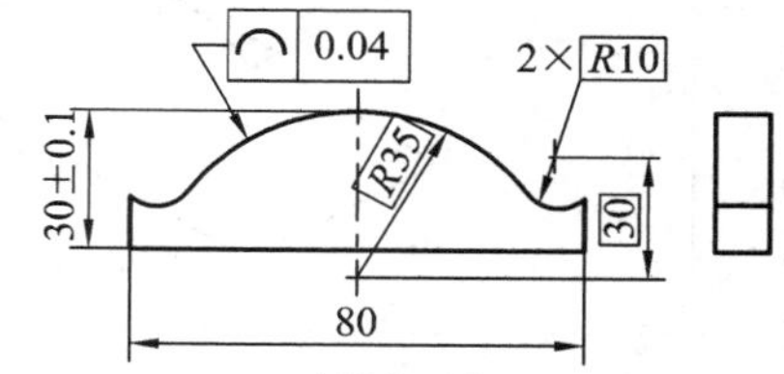 (a) 无基准要求 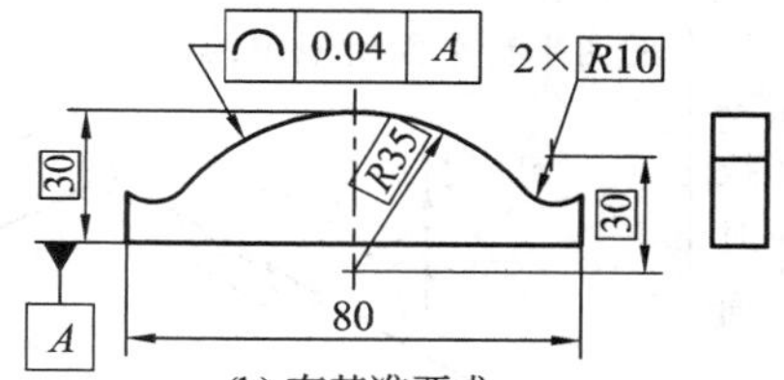 (b) 有基准要求
面轮廓度	公差带是直径为公差值 t，球心位于被测要素理论正确几何形状上的一系列圆球的两包络面所限定的区域 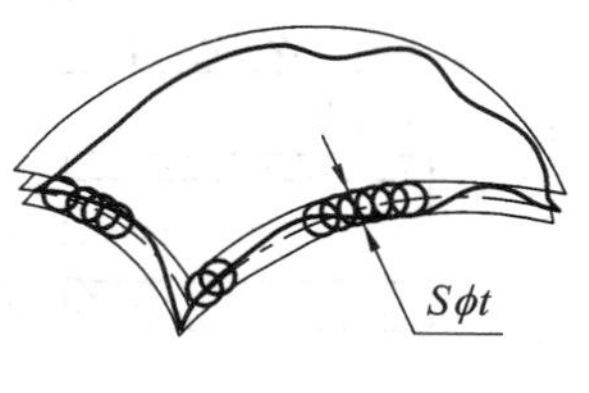	提取（实际）轮廓面应限定在球径为 $S\phi 0.02$ mm，球心位于被测要素理论正确几何形状上的一系列圆球的两等距包络面之间 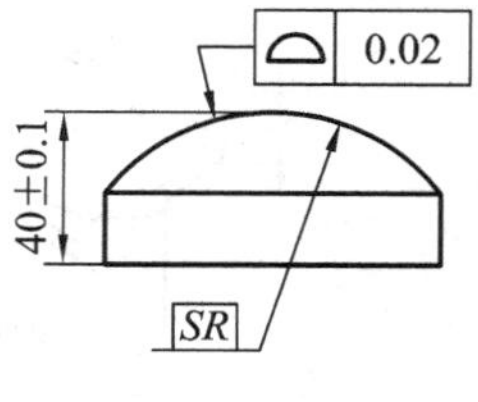

三、方向、位置、跳动公差及其公差带

方向、位置、跳动公差是关联提取要素对基准允许的变动全量。

（一）方向公差与公差带

方向公差是关联提取要素对基准要素在方向上的变动全量。方向公差除线轮廓度公差和面轮廓度公差外，还包括平行度公差、垂直度公差和倾斜度公差。典型的方向公差的公差带定义、标注示例和解释如表 6－6 所示。

表 6-6 方向公差带定义、标注示例和解释

特征		公差带定义	标注示例和解释
平行度	面对面	公差带是间距为公差值 t，平行于基准平面的两平行平面所限定的区域	提取（实际）表面应限定在间距为 0.05 mm，平行于基准平面 A 的两平行平面之间
	线对面	公差带是平行于基准平面，间距为公差值 t 的两平行平面所限定的区域	提取（实际）中心线应限定在平行于基准 A，间距等于 0.03 mm 的两平行平面之间
	面对线	公差带是间距为公差值 t，平行于基准轴线的两平行平面所限定的区域	提取（实际）表面应限定在间距等于 0.05 mm，平行于基准轴线 A 的两行平面之间
	线对基准体系	公差带为间距等于公差值 t，平行于两基准的两平行平面所限定的区域	提取（实际）中心线应限定在间距等于 0.1 mm，平行于基准轴线 A 和基准平面 B 的两平行平面之间

续表

特征		公差带定义	标注示例和解释
平行度	线对线	公差带为平行于基准轴线，直径等于公差值 ϕt 的圆柱面所限定的区域 基准轴线	提取（实际）中心线应限定在平行于基准轴线 B，直径等于 $\phi 0.1$ mm 的圆柱面内 ϕD $\boxed{//\ \phi 0.1\ B}$ $\boxed{B}$
垂直度	面对线	公差带是距离为公差值 t 且垂直于基准轴线的两平行平面所限定的区域 基准直线	提取（实际）表面应限定在间距等于 0.05 mm 的两平行平面之间，该两平行平面垂直于基准轴线 A $\boxed{\perp\ 0.05\ A}$ ϕd $\boxed{A}$
	线对面	公差带是直径为公差值 ϕt，轴线垂直于基准平面的圆柱面所限定的区域 基准平面	提取（实际）中心线应限定在直径等于 $\phi 0.05$ mm，垂直于基准平面 A 的圆柱面内 ϕd　$\boxed{\perp\ \phi 0.05\ A}$ $\boxed{A}$
倾斜度	面对面	公差带为间距等于公差值 t 的两平行平面所限定的区域，该两平行平面按给定角度倾斜于基准平面 基准平面	提取（实际）表面应限定在间距等于 0.08 mm 的两平行平面之间，该两平行平面按 45°理论正确角度倾斜于基准平面 A $\boxed{\angle\ 0.08\ A}$ $\boxed{45°}$　$\boxed{A}$

特征		公差带定义	标注示例和解释
倾斜度	线对面	公差带为直径等于公差值 ϕt 的圆柱面所限定的区域，且与基准平面（底平面）呈理论正确角度的圆柱面 	提取（实际）中心线应限定在直径等于 $\phi 0.05$ mm 的圆柱面内，该圆柱面的中心线按 $60°$ 理论正确角度倾斜于基准平面 A 且平行于基准平面 B

（二）位置公差与公差带

位置公差是关联提取要素对基准要素在位置上的变动全量。位置公差除线轮廓度公差和面轮廓度公差外，还包括同心度公差、同轴度公差、对称度公差和位置度公差。

位置公差的公差带定义、标注示例和解释如表 6-7 所示。

表 6-7 位置公差的公差带定义、标注示例和解释

特征	公差带定义	标注示例和解释
同轴度	公差带是直径为公差值 ϕt，且以基准轴线为轴线的圆柱面所限定的区域 	大圆柱面的提取（实际）中心线应限定在直径等于 $\phi 0.1$ mm 以公共基准线 $A-B$ 为轴线的圆柱面内
同心度	公差带是直径为公差值 ϕt 的圆周所限定的区域。该圆周的圆心与基准点重合 	在任意横截面内，内圆的提取（实际）中心应限定在直径等于 $\phi 0.1$ mm，以基准点 B 为圆心的圆周内

特征	公差带定义	标注示例和解释
位置度 — 点的位置度	公差带为直径等于公差值 $S\phi t$ 的圆球面所限定的区域，该圆球面中心的理论正确位置由基准 A、B 和理论正确尺寸确定 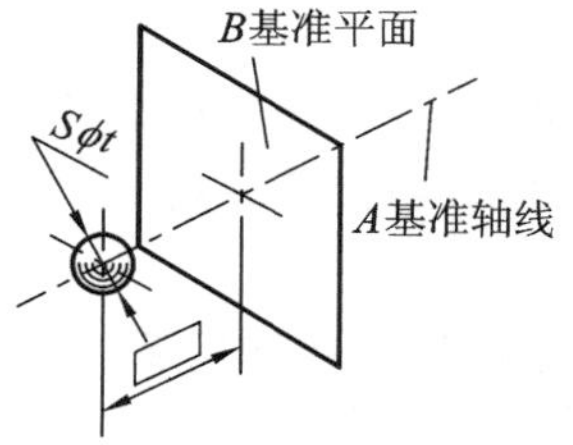	提取（实际）球心应限定在直径等于 $S\phi0.08$ mm 的圆球面内。该圆球面的中心由基准轴线 A、基准平面 B 和理论正确尺寸 30 确定 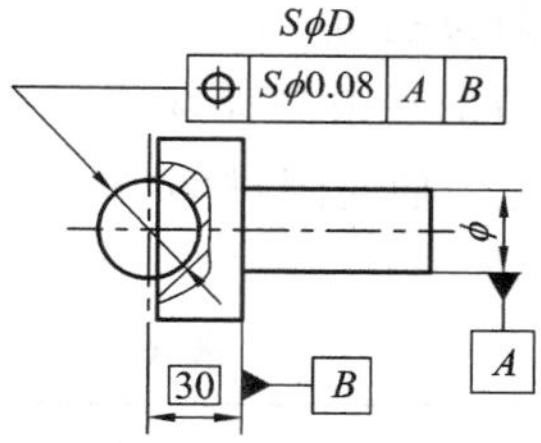
位置度 — 对称度	公差带为间距等于公差值 t，对称于基准中心平面的两平行平面所限定的区域 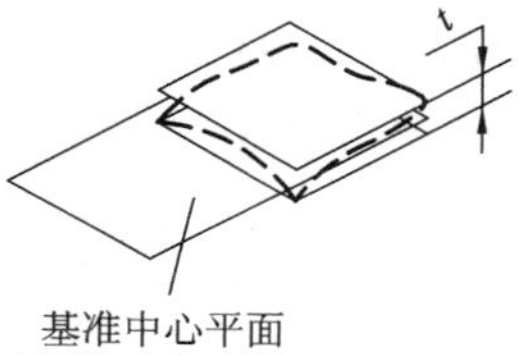	提取（实际）中心面应限定在间距等于0.08 mm 对称于基准中心平面 A 的两平行平面之间 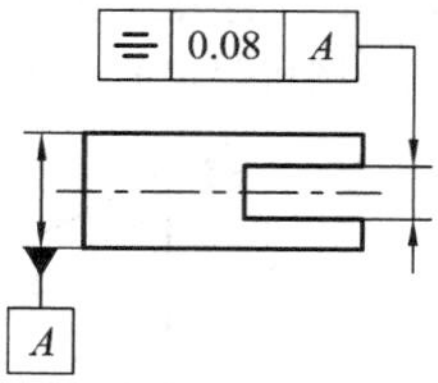
位置度 — 线的位置度	当给定一个方向时，公差带为间距等于公差值 t，对称于线的理论正确位置的两平行平面所限定的区域；任意方向上（如图）公差带是直径为公差值 ϕt 的圆柱面所限定的区域。该圆柱面的轴线位置由基准平面 A、B、C 和理论正确尺寸确定 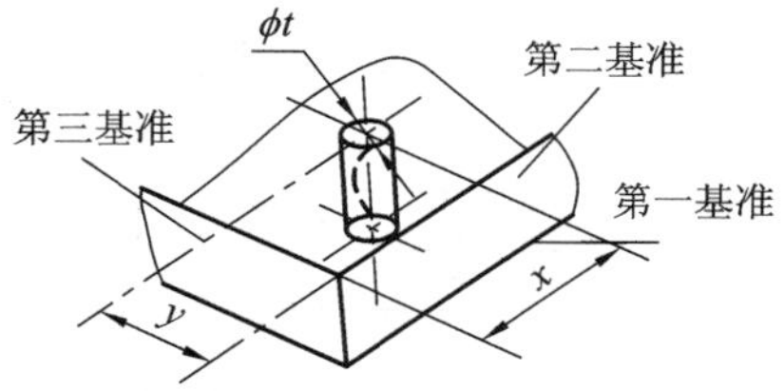	提取（实际）中心线应限定在直径等于 $\phi0.1$ mm 的圆柱面内。该圆柱面的轴线位置应处于由基准平面 A、B、C 和理论正确尺寸 $90°$、30、40 确定的理论正确位置上 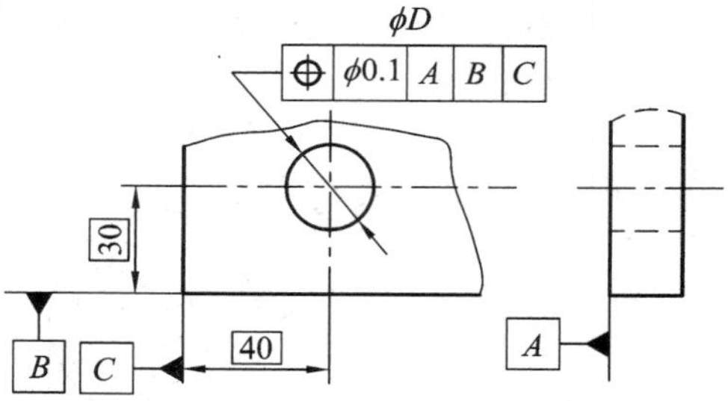
位置度 — 面的位置度	公差带为间距等于公差值 t，且对称于被测面理论正确位置的两平行平面所限定的区域。面的理论正确位置由基准轴线、基准平面和理论正确尺寸确定 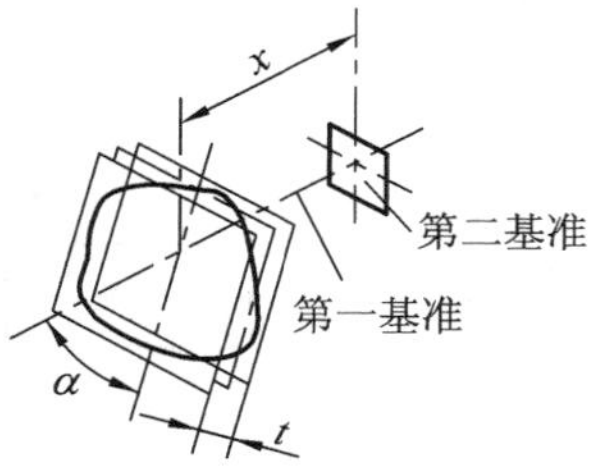	提取（实际）表面应限定在间距等于0.05 mm，且对称于被测面的理论正确位置的两平行平面之间。该两平行平面对称于由基准轴线 A、基准平面 B 和理论正确尺寸 $60°$、50 确定的被测面的理论正确位置 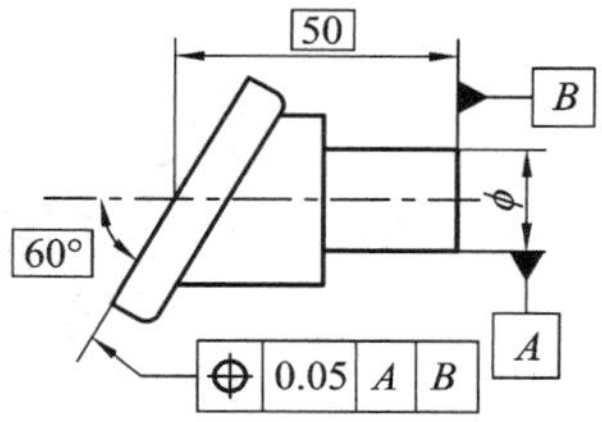

91

（三）跳动公差与公差带

跳动公差是关联提取要素绕基准轴线回转一周或连续回转时所允许的最大跳动量。跳动量可由指示计在给定方向上测得的最大与最小示值之差反映出来。跳动公差适用于回转表面或其端面，它可分为圆跳动公差和全跳动公差。

1. 圆跳动公差

圆跳动是指被测提取要素在某个测量截面内相对于基准轴线的变动量。它可分为径向圆跳动公差、轴向圆跳动公差和斜向圆跳动公差。圆跳动公差带定义、标注示例和解释如表 6－8 所示。

表 6－8　圆跳动公差带定义、标注示例和解释

特征		公差带定义	标注示例和解释
圆跳动	径向圆跳动	公差带为在任一垂直于基准轴线的横截面内，半径差为公差值 t，圆心在基准轴线上的两同心圆所限定的区域	在任一垂直于基准 A 的横截面内，提取（实际）圆应限定的半径差等于 0.05 mm，圆心在基准轴线 A 上的两同心圆之间
	轴向圆跳动	公差带为与基准线同轴的任一半径的圆柱截面上，间距等于公差值 t 的两圆所限定的圆柱面区域	在与基准轴线 D 同轴的任一圆柱形截面上，提取（实际）圆应限定在轴向距离等于 0.1 mm 的两个等圆之间
	斜向圆跳动	公差带为与基准轴线同轴的某一圆锥截面上，间距等于公差值 t 的两圆所限定的圆锥面区域（除非另有规定，测量方向应沿被测表面的法向）	在与基准轴线 A 同轴的任一圆锥截面上，提取（实际）线应限定在素线方向间距等于 0.05 mm 的两个不等圆之间

2. 全跳动公差

全跳动是指整个被测提取要素相对于基准轴线的变动量。它可分为径向全跳动公差和轴向全跳动公差。全跳动公差可反映整个测量面的误差情况。

1）径向全跳动

径向全跳动公差带为半径差等于公差值 t、与基准轴线 A 同轴的两圆柱面所限定的区域，如图 6－12 所示。图 6－12 所示标注的径向圆跳动公差的含义为：提取（实际）表面应限定在半径差等于 0.1 mm、与组合基准轴线 A—B 同轴的两圆柱面之间。

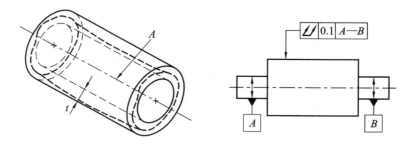

图 6－12　径向全跳动公差

2）轴向全跳动

轴向全跳动公差带为间距等于公差值 t、垂直于基准轴线 A 的两平行平面所限定的区域，如图 6－13 所示。图 6－13 所示标注的轴向全跳动公差的含义为：提取（实际）表面应限定在间距等于 0.1 mm、垂直于基准轴线 D 的两平行平面之间。

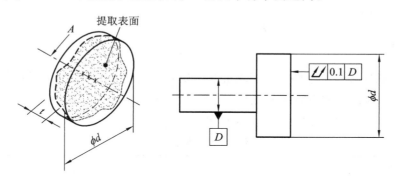

图 6－13　轴向全跳动公差

● **任务实施**

根据任务要求，解释图 6－1 所示的连杆轴各项几何公差的含义，具体见表 6－9 所示。

表 6－9　连杆轴各项几何公差的具体要求

序号	公差项目名称	公差带形状	公差带大小/mm	解释（被测要素、基准要素及要求）
①	圆柱度	同轴圆柱环	0.01	连杆轴颈各处横截面要控制在半径差为 0.01 mm 的两的同轴圆柱面所限定的区域内

序号	公差项目名称	公差带形状	公差带大小/mm	解释（被测要素、基准要素及要求）
②	圆跳动	同心圆环	0.025	零件左面锥轴垂直于基准的横截面应限定在半径差等于 0.025 mm，圆心在联合基准轴线 $A-B$ 上的两同心圆之间
③	对称度	平行平面	0.025	键槽的中心面应限定在间距等于 0.025 mm 对称于基准中心平面 G 的两平行平面之间
④	圆柱度	同轴圆柱环	0.006	主轴颈各处横截面要控制在半径差为 0.006 mm 的两同轴圆柱面所限定的区域内
⑤	圆跳动	同心圆环	0.025	主轴颈垂直于基准的横截面应限定在半径差等于 0.025 mm，圆心在联合基准 $C-D$ 上的两同心圆之间
⑥	平行度	圆柱	$\phi0.02$	连杆轴颈中心线应限定在平行于联合基准轴线 $A-B$，直径等于 $\phi0.02$ mm 的圆柱面内

任务二　学会几何误差的评定及检测方法

● 任务引入

用两端连线法和最小条件法作图求直线度误差。测量 $L=1400$ mm 的导轨，使用分度值 0.001 mm/200 mm 的平直度检查仪，跨距 $L=200$ mm，分段数为 1400/200＝7。测量数据如表 6-10 所示（数量数据＝仪器角度值×桥板长度）：

表 6-10　测 量 数 据 μm

测点序号	0	1	2	3	4	5	6	7
仪器示值	0	2	-1	3	2	0	-1	2
逐点累积值	0	2	1	4	6	6	5	7

● 知识准备

几何误差的测量方法有许多种，主要取决于被测工件的数量、精度高低、使用量仪的性能及种类、测量人员的技术水平和素质等方面。所采用的检测方案，要在满足测量要求的前提下，经济且高效地完成检测工作。

几何误差的检测步骤一般是，首先根据误差项目和检测条件确定检测方案，根据检测方案选择检测器具，并确定测量基准；其次进行测量，得到被测实际要素的有关数据；最后进行数据处理，按最小条件确定最小包容区域，得到几何误差数值。

一、形状误差及其评定

形状误差是被测提取(实际)要素的形状对其拟合(理想)要素的变动量。当被测提取要素与拟合要素进行比较时,由于拟合要素所处的位置不同,得到的最大变动量也会不同。为了正确和统一地评定形状误差,就必须明确拟合要素的位置,即规定形状误差的评定准则。

1. 形状误差的评定准则——最小条件

最小条件是指被测提取要素对其拟合要素的最大变动量为最小。如图 6-14 所示,拟合直线Ⅰ、Ⅱ、Ⅲ处于不同的位置,被测提取要素相对于拟合要素的最大变动量分别为 f_1、f_2、f_3 且 $f_1 < f_2 < f_3$,所以拟合直线Ⅰ的位置符合最小条件。

2. 形状误差的评定方法——最小区域法

形状误差值用拟合要素的位置符合最小条件的最小包容区域的宽度或直径表示。最小包容区域是指包容被测提取要素时,具有最小宽度 f 或直径 ϕf 的包容区域。最小包容区域的形状与其公差带相同。最小区域是根据被测提取要素与包容区域的接触状态判别的。

(1)评定给定平面内的直线度误差,包容区域为两平行直线,实际直线应至少与包容直线有两高夹一低或两低夹一高三点接触,这个包容区就是最小区域 S,如图 6-14 所示。

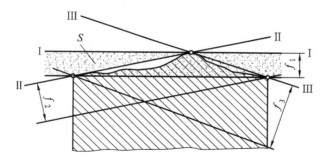

图 6-14　最小条件和最小区域

(2)评定圆度误差时,包容区域为两同心圆间的区域,实际圆轮廓应至少有内外交替四点与两包容圆接触,如图 6-15(a)所示的最小区域 S。

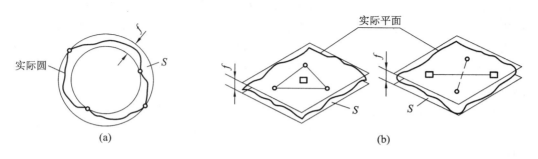

图 6-15　最小包容区域

(3)评定平面度误差时,包容区域为两平行平面间的区域,如图 6-15(b)所示的最小区域 S,被测平面至少有三点或四点按下列三种准则之一分别与此两平行平面接触。

① 三角形准则:三个极高点与一个极低点(或相反),其中一个极低点(或极高点)位于

三个极高点(或极低点)构成的三角形之内。

② 交叉准则：两个极高点的连线与两个极低点的连线在包容平面上的投影相交。

③ 直线准则：两平行包容平面与实际被测表面接触为高低相间的三点，且它们在包容平面上的投影位于同一直线上。

二、方向、位置和跳动误差及其评定

方向、位置和跳动误差是关联提取要素对拟合要素的变动量，拟合要素的方向或位置由基准确定。

方向、位置和跳动误差的最小包容区域的形状完全相同于其对应的公差带，用方向或位置最小包容区域包容实际被测提取要素时，该最小包容区域必须与基准保持图样上给定的几何关系，且使包容区域的宽度和直径为最小。

图 6-16(a)所示面对面的垂直度的方向最小包容区域是被测实际平面且与基准保持垂直的两平行平面之间的区域；图 6-16(b)所示阶梯轴的同轴度的位置最小包容区域是包容被测实际中心线且与基准轴线同轴的圆柱面内的区域。

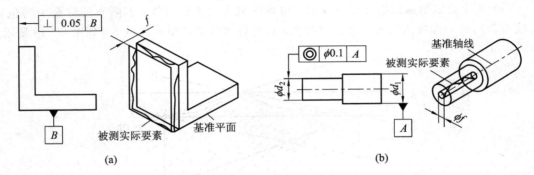

(a)　　　　　　　　　　　　　　(b)

图 6-16　方向和位置最小包容区域

三、形状误差的测量

1. 直线度误差的测量(见表 6-11)

(1) 比较法：工件尺寸小于 300 mm 时，用模拟理想要素(如刀口尺、平尺、平板等)与被被测表面贴切后，估读光隙大小，判别直线度。光隙颜色与间隙大小的关系为

当不透光时，间隙值　<0.5 mm；蓝光隙，间隙值约 0.8 μm；

红色光隙，间隙值 1.25～1.75；色花光隙，间隙大于 2.5 μm，当间隙大于 20 μm 用塞尺测量。

(2) 指示表测量法：用指示表测量圆柱体素线或轴线的直线度误差。

(3) 节距法：对于较长表面(如导轨)，将被测长度分段，用仪器(水平仪、自准直仪)逐段测取数值后，进行数据数理，求出误差值。

用合像水平仪检测导轨直线度误差的方法见下篇实训三。

2. 平面度误差的测量(见表 6-12)

(1) 光波干涉法：适用于精密加工后的较小平面，如量仪的测量工作面。测量时，以平面上出现干涉带的最大弯曲量 b 与干涉带间隔的比值乘以 $\lambda/2$(λ 为光源波长，自然光的 λ

≈0.6），即平面度

$$f = \frac{b}{a} \times \frac{\lambda}{2}$$

（2）三点法与对角线法：适用于加工精度不太高的平面。

（3）最小条件评定法：将已测量的数值，通过基准面的变换，成为符合最小条件的平面度误差值，适用于较高精度要求及仲裁时采用。最小条件的判别准则列于表 6 - 13 中。

表 6 - 11　直线度误差的测量方法

序号	测量设备	图　　例	测　量　方　法
1.比较法	刀口尺	直线度误差测量 刀口尺 给定平面内的实际轮廓 刀口尺 1μ 2μ 3μ 量块 标准平板	刀口尺直接与被测件表面接触，并使两者之间最大间隙为最小，该最大间隙即为直线度误差 误差的大小根据光隙来判断，可用标准光隙来估读
2.指示表测量法	平板、带指示表的测架、支承块	轴类零件直线度误差测量 指示计 表架 支承块　平板	以平板上某一方向作为理想直线，与用等高块支承的零件上的被测实际线相比较
3.节距法	桥板、小角度仪器（自准直仪、合像水平仪、水平仪）	较长表面直线度误差测量 平导轨 水平仪　桥板　等高块（被测表面） f l=300　l　l　l L=1800	小角度仪器安装在桥板上，依次逐段移动桥板，用小角度仪分别测出实际线各段的斜率变化，然后经过计算，求得直线度误差值

表 6 - 12　平面度误差的测量方法

名称	测量设备	图　　例	测　量　方　法
光波干涉法	平晶	b a	以平晶作为测量基准，应用光波干涉原理，根据干涉带的排列形状和弯曲程度来评定被测表面的平面度误差。此法适用于经过精密加工的小平面

续表

名称	测量设备	图 例	测 量 方 法
三点法	标准平板、可调支承、带指示表测架	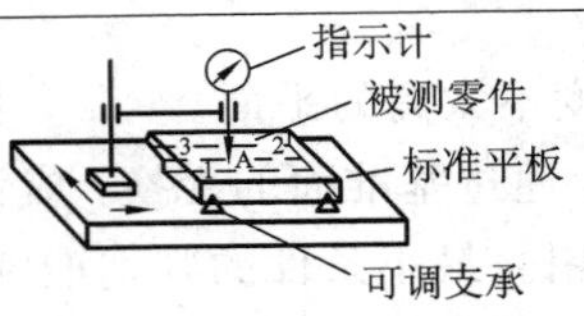 三点法测量平面度误差	调整被测表面上相距最远的三点1、2和3,使三点与平板等高,作为评定基准。被测表面内,指示表的最大读数与最小读数之差即为平面度误差
对角线法		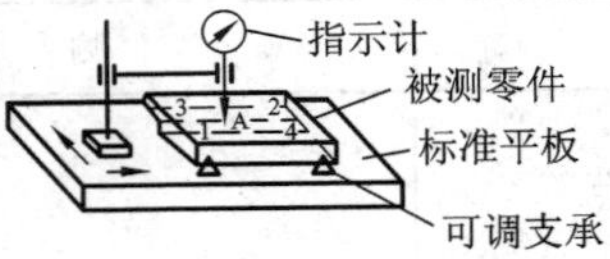 对角线法测量平面度误差	调整被测表面的对角线上的1和2两点与平板等高;再调整另一对角线3和4两点与平板等高。移动指示表,在被测表面内最大读数与最小读数之差即该平面的平面度误差

表 6-13　平面度误差最小条件判别准则

名称	示 意 图	说 明
三角形准则	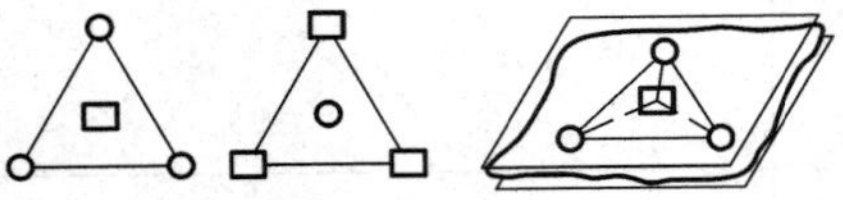	由两平行平面包容被测面时,两平行平面与被测面接触点分别为3个等值最高(低)点与1个最低(高)点,且最低(高)点的投影落在由3个等值最高(低)点所组成的三角形之内
交叉准则		由两平行平面包容被测面时,两平行平面与被测面接触点分别为两个等值最高点与两个等值最低点,且最高点连线的投影与最低点连线相互交叉
直线准则	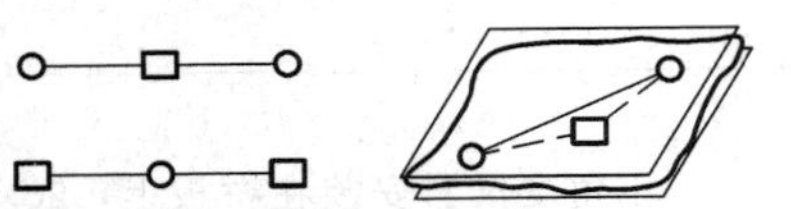	由两平行平面包容被测面时,两平行平面与被测面接触点分别为两个等值最高(低)点与一个最低(高)点,且一个最低(高)点的投影位于两等值最高(低)点的连线上

注:图中○—最高点;□—最低点。

用指示表测量平面度误差的方法及步骤见下篇实训六。

3．圆度、圆柱度误差的测量(见表 6-14)

表 6-14　圆度、圆柱度误差测量方法

序号	测量设备	图 例	测 量 方 法
1.三点法	平板、V形架、带指示表的测架	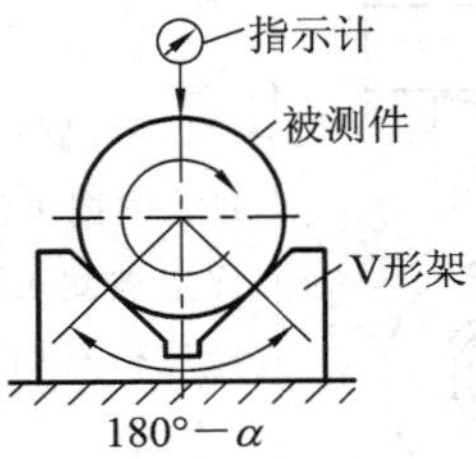 180°-α	将V形架放在平板上,被测件放在比它长的V形架上; 被测件回转一周过程中,测取一个横截面上的最大与最小读数。 按上述方法测量若干个横截面,取其各截面所测得的最大读数与最小读数之差的一半作为该零件的圆柱度误差(此法适用于测量奇数棱形状的外表面)

序号	测量设备	图　例	测　量　方　法
2. 用圆度仪	圆度仪（或其他类似仪器）		将被测件的轴线调整到与仪器同轴； 记录被测件回转一周过程中测量截面上各点的半径差； 在测头没有径向偏移的情况下，按需要重复上述方法测量若干个横截面。 电子计算机按最小条件确定圆柱度误差，也可用极坐标图近似求圆柱度误差

三点法测量圆度误差的方法及步骤见下篇实训四。

三点法测量圆柱度误差的方法及步骤见下篇实训五。

圆度和圆柱度误差相同之处均是用半径差来表示，不同之处在于圆度公差是控制横截面误差，圆柱度公差则是控制横截面和轴向截面的综合误差。

（1）对于一般精度的工件，通常可用千分尺、比较仪等两点测量法，或将工件放在 V 形架上，用指示表进行三点法测量。

（2）对于精度要求高的工件，应使用圆度仪测量圆度或圆柱度，测量时，将被测工件与仪器的精密测头在回转运动中所形成的轨迹（理想圆）与理想要素相比较，确定圆度或圆柱度误差。

（3）由于受到测量仪器（如圆度仪）测量范围的限制，尤其对长径比（$L/d(D)$）很大的工件，如液压缸、枪、炮内径的圆度或圆柱度要用专用量仪进行测量。

四、线轮廓度误差和面轮廓度误差的测量

线、面轮廓度误差测量方法见表 6 - 15。

1. 线轮廓度误差测量

表 6 - 15　线、面轮廓度误差测量方法

序号	测量设备	图　例	测　量　方　法
1. 投影法	轮廓投影仪		将被测轮廓投影于投影屏上，并与极限轮廓相比较，实际轮廓的投影应在极限轮廓之间
2. 样板法	截面轮廓样板	用截面轮廓样板测量面轮廓度误差 	将若干截面轮廓样板放在各指定位置上，用光隙法估计间隙的大小

99

序号	测量设备	图 例	测 量 方 法
3.跟踪法	光学跟踪轮廓测量仪	用光学跟踪仪测量面轮廓度误差 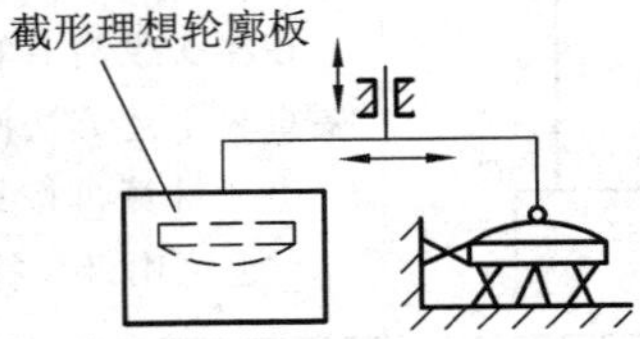 截形理想轮廓板	将被测件置于工作台上,进行正确定位仿形测头沿被测剖面轮廓移动,画有剖面形状的理想轮廓板随之一起移动,被测轮廓的投影应落在其公差带内

用轮廓投影仪或万能工具显微镜的投影装置,将被测零件的轮廓放大成像于投影屏上,进行比较测量。当工件要求精度较低时,可用轮廓样板观察贴切间隙的大小检测其合格性。

2. 面轮廓度误差的测量

精度要求较高时,可用三坐标机或光学跟踪轮廓测量仪进行测量。当工件要求精度较低时,一般用截面轮廓样板测量。

五、方向、位置和跳动误差的测量

1. 平行度误差的测量

平行度误差测量方法见表 6-16。

2. 垂直度误差的测量

垂直度误差测量方法见表 6-17。

3. 倾斜度误差的测量

倾斜度误差测量方法见表 6-18。

4. 同轴度误差的测量

同轴度误差测量方法见表 6-19。

5. 对称度误差的测量

对称度误差测量方法见表 6-20。

6. 位置度误差的测量

位置度误差测量方法见表 6-21。

7. 圆跳动、全跳动误差的测量

圆跳动、全跳动误差测量方法见表 6-22。

(1)斜向圆跳动的测量方向,是被测表面的法线方向。

(2)全跳动是一项综合性指标,可同时控制圆度、同轴度、圆柱度、素线的直线度、平行度、垂直度等误差,即全跳动合格,则其圆跳动、圆柱度误差、同轴度误差、垂直度误差也都合格。

表 6-16　平行度误差测量方法

序号	测量设备	图　例	测　量　方　法
1	平板、带指示表的测架	面对面平行度误差测量	被测件直接置于平板上，在整个被测面上按规定测量线进行测量，取指示表最大读数差为平行度误差
2	平板、心轴、等高支承、带指示表测架	面对线平行度误差测量 调整$L_3 \sim L_4$　模拟基准轴线 心轴	被测件放在等高支承上，调整零件使 $L_3 = L_4$，然后测量被测表面，以指示表的最大读数为平行度误差
3	平板、心轴、等高支承、带指示表的测架	两个方向上线对线平行度误差测量 指示计　M_2 M_1 被测零件 模拟基准轴线	基准轴线和被测轴线由心轴模拟。将被测件放在等高支承上，在选定长度 L_2 的两端位置上测得指示表的读数 M_1 和 M_2，其平行度误差为 $$\Delta = \frac{L_1}{L_2}|M_1 - M_2|$$ 式中：L_1、L_2 为被测线长度。 　　对于在互相垂直的两个方向上有公差要求的被测件，则在两个方向上按上述方法分别测量，两个方向上的平行度误差应分别小于给定的公差值 $$f = \frac{L_1}{L_2}\sqrt{(M_{1V} - M_{2V})^2 + (M_{1H} - M_{2H})^2}$$ 式中：V、H 为相互垂直的测位符号

表 6-17　垂直度误差测量方法

序号	测量设备	图　例	测　量　方　法
1	水平仪、固定和可调支承	面对面垂直度误差测量 水平仪	用水平仪调整基准表面至水平。把水平仪分别放在基准表面和被测表面，分段逐步测量，记下读数，换算成线值。用图解法或计算法确定基准方位，再求出相对于基准的垂直度误差
2	平板、导向块、支承、带指示表的测架	面对线垂直度误差测量 导向块	将被测件置于导向块内，基准由导向块模拟。在整个被测面上测量，所得数值中的最大读数差即为垂直度误差
3	心轴、支承、带指示表的测架	线对线垂直度误差测量	基准轴线和被测轴线由心轴模拟。转动基准心轴，在测量距离 L_2 的两个位置上测得读数为 M_1 和 M_2，垂直度误差为： $$\Delta = \frac{L_1}{L_2}(M_1 - M_2)$$

　平行度、垂直度误差的检测方法及步骤见下篇实训七。

表 6-18　倾斜度误差测量方法

序号	测量设备	图　例	测　量　方　法
1	平板、定角座、支承（或正弦规）、带指示表的测架	面对面倾斜度误差测量 α	将被测件放在定角座上调整被测件，使整个测量面的读数差为最小值。取指示表的最大与最小读数差为该零件的倾斜度误差

序号	测量设备	图 例	测 量 方 法
2	平板、直角座、定角垫块、固定支承、心轴、带指示表的测架	线对面倾斜度误差测量 M_1 M_2 L_2 L_1 β $\beta=90°-\alpha$	被测轴线由心轴模拟。调整被测件，使指示表的示值 M_1 为最大。在测量距离为 L_2 的两个位置上进行测量，读数值为 M_1 和 M_2，倾斜度误差为 $$\Delta=\frac{L_1}{L_2}|M_1-M_2|$$
3	心轴、定角锥体、支承、带指示表的装置	线对线倾斜度误差测量 L_1 M_2 L_2 M_1 $90°-\alpha$	在测量距离为 L_2 的两个位置上进行测量，读数为 M_1 和 M_2。倾斜度误差为 $$\Delta=\frac{L_1}{L_2}|M_1-M_2|$$

表 6－19　同轴度误差测量方法

序号	测量设备	图 例	测 量 方 法
1	径向变动测量装置、记录器或计算机、固定和可调支承		调整被测件，使基准轴线与仪器主轴的回转轴线同轴。测量被测零件的基准和被测部位，并记下在若干横剖面上测量的各轮廓图形。根据剖面图形，按定义经计算求出基准轴线至被测轴线最大距离的两倍，即为同轴度误差
2	刃口状 V 形架、平板、带指示表的测架	i) M_a ii) M_b	在被测件基准轮廓要素的中剖面处用两等高的刃口状 V 形架支架起来。在轴剖面内测上下两条素线相互对应的读数差，取其最大读数差值为该剖面同轴度误差。即 $$\Delta=|M_a-M_b|_{max}$$ 转动被测件，按上述方法在若干剖面内测量，取各轴剖面所得的同轴度误差值的最大者，作为该零件的同轴度误差

序号	测量设备	图　例	测　量　方　法
3	综合量规		量规的直径分别为基准孔的最大实体尺寸和被测孔的实效尺寸。凡被量规所通过的零件为合格

用打表法检测同轴度误差的方法及步骤见下篇实训八。

表 6 - 20　对称度误差测量方法

序号	测量设备	图　例	测　量　方　法
1	平板、带指示表的测架	面对面对称度误差测量 	将被测件置于平板上。测量被测表面与平板之间的距离；将被测件翻转，再测量另一被测表面与平板之间的距离。取各剖面内测得的对应点最大差值作为对称度误差
2	V形架、定位块、平板、带指示表的测架	面对线对称度误差测量 定位块 	基准轴线由 V 形架模拟；被测中心平面由定位块模拟 调整被测件，使定位块沿径向与平板平行。测量定位块与平板之间的距离。再将被测件翻转 180° 后，在同一剖面上重复上述测量。该剖面上下两对应点的读数差的最大值为 a，则该剖面的对称度误差为 $$\Delta_剖 = \frac{a \cdot \dfrac{h}{2}}{R - \dfrac{h}{2}} = \frac{a \cdot h}{d - h}$$ 式中：R 为轴的半径；h 为槽深；d 为轴的直径。 沿键槽长度方向测量，取长向两点的最大读数差为长向对称度误差：$$\Delta_长 = a_高 - a_低$$ 取两个方向误差值最大者为该零件对称度误差

表 6 - 21 位置度误差测量方法

序号	测量设备	图 例	测 量 方 法
1	分度和坐标测量装置、指示表、心轴	线位置度误差测量 心轴 (a) 径向误差 理论正确位置 f/2 实际点 α f_α fR R (c) 角向误差 (c) 指示计测量	调整被测件，使基准轴线与分度装置的回转轴线同轴； 任选一孔，以其中心作角向定位，测出各孔的径向误差 ΔR 和角向误差 $\Delta\alpha$，其位置度误差为 $$\Delta=\sqrt{\Delta R^2+(R\cdot\Delta\alpha)^2}$$ 式中：$\Delta\alpha$ 为弧值 $R=\dfrac{D}{2}$。 或用两个指示表分别测出各孔径向误差 Δy 和切向误差 Δx，位置度误差为 $$\Delta=2\sqrt{\Delta x^2+\Delta y^2}$$ 必要时，Δ 值可按定位最小区域进行数据处理。 翻转被测件，按上述方法重复测量，取其中较大值为该要素的位置度误差
2	综合量规	线位置度误差测量 被测零件 量规	量规销的直径为被测孔的实效尺寸，量规各销的位置与被测孔的理论位置相同，凡被量规通过的零件，而且与量规定位面相接触，则表示位置度合格

表 6 - 22 圆跳动、全跳动误差测量方法

序号	测量设备	图 例	测 量 方 法
1.圆跳动	支架、指示表等	径向、端面、斜向圆跳动测量 指示计测得各最大读数差<公差带宽度0.001 基准轴线 单个的圆形要素 旋转零件	当零件绕基准线回转时，在被测面任何位置，要求跳动量不大于给定的公差值。在测量过程中应绝对避免轴向移动

续表

序号	测量设备	图　例	测　量　方　法
2.全跳动	支承、平板、指示表等	径向、端面、斜向全跳动测量 各项被测整个表面最大读数 应小于公差带宽度0.03 基准表面　旋转零件 基准轴线	当零件绕基准旋转时，并使指示表的测头相对基准沿被测表面移动，测遍整个表面，要求整个表面的跳动处于给定的全跳动公差带内

用打表法检测径向圆跳动误差的方法及步骤见下篇实训九。

● **任务实施**

根据任务求解如下：

1. 作图法的步骤如下，图 6-17 所示为两端点连线法作图，求直线度误差：

（1）选择合适的 X、Y 轴放大比例。

（2）根据仪器读数，在坐标图上描点。

（3）作首尾两点连线，量取坐标图上连线两侧最远点连线的正值距离 Δh_{max} 和负值距离 Δh_{min}，并以两者绝对值之和为直线度误差值 f，又从图上量得

$$\Delta h_{max} = 2 \ \mu m, \ \Delta h_{min} = -1 \ \mu m$$

即

$$f = |\Delta h_{max}| + |\Delta h_{min}| = |2| \mu m + |-1| \mu m = 3 \ \mu m$$

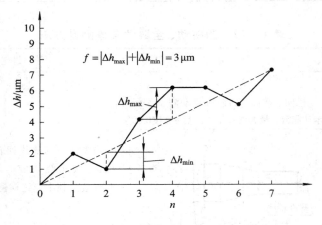

图 6-17　两端点连线法作图求直线度

2. 最小条件法作图求直线度误差，如图 6-18 所示。步骤如下：

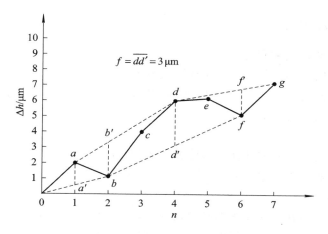

图6-18　最小条件法作图求直线度

（1）选择合适的 X、Y 轴放大比例。

（2）按读数值在坐标图上描点，画出误差折线图。

（3）将整个误差折线最外围的点，连接成封闭多边形。

即将图中的 0、b、f、g、d、a 各点顺次连接起来，找出具有最大纵坐标距离，其中 dd' 为最大值，符合最小条件的直线度误差 $f=3\ \mu m$。

任务三　确定零件的公差原则

● 任务引入

图6-19所示为孔和轴的配合，为保证轴能在孔中自由回转，要求最小功能间隙（配合孔轴尺寸考虑几何误差后所得到的间隙）X_{min} 不得小于 0.02 mm，根据要求确定公差原则及孔和轴的尺寸公差与几何公差。

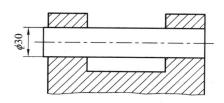

图6-19　孔和轴的配合图

● 知识准备

公差原则是确定零件的几何公差和尺寸公差之间相互关系的原则。它分为独立原则和相关要求。相关原则又分为包容要求、最大实体要求和最小实体要求。公差原则的国家标准包括 GB/T 4249—2009 和 GB/T 16671—2009。

一、有关的术语及定义

1. 提取组成要素的局部尺寸

提取组成要素的局部尺寸是指一切提取组成要素上两对应点之间距离的统称。内、外表面提取组成要素的局部尺寸分别用 D_a 和 d_a 表示。为方便起见，可将提取组成要素的局部尺寸简称为提取要素的局部尺寸。

2. 作用尺寸

作用尺寸是由实际尺寸和几何误差综合形成的，是装配时起作用的尺寸。作用尺寸可分为体外作用尺寸和体内作用尺寸。

1）体外作用尺寸

体外作用尺寸是指在被测要素的给定长度上，与实际内表面体外相接的最大理想面或与实际外表面体外相接的最小理想面的直径或宽度，如图 6-20 所示。内、外表面的体外作用尺寸分别用 D_{fe}、d_{fe} 表示。

2）体内作用尺寸

体内作用尺寸是指在被测要素的给定长度上，与实际内表面体内相接的最小理想面或与实际外表面体内相接的最大理想面的直径或宽度，如图 6-20 所示。内、外表面的体内作用尺寸分别用 D_{fi}、d_{fi} 表示。

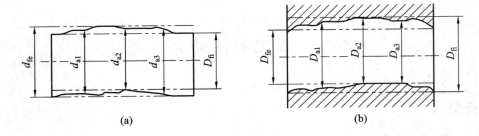

图 6-20　体内作用尺寸与体外作用尺寸

对于关联要素，该理想面的轴线或中心平面必须与基准保持图样给定的几何关系，如图 6-21 所示。

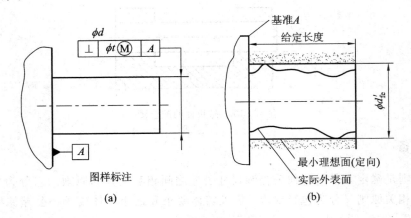

图 6-21　关联作用尺寸

108

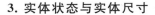

3. 实体状态与实体尺寸

1) 最大实体状态与最大实体尺寸

最大实体状态(MMC)是指假定提取要素的局部尺寸处处位于极限尺寸且使其具有实体最大时的状态。

最大实体尺寸(MMS)是指确定要素最大实体状态的尺寸，即内尺寸要素的下极限尺寸或外尺寸要素的上极限尺寸，分别用 D_M 和 d_M 表示。

2) 最小实体状态与最小实体尺寸

最小实体状态(LMC)是指假定提取要素的局部尺寸处处位于极限尺寸且使其具有实体最小时的状态。

最小实体尺寸(LMS)是指确定要素最小实体状态的尺寸，即内尺寸要素的上极限尺寸或外尺寸要素的下极限尺寸，分别用 D_L 和 d_L 表示。

4. 实效状态与实效尺寸

1) 最大实体实效尺寸与最大实体实效状态

最大实体实效尺寸(MMVS)是指尺寸要素的最大实体尺寸与其导出要素的几何公差(形状、方向和位置公差)共同作用产生的尺寸。内、外尺寸要素的最大实体实效尺寸分别用 D_{MV} 和 d_{MV} 表示，其计算公式为

$$D_{MV} = D_M - t = D_{min} - t$$
$$d_{MV} = d_M + t = d_{max} + t$$

最大实体实效状态(MMVC)是指拟合要素的尺寸为其最大实体实效尺寸时的状态。

2) 最小实体实效尺寸与最小实体实效状态

最小实体实效尺寸(LMVS)是指尺寸要素的最小实体尺寸与其导出要素的几何公差(形状、方向和位置公差)共同作用产生的尺寸。内、外尺寸要素的最小实体实效尺寸分别用 D_{LV} 和 d_{LV} 表示，其计算公式为

$$D_{LV} = D_L + t = D_{max} + t$$
$$d_{LV} = d_L - t = d_{min} - t$$

最小实体实效状态(LMVC)是指拟合要素的尺寸为其最小实体实效尺寸时的状态。

5. 边界

1) 最大实体边界(MMB)

最大实体边界(MMB)是指最大实体状态的理想形状的极限包容面。

2) 最小实体边界(LMB)

最小实体边界(LMB)是指最小实体状态的理想形状的极限包容面。

3) 最大实体实效边界(MMVB)

最大实体实效边界(MMVB)是指最大实体实效状态对应的极限包容面。

4) 最小实体实效边界(LMVB)

最小实体实效边界(LMVB)是指最小实体实效状态对应的极限包容面。

二、公差原则

(一)独立原则

独立原则是指图样上给定的每一个尺寸和几何(形状、方向和位置)要求均是独立的，

应分别满足要求。独立原则是尺寸公差和几何公差相互关系的基本原则。在独立原则中，尺寸公差只控制提取要素的局部尺寸，几何公差控制形状、方向或位置误差。遵守独立原则的尺寸公差和几何公差在图样上不加任何特定的关系符号。

如图 6-22 所示，图示轴的局部实际尺寸应在 $\phi19.97\sim\phi20$ mm，且中心线的直线度误差不允许大于 $\phi0.12$ mm。

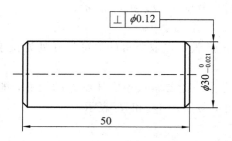

图 6-22　独立原则应用举例

绝大多数机械零件，其功能对要素的尺寸公差和几何公差的要求都是相互无关的，即遵循独立原则。

（二）相关要求

相关要求是指图样上给出的尺寸公差和几何公差相互有关的公差要求，主要包括包容要求、最大实体要求、最小实体要求。最大实体要求和最小实体要求还可用于可逆要求。

1. 包容要求

包容要求时被测实际要素处处不得超越最大实体边界的一种要求。被测要素采用包容要求时，表示提取组成要素不得超越其最大实体边界，即体外作用尺寸不超过最大实体尺寸，且其局部尺寸不得超出最小实体尺寸。

包容要求适用于圆柱表面或两平行对应面等单一要素。采用包容要求的尺寸要素应在其尺寸极限偏差或公差带代号之后加注符号 E。如图 6-23(a)所示，圆柱实际表面必须在最大实体边界内，该边界的尺寸为最大实体尺寸 $\phi150$ mm，其局部尺寸不得小于 $\phi149.96$ mm。

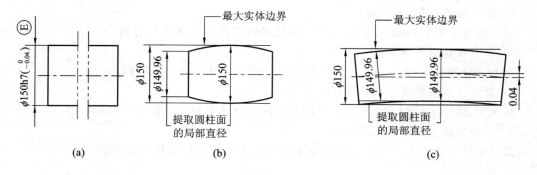

图 6-23　包容要求应用举例

采用包容要求的尺寸要素，当实际尺寸处处为最大实体尺寸（如图 6-23(b)中的 $\phi150$ mm）时，其几何公差为零；当实际尺寸偏离最大实体尺寸时，允许的几何公差可以相应增加，增加量为实际尺寸与最大实体尺寸之差（绝对值），其最大增加量等于尺寸公差，此时实际尺寸处处为最小实体尺寸,如图 6-23(c)所示,实际尺寸为 $\phi149.96$ mm 时,允许轴心线的直线度为 0.04 mm。

由此可知,包容要求是将尺寸误差和几何误差同时控制在尺寸公差范围内的一种公差要求,主要用于保证配合性质的场合。

2. 最大实体要求

最大实体要求是尺寸要素的非理想要素不得超越其最大实体实效边界的一种尺寸要素要求。按最大实体要求,当实际尺寸偏离最大实体尺寸时,允许其几何误差值超出在最大实体状态下给出的公差值。

最大实体要求适用于中心要素(如轴线、圆心、球心或中心平面等),多用于对零件配合性质要求不严,但要求保证可装配性的场合。

当最大实体要求应用于被测中心要素时,应在被测要素几何公差框格中的公差值后标注符号Ⓜ,如图 6-24(a)所示;当最大实体要求应用于基准中心要素时,应在几何公差框格中的基准字母代号后标注符号Ⓜ,如图 6-24(b)所示;当最大实体要求同时应用于被测中心要素和基准中心要素时,其标注如图 6-24(c)所示。

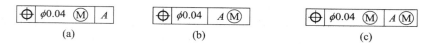

图 6-24 最大实体要求的标注

1)最大实体要求应用于被测提取要素

最大实体要求应用于被测提取要素时,被测提取要素的实际轮廓在给定的长度上处处不得超出最大实体实效边界,即其体外作用尺寸不得超出最大实体实效尺寸,且其局部实际尺寸在最大与最小实体尺寸之间。

对于内表面:$D_{fe} \geqslant D_{MV} = D_{min} - t$ 　　　　　 $D_{max} = D_L \geqslant D_a \geqslant D_M = D_{min}$

对于外内表面:$d_{fe} \leqslant d_{MV} = d_{max} + t$ 　　　　　 $d_{max} = d_M \geqslant d_a \geqslant d_L = d_{min}$

当最大实体要求应用被测提取要素时,其几何公差值是在该要素处于最大实体状态时给出的。若被测提取要素的实际轮廓偏离其最大实体状态,即其实际尺寸偏离最大实体尺寸时,几何误差值可超出在最大实体状态下给出的几何公差值,即此时的几何公差值可以增大。

当给出的几何公差值为零时,则为零几何公差。此时,被测要素的最大实体实效边界等于最大实体边界,最大实体实效尺寸等于最大实体尺寸。

例 6-1 对最大实体要求应用于单一被测要素进行分析。如图 6-25(a)所示,轴 $\phi 20_{-0.3}^{0}$ mm 的轴线直线度公差采用最大实体要求。当轴处于最大实体状态时,其轴线直线度公差为 $\phi0.1$ mm,如图 6-25(b)所示。图 6-25(c)为其动态公差图。

解:轴的实际轮廓尺寸(实际尺寸)受尺寸公差的控制,必须在 $\phi19.7\sim\phi20$ mm 之间。轴的实际轮廓受最大实体实效边界的控制,即其体外作用尺寸不超出最大实体实效尺寸:$d_{MV} = d_M + t = \phi(20+0.1) = \phi20.1$ mm。如图 6-25(c)所示,当轴处于最大实体状态时,其轴线直线度误差应小于 $\phi0.1$ mm;当轴处于最小实体状态时,其轴线直线度误差允许达到最大值,等于图样给出的直线度公差值与轴的尺寸公差之和:$\phi(0.1+0.3) = \phi0.4$ mm。

111

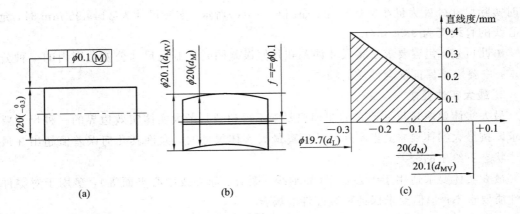

图 6-25　最大实体要求应用举例

图 6-25(a)所示轴的尺寸与轴线直线度的合格条件为

$$d_{fe} \leqslant d_{MV} = d_{max} + t = \phi 20.1 \text{ mm}$$

$$d_{max} = 20 \text{ mm} \geqslant d_a \geqslant d_{min} = \phi 19.7 \text{ mm}$$

2）最大实体要求应用于基准要素

当最大实体要求应用于基准要素时，基准要素应遵守相应的边界。若基准要素的实际轮廓偏离其相应的边界，即其体外作用尺寸偏离相应的边界尺寸，则允许基准要素在一定范围内浮动，其浮动范围等于基准要素的体外作用尺寸与其相应边界尺寸之差。

最大实体要求应用于基准要素时，基准要素应遵守的边界有两种情况。

（1）基准要素本身采用最大实体要求时，其相应的边界为最大实体实效边界。此时，基准代号应直接标注在形成该最大实体实效边界的几何公差框格下面。

图 6-26 表示最大实体要求应用于 $4 \times \phi 8^{+0.1}_{0}$ mm 均布四孔的轴线对基准轴线的任意方向位置度公差，且最大实体要求也应用于基准要素，基准本身的轴线直线度公差采用最大实体要求。故对于均布四孔的位置度公差，基准要素应遵守由直线度公差确定的最大实体实效边界，其边界尺寸为 $d_{MV} = d_M + t = 20 + 0.02 = 20.02$ mm。

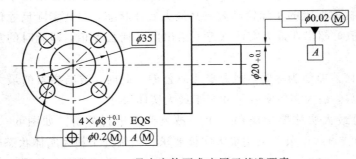

图 6-26　最大实体要求应用于基准要素

（2）基准要素本身不采用最大实体要求时，应遵守最大实体边界。此时，基准代号应标注在基准的尺寸线处，其连线与尺寸线对齐。

基准要素不采用最大实体要求可能有两种情况：遵守独立原则或采用包容要求。

图 6-27(a)表示最大实体要求应用于 $4 \times \phi 8^{+0.1}_{0}$ 均布四孔的轴线对基准轴线的任意方向位置度公差，且最大实体要求也应用于基准要素，基准本身遵循独立原则。故基准要素

应遵守最大实体边界，其边界尺寸为基准要素的最大实体尺寸 $\phi 20$ mm。

图 6-27(b)表示最大实体要求应用于 $4 \times \phi 8^{+0.1}_{0}$ 均布四孔的轴线对基准轴线的任意方向位置度公差，且最大实体要求也应用于基准要素，基准本身采用包容要求。故基准要素也应遵守最大实体边界，其边界尺寸为基准要素的最大实体尺寸 $\phi 20$ mm。

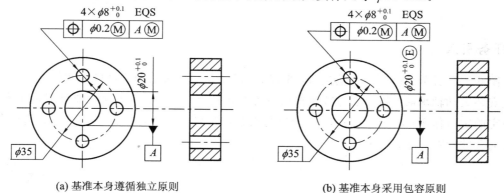

(a) 基准本身遵循独立原则　　　　　　(b) 基准本身采用包容原则

图 6-27　最大实体要求应用于基准要素

最大实体要求适用于中心要素，主要用于保证零件的可装配性。

● 任务实施

根据任务求解如下：

此部件主要要求保证配合性质，对轴孔的形状精度无特殊的要求，故应采用包容要求给出尺寸公差。两孔同轴度误差对配合性质有影响，故以两孔轴线建立公共基准轴线，并给出两孔轴线对公共基准轴线的同轴度公差。

设孔的直径公差等级为 IT7，轴的直径公差等级为 IT6，则 $T_h = 0.021$ mm，$T_s = 0.013$ mm。选用基孔制配合，则孔为 $\phi 30^{+0.021}_{0}$ mm。由于是间隙配合，故轴的基本偏差必须为负值，且绝对值应大于轴、孔的几何公差之和。因为

$$X_{\min} = EI - es - (t_{孔} + t_{轴})$$

取轴的基本偏差代号为 e，则其 $es = -0.04$ mm，故有

$$0.02 = 0 - (-0.04) - (t_{孔} + t_{轴})$$

$$(t_{孔} + t_{轴}) = 0.04 - 0.02 = 0.02 \text{ mm}$$

因为为光轴，采用包容要求后，轴的最大实体状态下的 $t_{轴}$ 为 0，故孔的同轴度公差为 0.02 mm。其标注如图 6-28 所示。

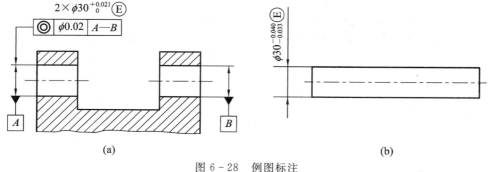

(a)　　　　　　　　　　　　　　(b)

图 6-28　例图标注

任务四　合理选用零件的几何公差(选学)

● 任务引入

图 6-29 所示为减速器的输出轴，两轴颈 φ55j6 与 P0 级滚动轴承内圈相配合；在两轴颈上安装滚动轴承后，将分别与减速器箱体的两孔配合；φ62 mm 处的两轴肩都是止推面，起一定的定位作用；φ56r6 和 φ45m6 分别与齿轮和带轮配合。根据以上要求，试选择合理的几何公差并在图中进行标注。

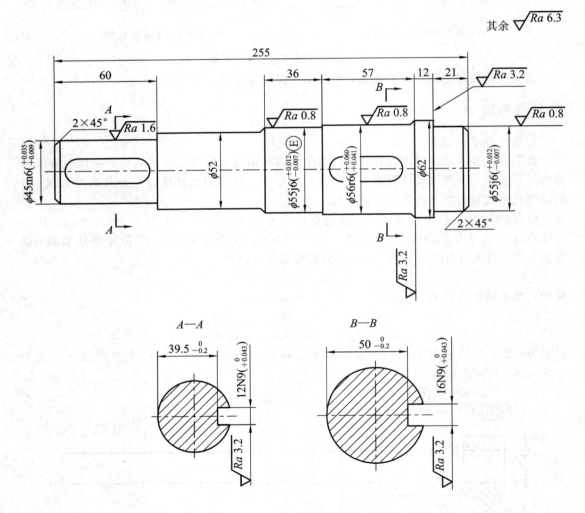

图 6-29　减速器输出轴

● **知识准备**

几何公差的设计选用对保证产品质量和降低成本具有十分重要的意义，它对保证轴类零件的旋转精度、保证结合件的连接强度和密封性、保证齿轮传动零件的承载均匀性等都有很重要的影响。几何公差的选用主要包括几何公差项目的选择、公差等级与公差值的选择、公差原则的选择和基准要素的选择。

一、几何公差项目的选择

几何公差项目选择的基本原则是：在保证零件使用要求的前提下，尽量减少图样上标注的几何公差项目，并尽量简化控制几何误差的方法。进行选择时，应主要考虑零件的几何特征、零件的功能要求、几何公差的控制功能及检测的方便性等因素。

1. 零件的几何特征

零件的几何特征是选择几何公差项目的主要依据。例如，圆柱形零件可选择圆度、圆柱度、轴心线直线度、素线直线度；平面零件可选择平面度；槽类零件可选择对称度；孔可选择同轴度等。

2. 零件的功能要求

根据零件不同的功能要求，选择不同的几何公差项目。例如，阶梯轴两轴承位置明确要求限制轴线间的偏差时，应选择同轴度；机床导轨的直线度误差会影响其结合零件的运动精度，应选择直线度；齿轮箱两孔轴线的不平行，将会影响正常啮合，应选择平行度等。

3. 几何公差的控制功能

各项几何公差的控制功能不同，有单一控制项目，如直线度、平面度、圆度等；有综合控制项目，如圆柱度、圆跳动、位置度等。选择时，应认真考虑它们之间的关系，充分发挥综合控制项目的职能，这样可减少图样上给出的几何公差项目。

4. 检测的方便性

确定几何公差项目时，还应考虑到检测的方便性与经济性。例如，轴类零件可用径向全跳动综合控制圆柱度和同轴度，用轴向全跳动代替端面对轴线的垂直度，这样既方便检测，又能较好地控制相应的几何误差。

应当注意的是，跳动反映的是多项几何误差的综合结果，在标注跳动公差项目时，给定的跳动公差值应适当加大，否则会要求过严。

二、几何公差值的选择

GB/T 1184—1996 规定图样上标注的几何公差有两种形式：未注公差值和注出公差值。

几何公差值的大小由几何公差等级确定（结合主参数）。在国家标准中，除线、面轮廓度及位置度未规定公差等级外，其他几何特征项目均有规定。一般划分为12级，即1～12级，1级精度最高，12级精度最低；圆度和圆柱度则划分为13级，即0～12级，0级精度最高，12级精度最低。各项目的各级公差值如表6-23～表6-26所示（摘自GB/T 1184—1996）。其中，对于位置度，国家标准只规定了公差值数系，而未规定公差等级，如表6-27所示。

表 6 – 23　直线度和平面度公差值　　　　μm

主参数 L/mm	公差等级											
	1	2	3	4	5	6	7	8	9	10	11	12
≤10	0.2	0.4	0.8	1.2	2	3	5	8	12	20	30	60
>10~16	0.25	0.5	1	1.5	2.5	4	6	10	15	25	40	80
>16~25	0.3	0.6	1.2	2	3	5	8	12	20	30	50	100
>25~40	0.4	0.8	1.5	2.5	4	6	10	15	25	40	60	120
>40~63	0.5	1	2	3	5	8	12	20	30	50	80	150
>63~100	0.6	1.2	2.5	4	6	10	15	25	40	60	100	200
>100~160	0.8	1.5	3	5	8	12	20	30	50	80	120	250
>160~250	1	2	4	6	10	15	25	40	60	100	150	300
>250~400	1.2	2.5	5	8	12	20	30	50	80	120	200	400
>400~630	1.5	3	6	10	15	25	40	60	100	150	250	500
>630~1000	2	4	8	12	20	30	50	80	120	200	300	600
>1000~1600	2.5	5	10	15	25	40	60	100	150	250	400	800
>1600~2500	3	6	12	20	30	50	80	120	200	300	500	1000
>2500~4000	4	8	15	25	40	60	100	150	250	400	600	1200
>4000~6300	5	10	20	30	50	80	120	200	300	500	800	1500
>6300~10 000	6	12	25	40	60	100	150	250	400	600	1000	2000

注：主参数 L 为轴、直线、平面的长度。

表 6 – 24　圆度与圆柱度公差值　　　　μm

主参数 d(D)/mm	公差等级												
	0	1	2	3	4	5	6	7	8	9	10	11	12
	公差值												
≤3	0.1	0.2	0.3	0.5	0.8	1.2	2	3	4	6	10	14	25
>3~6	0.1	0.2	0.4	0.6	1	1.5	2.5	4	5	8	12	18	30
>6~10	0.12	0.25	0.4	0.6	1	1.5	2.5	4	6	9	12	22	36
>10~18	0.15	0.25	0.5	0.8	1.2	2	3	5	8	11	18	27	43
>18~30	0.2	0.3	0.6	1	1.5	2.5	4	6	9	13	21	33	52
>30~50	0.25	0.4	0.6	1	1.5	2.5	4	7	11	16	25	39	62
>50~80	0.3	0.5	0.8	1.2	2	3	5	8	13	19	30	46	74
>80~120	0.4	0.6	1	1.5	2.5	4	6	10	15	22	35	54	87
>120~180	0.6	1	1.2	2	3.5	5	8	12	18	25	40	63	100
>180~250	0.8	1.2	2	3	4.5	7	10	14	20	29	46	72	115
>250~315	1.0	1.6	2.5	4	6	8	12	16	23	32	52	81	130
>315~400	1.2	2	3	5	7	9	13	18	25	36	57	89	140
>400~500	1.5	2.5	4	6	8	10	15	20	27	40	63	97	155

注：主参数 d(D) 为轴（孔）的直径。

表 6 - 25　平行度、垂直度和倾斜度公差值　　　　　　　　　　μm

主参数 L、d(D)/mm	公差等级											
	1	2	3	4	5	6	7	8	9	10	11	12
	公差值											
≤10	0.4	0.8	1.5	3	5	8	12	20	30	50	80	120
>10~16	0.5	1	2	4	6	10	15	25	40	60	100	150
>16~25	0.6	1.2	2.5	5	8	12	20	30	50	80	120	200
>25~40	0.8	1.5	3	6	10	15	25	40	60	100	150	250
>40~63	1	2	4	8	12	20	30	50	80	120	200	300
>63~100	1.2	2.5	5	10	15	25	40	60	100	150	250	400
>100~160	1.5	3	6	12	20	30	50	80	120	200	300	500
>160~250	2	4	8	15	25	40	60	100	150	250	400	600
>250~400	2.5	5	10	20	30	50	80	120	200	300	500	800
>400~630	3	6	12	25	40	60	100	150	250	400	600	1000
>630~1000	4	8	15	30	50	80	120	200	300	500	800	1200

注：① 主参数 L 为给定平行度时轴线或平面的长度，或给定垂直度、倾斜度时被测要素的长度；

　　② 主参数 $d(D)$ 为给定面对线垂直度时，被测要素的轴(孔)直径。

表 6 - 26　同轴度、对称度、圆跳动和全跳动公差值　　　　　　　　μm

主参数 d(D)、B、 L/mm	公差等级											
	1	2	3	4	5	6	7	8	9	10	11	12
	公差值											
≤1	0.4	0.6	1.0	1.5	2.5	4	6	10	15	25	40	60
>1~3	0.4	0.6	1.0	1.5	2.5	4	6	10	20	40	60	120
>3~6	0.5	0.8	1.2	2	3	5	8	12	25	50	80	150
>6~10	0.6	1.0	1.5	2.5	4	6	10	15	30	60	100	200
>10~18	0.8	1.2	2	3	5	8	12	20	40	80	120	250
>18~30	1	1.5	2.5	4	6	10	15	25	50	100	150	300
>30~50	1.2	2	3	5	8	12	20	30	60	120	200	400
>50~120	1.5	2.5	4	6	10	15	25	40	80	150	250	500
>120~250	2	3	5	8	12	20	30	50	100	200	300	600
>250~500	2.5	4	6	10	15	25	40	60	120	250	400	800
>500~800	3	5	8	12	20	30	50	80	150	300	500	1000
>800~1250	4	6	10	15	25	40	60	100	200	400	600	1200

注：① 主参数 $d(D)$ 为给定同轴度，或给定圆跳动、全跳动时的轴(孔)直径；

　　② 圆锥体斜向圆跳动公差的主参数为平均直径；

　　③ 主参数 B 为给定对称度时槽的宽度；

　　④ 主参数 L 为给定两孔对称度时的孔心距。

表 6-27 位置度数系 μm

1	1.2	1.5	2	2.5	3	4	5	6	8
1×10^n	1.2×10^n	1.5×10^n	2×10^n	2.5×10^n	3×10^n	4×10^n	5×10^n	6×10^n	8×10^n

注：n 为正整数。

1. 注出几何公差值的规定

应根据零件的功能要求选择公差值，通过类比或计算，并考虑加工的经济性和零件的结构、刚性等情况。各种公差值之间的协调合理很重要，比如，同一要素上给出的形状公差值应小于位置公差值；圆柱形零件的形状公差值（轴线的直线度除外）一般情况下应小于其尺寸公差值；平行度公差值应小于被测要素和基准要素之间的距离公差值等。

几何公差值的选择原则，是在满足零件功能要求的前提下，兼顾工艺的经济性的检测条件，尽量选取较大的公差值。选择的方法有计算法和类比法。

1）计算法

用计算法确定几何公差值，目前还没有成熟系统的计算步骤和方法，一般是根据产品的功能要求，在有条件的情况下计算求得几何公差值。

2）类比法

几何公差值常用类比法确定，主要考虑零件的使用性能、加工的可能性和经济性等因素外，还应考虑以下几方面的内容。

（1）形状公差与方向、位置公差的关系。同一要素上给定的形状公差值应小于方向、位置公差值，方向公差值应小于位置公差值。如同一平面上，平面度公差值应小于该平面对基准平面的平行度公差值。

（2）几何公差和尺寸公差的关系。圆柱形零件的形状公差一般情况下应小于其尺寸公差值；线对线或面对面的平行度公差值应小于其相应距离的尺寸公差值。

圆度、圆柱度公差值约为同级的尺寸公差的 50%，因而一般可按同级选取。例如，尺寸公差为 IT6，则圆度、圆柱度公差通常也选 6 级，必要时也可比尺寸公差等级高 1、2 级。

位置度公差通常需要经过计算确定，对用螺栓联接两个或两个以上零件时，若被联接零件均为光孔，则光孔的位置度公差的计算公式为

$$t \leqslant K X_{\min}$$

式中：t 为位置度公差；K 为间隙利用系数，其推荐值：不需调整的固定联接 $K=1$，需调整的固定联接 $K=0.6 \sim 0.8$；$X_{\min}$ 为光孔与螺栓间的最小间隙。

用螺钉联接时，被连接零件中有一个是螺孔，而其余零件均是光孔，则光孔和螺孔的位置度公差计算公式为

$$t \leqslant 0.6 K X_{\min}$$

式中：$X_{\min}$ 为光孔与螺钉间的最小间隙。

按以上公式计算确定的位置度公差，经圆整并按表 6-27 选择标准的位置度公差值。

（3）几何公差与表面粗糙度的关系。通常表面粗糙度的 Ra 值可约占形状公差值的 20%～25%。

（4）考虑零件的结构特点。对于刚性较差的零件（如细长轴）和结构特殊的要素（如跨距较大的轴和孔、宽度较大的零件表面等），在满足零件的功能要求下，可适当降低 1、2 级选用。此外，

孔相对于轴、线对线和线对面相对于面对面的平行度、垂直度公差可适当降低1、2级。

表 6-28～表 6-31 列出了各种几何公差等级的应用举例，可供类比时参考。

表 6-28　直线度和平面度公差等级应用举例

公差等级	应 用 举 例
1、2	用于精密量具，测量仪器以及精度要求较高的精密机械零件。如零级样板、平尺、零级宽平尺、工具显微镜等精密测量仪器的导轨面，喷油嘴针阀体端面平面度，液压泵柱塞套端面的平面度等
3	用于零级及1级宽平尺工作面，1级样板平尺的工作面，测量仪器圆弧导轨的直线度、测量仪器的测杆等
4	用于量具，测量仪器和机床的导轨。如1级宽平尺、零级平板，测量仪器的V形导轨，高精度平面磨床的V形导轨和滚动导轨，轴承磨床及平面磨床床身直线度等
5	用于1级平板、2级宽平尺、平面磨床纵导轨、垂直导轨、立柱导轨和平面磨床的工作台，液压龙门刨床导轨面、转塔车床床身导轨面，柴油机进排气门导杆等
6	用于1级平板、卧式车床床身导轨面，龙门刨床导轨面，滚齿机立柱导轨，床身导轨及工作台，自动车床床身导轨，平面磨床垂直导轨，卧式镗床、铣床工作台以及机床主轴箱导轨，柴油机进排气门导杆直线度，柴油机机体上部结合面等

表 6-29　圆度和圆柱度公差等级应用举例

公差等级	应 用 举 例
1	高精度量仪主轴，高精度机床主轴、滚动轴承滚珠和滚柱等
2	精密量仪主轴，外套、阀套，高压液压泵柱塞及套，纺锭轴承，高速柴油机进、排气门、精密机床主轴轴颈，针阀圆柱表面；喷油泵柱塞及柱塞套
3	工具显微镜套管外圈，高精度外圆磨床轴承，磨床砂轮主轴套筒，喷油嘴针、阀体，高精度微型轴承内外圈
4	较精密机床主轴，精密机床主轴箱孔，高压阀门活塞、活塞销、阀体孔，工具显微镜顶针，高压液压泵柱塞，较高精度滚动轴承配合轴，铣削动力头箱体孔等
5	一般量仪主轴，测杆外圆，陀螺仪轴颈，一般机床主轴，较精密机床主轴及主轴箱孔，柴油机、汽油机活塞、活塞销孔，铣削动力头轴承箱座孔，高压空气压缩机十字头销、活塞，较低精度滚动轴承配合轴等
6	仪表端盖外圆，一般机床主轴及体孔，中等压力下液压装置工作面(包括泵、压缩机的活塞和汽缸)，汽车发动机凸轮轴，纺机锭子，通用减速器轴颈，高速船用发动机曲轴，拖拉机曲轴主轴颈
7	大功率低速柴油机曲轴、活塞、活塞销、连杆、汽缸，高速柴油机箱体孔，千斤顶或压力液压缸活塞，液压传动系统的分配机构，机车传动轴，水泵及一般减速器轴颈
8	低速发动机、减速器、大功率曲柄轴轴颈，压气机连杆盖、体，拖拉机汽缸体、活塞，炼胶机冷铸轴辊，印刷机传墨辊，内燃机曲轴，柴油机机体孔、凸轮轴，拖拉机、小型船用柴油机汽缸套
9	空气压缩机缸体，液压传动筒，通用机械杠杆与拉杆用套筒销子，拖拉机活塞环、套筒孔
10	印染机导布辊，绞车、吊车、起重机滑动轴承轴颈等

表 6-30　平行度和垂直度公差等级应用举例

公差等级	面对面平行度应用举例	面对线、线对线平行度应用举例	垂直度应用举例
1	高精度机床,高精度测量仪器以及量具等主要基准面和工作面		高精度机床,高精度测量仪器以及量具等主要基准面和工作面
2、3	精密机床,精密测量仪器、量具以及夹具的基准面和工作面	精密机床上重要箱体主轴孔对基准面及对其他孔的要求	精密机床导轨,普通机床重要导轨,机床主轴轴向定位面,精密机床主轴肩端面,滚动轴承座圈端面,齿轮测量仪的心轴,光学分度头心轴端面,精密刀具、量具工作面和基准面
4、5	卧式车床,测量仪器、量具的基准面和工作面,高精度轴承座圈、端盖、挡圈的端面	机床主轴孔对基准面要求,重要轴承孔对基准面要求,床头箱体重要孔间要求,齿轮泵的端面等	普通机床导轨,精密机床重要零件,机床重要支承面,普通机床主轴偏摆,测量仪器、量具,液压传动轴瓦端面,刀具、量具工作面和基准面
6、7、8	一般机床零件的工作面和基准面,一般刀具、量具、夹具	机床一般轴承孔对基准面要求,主轴箱一般孔间要求,主轴花键对定心直径要求,刀具、量具、模具	普通精度机床主要基准面和工作面,回转工作台端面,一般导轨,主轴箱体孔、刀架、砂轮架及工作台回转中心,一般轴肩对轴线
9、10	低精度零件,重型机械滚动轴承端盖	柴油机和燃气发动机的曲轴孔、轴颈等	花键轴轴肩端面,带运输机法兰盘等对端面、轴线,手动卷扬机及传动装置中轴承端面,减速器壳体平面等
11、12	零件的非工作表面,绞车、运输机上用的减速器壳体表面		农业机械齿轮端面等

注:① 在满足设计要求的前提下,考虑到零件加工的经济性,对于线对线和线对面的平行度和垂直度公差等级,应选用低于面对面的平行度和垂直度公差等级。

② 使用本表选择面对面平行度和垂直度时,宽度应不大于 1/2 长度;若大于 1/2,则降低一级公差等级选用。

表 6 - 31　同轴度、对称度、跳动公差等级应用举例

公差等级	应 用 举 例
1、2	精密测量仪器的主轴和顶尖。柴油机喷油嘴针阀等
3、4	机床主轴轴颈，砂轮轴轴颈，汽轮机主轴，测量仪器的小齿轮轴，安装高精度齿轮的轴颈等
5	机床轴颈，机床主轴箱孔，套筒，测量仪器的测量杆，轴承座孔，汽轮机主轴，柱塞油泵转子，高精度轴承外圈，一般精度轴承内圈等
6、7	内燃机曲轴，凸轮轴轴颈，柴油机机体主轴承孔，水泵轴，油泵柱塞，汽车后桥输出轴，安装一般精度齿轮的轴颈，涡轮盘，测量仪器杠杆轴，电机转子，普通滚动轴承内圈，印刷机传墨棍的轴颈，键槽等
8、9	内燃机凸轮轴孔，连杆小端铜套，齿轮轴，水泵叶轮，离心泵体，汽缸套外径配合面对内径工作面，运输机械滚筒表面，压缩机十字头，安装低精度齿轮用轴颈，棉花精梳机前后滚子，自行车中轴等

2. 未注几何公差值的规定

图样上没有具体标明几何公差值的要求，并不是没有形状和位置精度的要求，和尺寸公差相似，也有一个未注几何公差的问题，其形位精度要求由未注几何公差来控制。标准规定：未注公差值符合工厂的常用精度等级，不需在图样上注出。采用了未注几何公差后可节省设计绘图时间，使图样清晰易读，并突出了零件上几何精度要求较高的部位，便于更合理地安排加工和检验，以更好地保证产品的工艺性和经济性。

（1）直线度、平面度的未注公差值。直线度、平面度、未注公差共分 H、K、L 三个公差等级。其中"基本长度"是指被测长度，对于平面是指被测平面的长边或圆平面的直径。见表 6 - 32。

表 6 - 32　直线度和平面度未注公差值　　　　　　　　　　mm

公差等级	直线度和平面度基本长度范围					
	～10	>10～30	>30～100	>100～300	>300～1000	>1000～3000
H	0.02	0.05	0.1	0.2	0.3	0.4
K	0.05	0.1	0.2	0.4	0.6	0.8
L	0.1	0.2	0.4	0.8	1.2	1.6

（2）圆度的未注公差值。圆度的未注公差值规定采用相应的尺寸公差值，但不能大于表 6 - 35 中的径向跳动公差值。

（3）圆柱度的未注公差值。圆柱度误差由圆度、轴线直线度、素线直线度和素线平行度组成。其中每一项均由其注出公差值或未注公差值控制。如圆柱度遵守Ⓔ时则受其最大实体边界控制。

（4）线轮廓度、面轮廓度的未注公差值。线轮廓度、面轮廓度的未注公差未作规定，受线轮廓、面轮廓的线性尺寸或角度公差控制。

（5）平行度的未注公差值。平行度的未注公差值等于给出的尺寸公差值或直线度（平面度）未注公差值。

（6）垂直度的未注公差值。垂直度的未注公差值参见表6-33，分为H、K、L三个等级。

表 6-33　垂直度未注公差值　　　　　　　　　　　　mm

公差等级	直线度和平面度基本长度范围			
	～100	>100～300	>300～1000	>1000～3000
H	0.2	0.3	0.4	0.5
K	0.4	0.6	0.8	1
L	0.6	1	1.5	2

（7）对称度的未注公差值。对称度的未注公差值参见表6-34，分为H、K、L三个等级。

表 6-34　对称度未注公差值　　　　　　　　　　　　mm

公差等级	基本长度范围			
	～100	>100～300	>300～1000	>1000～3000
H	0.5			
K	0.6		0.8	1
L	0.6	1	1.5	2

（8）位置度的未注公差值。位置度未注公差未作规定，属于综合性误差，由分项公差值控制。

（9）圆跳动的未注公差值。圆跳动未注公差值参见表6-35，分为H、K、L三个等级。

表 6-35　圆跳动未注公差值　　　　　　　　　　　　mm

公差等级	公差值
H	0.1
K	0.2
L	0.5

（10）全跳动的未注公差值。全跳动未注公差未作规定，属于综合项目，可通过圆跳动公差值、素线直线度公差值或其他注出或未注出的尺寸公差值控制。

在图样上采用未注公差值时，应在图样的标题栏附近或在技术要求、技术文件（如企业标准）中标出未注标准编号及公差的等级代号，如：GB/T 1184—K、GB/T 1184—H 等。在同一张图样中，未注公差值应采用同一个公差等级。

三、公差原则、公差要求及基准的选择

在何种情况下应选择用何种公差原则与公差要求，这是较复杂的问题，必须结合具体的使用要求和工艺条件作具体分析，但就总的应用原则来说，是在保证使用功能要求的前提下，尽量提高加工的经济性。表6-36列出了一些公差原则和公差要求的应用示例，可供选择时参考。

　　基准是确定关联要素间方向或位置的依据。在考虑选择位置公差项目时,必然同时考虑要采用的基准,如选用单一基准、组合基准还是选用多基准几种形式。

　　单一基准由一个要素作基准使用,如平面、圆柱面的轴线,可建立基准平面、基准轴线。组合基准是由两个或两个以上要素构成的作为单一基准使用。选择基准时,一般应从如下几方面考虑:

　　(1) 根据要素的功能及对被测要素间的几何关系来选择基准。如轴类零件,通常以两个轴承为支承运转,其运转轴线是安装轴承的两轴颈公共轴线。因此,从功能要求和控制其他要素的位置精度来看,应选这两个轴颈的公共轴线为基准。

　　(2) 根据装配关系,应选择零件相互配合、相互接触的表面作为各自的基准,以保证装配要求。如盘、套类零件多以其内孔轴线径向定位装配或以其端面轴向定位,因此根据需要可选其轴线或端面作为基准。

　　(3) 从零件结构考虑,应选较宽大的平面、较长的轴线作为基准,以定位稳定。对结构复杂的零件,一般应选 3 个基准面,以确定被测要素在空间的方向和位置。

　　(4) 从加工、检验角度考虑,应选择在夹具、检具中定位的相应要素为基准。这样能使所选基准与定位基准、检测基准、装配基准重合,以消除由于基准不重合引起的误差。

表 6 - 36　公差原则和公差要求应用示例

公差原则	应用场合	示　　例
独立原则	尺寸精度与形位精度需要分别满足要求	齿轮箱体孔的尺寸精度与两孔轴线的平行度,连杆活塞销孔的尺寸精度与圆柱度,滚动轴承内、外圈滚道的尺寸精度与形状精度
	尺寸精度与形位精度要求相差较大	滚筒类零件尺寸精度要求很低,形状精度要求较高;平板的尺寸精度要求不高,形状精度要求很高;通油孔的尺寸有一定精度要求,形状精度无要求
	尺寸精度与形位精度无联系	滚子链条的套筒或滚子内、外圆柱面的轴线同轴度与尺寸精度,发动机连杆上的尺寸精度与孔轴线间的位置精度
	保证运动精度	导轨的形状精度要求严格,尺寸精度要求一般
	保证密封性	汽缸的形状精度要求严格,尺寸精度要求一般
包容要求	保证国家标准规定的配合性质	凡未注尺寸公差与未注形位公差都采用独立原则,如退刀槽、倒角和圆角等非功能要求
	尺寸公差与形位公差间无严格比例关系要求	如 $\phi50H7$Ⓔ孔与 $\phi50h6$Ⓔ轴的配合,可以保证配合的最小间隙等于零
最大实体要求	保证关联作用尺寸不超越最大实体尺寸	关联要素的孔与轴有配合性质要求,在公差框格的第二格标"$\phi0$Ⓜ"
	保证可装配性	轴承盖上用于穿过螺钉的通孔,法兰盘上用于穿过螺栓的通孔
最小实体要求	保证零件强度和最小壁厚	孔组轴线的任意方向位置度公差,采用最小实体要求可保证孔组间的最小壁厚
可逆要求	与最大(最小)实体要求联用	能充分利用公差带,扩大被测要素实际尺寸的变动范围,在不影响使用性能的前提下可以使用

◉ 任务实施

根据任务求解如下：

对减速器输出轴几何公差的选用分析并标注。

（1）两轴颈 φ55j6 与 P0 级滚动轴承的内圈相配合，为保证配合性质，采用了包容要求，为保证轴承的旋转精度，在遵循包容要求的前提下，又进一步提出了圆柱度公差的要求，其公差值由 GB/T 275—1993 查得 0.005 mm。

该两轴颈上安装滚动轴承后，将分别与减速器箱体的两孔配合，因此，需要限制两轴颈的同轴度误差，以保证轴承外圈和箱体孔的安装精度。为检测方便，实际给出了两轴颈的径向圆跳动公差 0.025 mm（跳动公差 7 级）。

（2）φ62 mm 处的两轴肩都是止推面，起一定的定位作用，为保证定位精度，提出了两轴肩相对于基准轴线的端面圆跳动公差要求，其公差值由 GB/T 275—1993 查得0.015 mm。

（3）φ56r6 和 φ45m6 分别与齿轮和带轮配合，为保证配合性质，也采用了包容要求。为保证齿轮的运动精度，对与齿轮配合的 φ56r6 圆柱又进一步提出了对基准轴线的径向圆跳动公差 0.025 mm（跳动公差 7 级）。

（4）为保证键槽的安装精度和安装后的受力状态，对 φ56r6 和 φ45m6 轴颈上的键槽 16N9 和 12N9 都提出了对称度公差 0.02 mm（对称度公差 8 级）。

具体标注如图 6-30 所示。

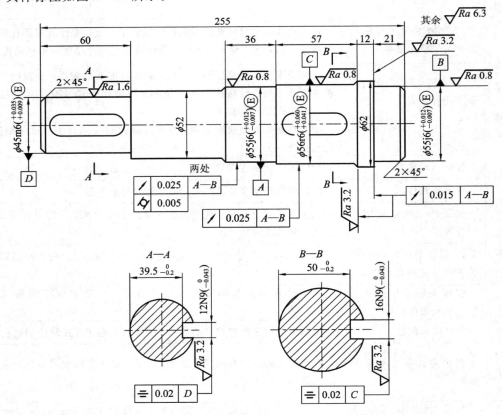

图 6-30　减速器输出轴几何公差标注示例

拓 展 知 识

一、基准及基准的体现

基准是指与被测要素有关且用来确定其几何位置关系的几何理想要素，如轴线、直线和平面等。基准可由零件上的一个或多个要素构成。图样上标注的任何一个基准都是理想要素，但基准要素本身也是实际加工出来的，也存在形状误差，因此，我们把零件上起基准作用的实际要素称为基准实际要素。

1. 基准的类型

按构成情况不同，基准可分为单一基准、组合基准和基准体系三种。

1）单一基准

单一基准是指由一个要素建立的基准。如图 6-31(a)所示，由平面建立的基准 A 为单一基准；如图 6-31(b)所示，由轴线建立的基准 A 也为单一基准。

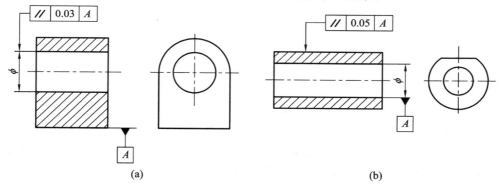

(a)　　　　　　　　　　　　　　　　　　(b)

图 6-31　单一基准

2）组合基准

组合基准又称为公共基准，是指由两个或两个以上的要素建立的一个独立的基准。如图 6-32 所示，同轴度误差的基准是由两段轴线建立的。

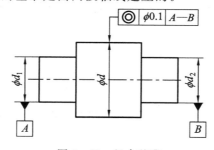

图 6-32　组合基准

3）基准体系

基准体系是指由两个或三个单独的基准构成的组合，用来共同确定被测要素的几何位置关系。

如图 6-33 所示三基面体系即为基准体系的一种。在三基面体系中，每一个平面都是基准平面，每两个基准平面的交线构成基准轴线，三条轴线的交点构成基准点。应用三基面体系时，应注意基准的标注顺序，应选最重要或最大的平面作为第 I 基准，选次要或较长的平面作为第 II 基准，选不重要的平面作为第 III 基准。

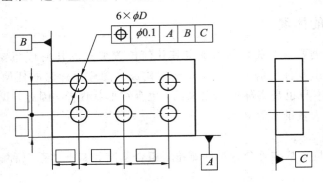

图 6-33　三基面体系

2. 基准的体现

基准的体现方法有以下几种。

1）模拟法

模拟法是指采用具有足够形状精度的精密表面来体现基准。由于模拟法简单、方便，故实际检测中应用最多。其中，用来建立基准并与基准要素相接触，且具有足够精度的实际表面称为模拟基准要素。

稳定接触：是指基准实际要素与模拟基准要素之间自然形成符合最小条件的相对位置关系，如图 6-34(b) 所示。

非稳定接触：可能有多种位置关系，在测量时应作调整，使基准实际要素与模拟基准要素之间尽可能达到符合最小条件的相对位置关系，如图 6-34(c) 所示。

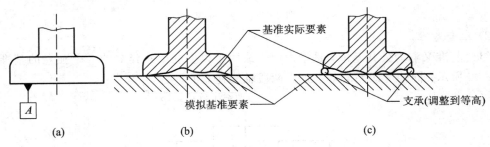

图 6-34　模拟法的基准体现

2）直接法

直接法是指当基准实际要素具有足够的形状精度时，可直接作为基准。若在平板上测量零件，可将平板作为直接基准。

3）分析法

分析法是指对基准实际要素进行测量，然后根据测量数据用图解法或计算法确定基准位置。

4）目标法

基准目标是指零件上与加工或检验设备相接触的点、线或局部区域，用来体现满足功能要求的基准。目标法是指当设计图样上规定某要素对若干基准目标的位置公差时,可按图样标注的要求,在规定的位置上,按规定的尺寸并以适当形式的支承来体现基准。

例如,由基准目标建立基准时,基准"点目标"可用球端支承体现;基准"线目标"可用刀口状支承或由圆棒素线体现;基准"面目标"按图样上规定的形状,可用具有相应形状的面支承体现。

二、理论正确尺寸

理论正确尺寸(TED)是指当给出一个或一组要素的方向和位置公差时,分别用来确定其理论正确方向和位置的尺寸。理论正确尺寸也用于确定基准体系中各基准之间的方向和位置关系。

理论正确尺寸没有公差,它标注在一个方框中,如图 6-35 所示。

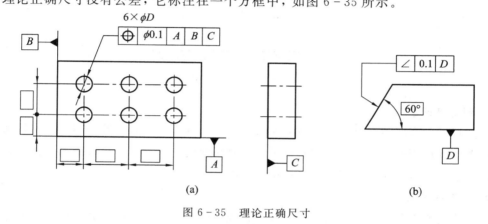

图 6-35 理论正确尺寸

三、几何误差的检测原则

1. 与拟合要素比较原则

与拟合要素比较原则即测量时将被测提取要素与其拟合要素相比较,用直接或间接测量法测得几何误差值。拟合要素用模拟方法获得必须有足够的精度,如以一束光线、拉紧的钢丝或刀口尺等体现理想直线,以平板或平台的工作面体现理想平面等。根据该原则所测结果与规定的误差定义一致,因此它是一条基本原则,为大多数几何误差的检测所遵循。

如图 6-36 所示为利用指示表和平板来测量平面度误差,根据指示表上读数可直接得到被测各点相对于测量基准距离的线性值,因此称为直接法。

如图 6-37 所示为利用自准直仪、反射镜和桥板测量直线度误差,称为间接法,即被测提取要素上各测量点相对于测量基准的量值只能间接得到。

图 6-36 直接法获取量值   图 6-37 间接法获取量值

2. 测量坐标值原则

测量坐标值原则是指测量被测提取要素的坐标值(如直角坐标值、极坐标值、圆柱面坐标值),并经过数据处理获得几何误差值的检测原则。如图 6-38 所示为测量直角坐标值获得几何误差值的示例。

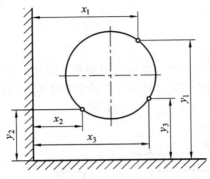

图 6-38　测量直角坐标值

3. 测量特征参数原则

测量特征参数原则是指用测量被测提取要素上具有代表性的参数(即特征参数)来表示几何误差值的检测原则。如图 6-39 所示,测量圆度误差时,可用两点法测量回转体一个横截面内互相垂直方向上的两个直径,取两尺寸差的一半作为圆度误差。

4. 测量跳动原则

测量跳动原则是指被测提取要素绕基准轴线回转过程中,沿给定方向测量其对某参考点或线的变动量的检测原则。变动量是指指示计测得的最大与最小示值之差。该原则主要用于测量跳动误差。如图 6-40 所示为径向圆跳动误差的测量示例。

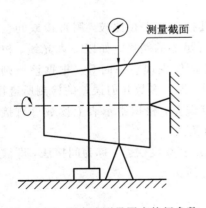

图 6-39　两点法测量圆度特征参数

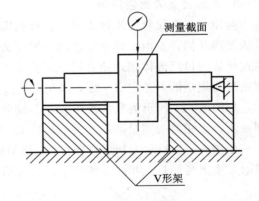

图 6-40　测量径向圆跳动误差

5. 控制实效边界原则

控制实效边界原则是指检验被测提取要素是否超过实效边界,以判断其合格与否的检测原则。该原则适用于采用最大实体要求的场合,一般用综合量规来检验。如图 6-41 所示为用综合量规检验同轴度误差。

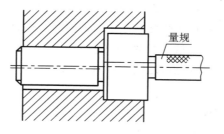

图 6-41　用综合量规检验同轴度误差

四、平面度误差的检测

（1）用指示器测量。如图 6-42(a)所示，将被测零件支承在平板上，再将被测平面上两对角线的角点分别调成等高或最远的三点调成距测量平板等高。按一定布点测量被测表面。指示器上最大与最小读数之差即为该平面的平面度误差近似值。

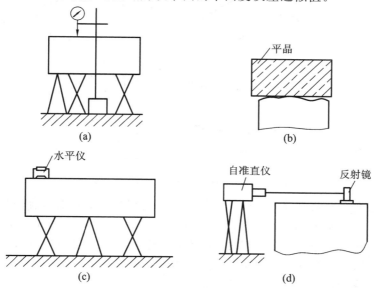

图 6-42　平面度误差的测量

（2）图 6-42(b)是用平晶测量平面度误差。将平晶紧贴在被测平面上，由产生的干涉条纹，经过计算得到平面度误差值。此方法适用于高精度的小平面。

（3）图 6-42(c)是水平仪测平面度误差。水平仪通过桥板放在被测平面上，用水平仪按一定的布点和方向逐点测量，经过计算得到平面度误差值。

（4）用自准直仪和反射镜测量如图 6-42(d)所示。将自准直仪固定在平面外的一定位置，反射镜放在被测平面上。调整自准直仪，使其和被测表面平行，按一定布点和方向逐点测量，经过计算得到平面度误差值。

图 6-42(c)、(d)的读数要整理成对测量基准平面(图 6-42(c)中为水平面、图 6-42(d)中为光轴平面)距离值，由于被测实际平面的最小包容区域(两平行平面)一般不平行基准平面，所以一般不能用最大和最小距离值差值的绝对值作为平面度最小包容区域法误差值。为了求得此值，必须旋转测量基准平面使之和最小包容区域方向平行，此时原来距离

读数值就要按坐标变换原理增减。基准平面和最小包容区域平行的判别准则如下：

（1）和基准平面平行的两平行平面包容被测表面时，被测表面上有三个最低点（或三个最高点）及一个最高点（或一个最低点分别与两包容平面相接触）；并且最高点（或最低点）能投影到三个最低点（或三个最高点）之间，如图 6-43(a)所示，称为三角形准则。

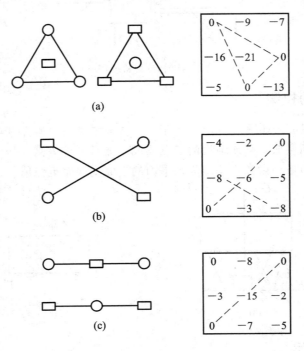

图 6-43　平面度误差的最小条件评定

（2）被测表面上有两个最高点和两个最低点分别和两个平行的包容面相接触，并且两高或两低点投影于两低或两高终点连线之两侧，称为交叉准则，如图 6-43(b)所示。

（3）被测表面上的同一截面内有两个高点及一个低点（或相反）分别和两个平行的包容平面相接触，如图 6-43(c)所示，称为直线准则。

除国家标准规定的最小区域法评定平面度之外，在工厂中常使用三远点法及对角线法评定。三远点法是以通过被测表面上相距最远且不在一条直线上的三个点建立一个基准平面，各测点对此平面的偏差中最大值与最小值的绝对值之和即为平面度误差。实测时，可以在被测表面上找到三个等高点，并且调到零点。在被测表面上按布点测量，与三远点基准平面相距最远的最高和最低点间的距离为平面度误差值。

对角线法是通过被测表面的一条对角线作另一条对角线的平行平面，该平面即为基准平面。偏离此平面的最大值和最小值的绝对值之和为平面度误差。

例 6-2　设一平板上各点对同一测量基准的读数如图 6-44 所示。用三远点平面法、对角线平面法和最小包容区域法比较其平面度误差的测量结果。

解：

（1）用三远点平面法。如图 6-44 所示，a_1、a_3、c_3 三点等高，已符合三远点平面法，故

$$f_1 = (10 + |-3|)\mu m = 13\ \mu m$$

（2）用对角线平面法。将图 6－44 以 a_1、c_3 为转轴，向左下方旋转，使 a_3 和 c_1 两点等高，各点的增减值如图 6－45(a)所示(如图杠杆比例)。这样就获得了如图 6－45（b)所示的数据。因两对角线顶点分别等高，故已符合对角线平面法。

$$f_2=(8+|-1|)\mu m=9\ \mu m$$

0 a_1	−3 a_2	0 a_3
10 b_1	2 b_2	1 b_3
8 c_1	8 c_2	0 c_3

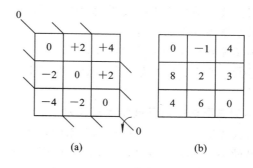

图 6－44　平面度误差的测量数据

图 6－45　对角线平面法

（3）最小包容区域法。

① 将图 6－44 各值均减去 10，使最大正值为零，如图 6－46(a)所示。这样做是为了观察方便，如不做这一步也可。

② 确定旋转轴和各点的增减值，从图 6－46(a)的图形分析，可初步断定此平板测量时右上角方向偏低，左下角方向偏高，故先试以 b_1、c_2 为转轴反时针旋转。由于 a_3 的最大转动量为＋10(旋转中不出现正值)，因此各点的增减量按比例如图 6－46(b)所示。

③ 基面旋转后的结果，将图 6－46(a)＋(b)得图 6－46(c)，由图 6－46(c)可知，已出现两个等值最高点 0 和两个等值最低点－6.7，且此四点已符合最小条件中的交叉准则。故

$$f_3=f_{min}=6.7\ \mu m$$

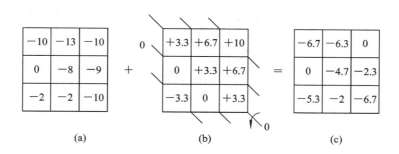

图 6－46　最小区域法

如果第一次基面旋转后的结果，尚未满足最小条件准则，则需进行第二次基面旋转，直至旋转后的结果符合最小条件为止。人们在初次尝试时可能会感到有困难，但只要概念清晰，即使多反复几次，总会获得同样的结果。

由上面三种评定方法可见，最小区域法的评定结果总是最小。当在生产中由于评定方法不同使测量结果数据发生争执时，应以最小条件来仲裁。对角线法由于计算简便，容易为多数人接受，而且它的评定结果与最小区域法比较接近，故也很常用。

五、最小实体要求（LMR）

最小实体要求是控制被测提取要素的实际轮廓处于最小实体实效边界之内的一种公差要求。按最小实体要求，当实际尺寸偏离最小实体尺寸时，允许其几何误差值超出在最小实体状态下给出的公差值。

最小实体要求适用于中心要素（如轴线、圆心、球心或中心平面等），多用于保证零件的强度和最小壁厚要求的场合。

当最小实体要求应用于被测提取要素时，应在被测提取要素几何公差框格中的公差值后标注符号Ⓛ；当最小实体要求应用于基准要素时，应在几何公差框格中的基准字母代号后标注符号。

1. 最小实体要求应用于被测提取要素

当最小实体要求应用于被测提取要素时，被测提取要素的实际轮廓在给定的长度上处处不得超出最小实体实效边界，即其体内作用尺寸不得超出最小实体实效尺寸，且其局部实际尺寸在最大实体尺寸和最小实体尺寸之间。

对于内（孔）尺寸要素：
$$D_{fi} \leqslant D_{LV} = D_{max} + t \qquad D_{min} = D_M \leqslant D_a \leqslant D_L = D_{max}$$

对于外（轴）尺寸要素：
$$d_{fi} \geqslant d_{LV} = d_{min} - t \qquad d_{max} = d_M \geqslant d_a \geqslant d_L = d_{min}$$

例 6-3 如图 6-47（a）所示，孔 $\phi 8^{+0.25}_{0}$ 的轴线对基准 A 的位置度公差采用最小实体要求。当孔处于最小实体状态时，其轴线对基准 A 的位置度公差为 $\phi 0.4$ mm，如图 6-47（b）所示。图 6-47（c）所示为表达上述关系的动态公差图。

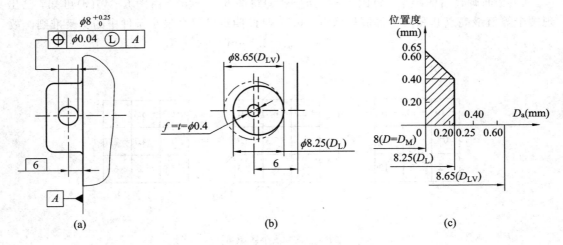

图 6-47 最小实体要求应用于被测提取要素

解：孔的实际轮廓尺寸（实际尺寸）受尺寸公差的控制，必须在 $\phi 8 \sim \phi 8.25$ mm 之间。孔的实际轮廓受最小实体实效边界的控制，即其体内作用尺寸不超过最小实体实效尺寸：
$$D_{LV} = D_1 + t = \phi(8.25 + 0.4) = \phi 8.65 \text{ mm}$$，如图 6-47（b）所示。

如图 6-47（b）和图 6-47（c）所示，当孔处于最小实体状态时，其轴线对基准 A 的位置度误差应小于 $\phi 0.4$ mm；当孔处于最大实体状态时，其轴线对基准 A 的位置度误差允许达到最大值，等于图样给出的位置度公差值与孔的尺寸公差之和：$\phi(0.4+0.25)=\phi0.65$ mm。

综上所述，图6-47所示孔的合格条件为

$$D_{fi} \leqslant D_{LV} = \phi8.65 \text{ mm} \qquad \phi8 \text{ mm} = D_{min} \leqslant D_a \leqslant D_{max} = \phi8.25 \text{ mm}$$

2. 最小实体要求应用于基准要素

当最小实体要求应用于基准要素时，基准要素应遵守相应的边界。若基准要素的实际轮廓偏离其相应的边界，即其体内作用尺寸偏离相应的边界尺寸，则允许基准要素在一定范围内浮动，其浮动范围等于基准要素的体外作用尺寸与其相应边界尺寸之差。

最小实体要求应用于基准要素时，基准要素应遵守的边界有两种情况：

(1) 当基准要素本身采用最小实体要求时，其相应的边界为最小实体实效边界。此时，基准代号应直接标注在形成该最小实体实效边界的几何公差框格下面，如图6-48(a)所示。

(2) 当基准要素本身不采用最小实体要求时，其相应的边界为最小实体边界。基准代号的标注如图6-48(b)所示。

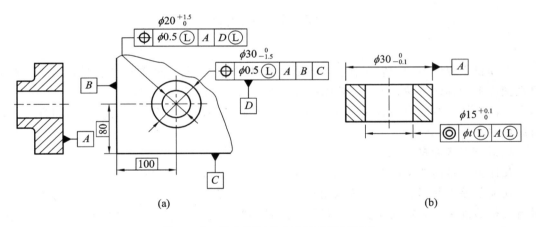

图6-48　最小实体要求应用于基准要素

六、可逆要求(RR)

可逆要求是既允许尺寸公差补偿给几何公差，反过来也允许几何公差补偿给尺寸公差的一种要求，用符号Ⓡ表示。可逆要求只应用于被测要素，而不应用于基准要素。

可逆要求通常与最大实体要求或最小实体要求一起应用。在图样上的几何公差框格中，将符号Ⓡ置于被测要素几何公差值后面符号Ⓜ或Ⓛ的后面，表示被测要素在遵守最大实体要求或最小实体要求的同时，也遵守可逆要求。

可逆要求应用于最大实体要求或最小实体要求时，除了具有上述最大实体要求或最小实体要求用于被测要素时的含义外，还表示当几何误差小于给定的几何公差时，也允许实际尺寸超出最大实体尺寸或最小实体尺寸。当几何误差等于零时，允许尺寸的超出值最大，为几何公差值，从而实现尺寸公差与几何公差的相互转换。此时，被测要素仍遵守最大实体实效边界或最小实体实效边界。

如图6-49(a)所示，轴的直线度公差$\phi0.02$ mm是在轴的实际尺寸为最大实际尺寸

$\phi 30$ mm 时给定的。当轴的实际尺寸小于 $\phi 30$ mm 时，允许轴的直线度误差值增大；同时，当轴的直线度误差小于 $\phi 0.02$ mm 时，也允许轴的直径增大。如图 6-49(b)所示，当轴的直线度误差为 $\phi 0.01$ mm 时，轴的实际尺寸可增加到 $\phi 30.01$ mm；当轴的直线度误差为零时，轴的实际尺寸可达到最大值 $\phi 30.02$ mm。图 6-49(c)所示为上述关系的动态公差图。

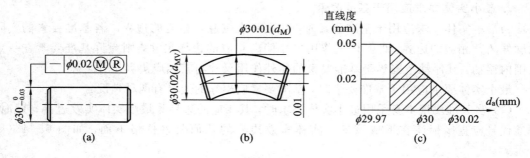

图 6-49 最小实体要求应用于被测提取要素

项 目 小 结

本项目主要学习的内容包括：几何公差的基本定义；几何公差带的特性；几何公差项目在图样上的标注方法；几何公差原则及合理选用零件的几何公差等。

下面就学习本项目内容时应该正确理解、准确把握的一些基本概念、原则和方法加以总结说明。

1. 几何公差带的特性

几何公差带需要从四个方面来完整描述：形状、大小、方向和位置。

几何公差带的形状可以由提取要素的形状、几何公差的项目及几何公差值前的符号等进行分析后确定。有些几何公差项目的公差带形状具有唯一性，如圆度公差带、圆柱度公差带等。有些形位公差项目却可以有几种不同形状的公差带，如直线度公差。

几何公差带的大小统一以其直径或宽度表示，即几何公差值等于几何公差带的直径或宽度。特别是同轴度、对称度和位置度三种定位公差，它们的公差带是实际被测要素允许变动的整个区域，而公差值则是该区域的直径或宽度。实际提取要素对基准要素的最大允许偏离量是公差值之半。

几何公差带的方向和位置可以是固定的，也可以是浮动的。如果拟合组成要素相对于基准要素的方向或位置关系以理论正确尺寸(角度或长度)标注，则其公差带方向或位置是固定的，否则就是浮动的。所谓浮动公差带，是指其方向或位置可以随实际提取要素的方向或位置的变动而变动，没有对另一要素(基准)保持正确几何关系的要求。

2. 几何误差的检测

几何误差的测量方法有许多种，主要取决于被测工件的数量、精度高低、使用量仪的性能及种类、测量人员的技术水平和素质等方面。所采用的检测方案，要在满足测量要求的前提下，经济且高效地完成检测工作。

几何误差的检测步骤一般是，首先根据误差项目和检测条件确定检测方案，根据检测方案选择检测器具,并确定测量基准;其次进行测量,得到被测实际要素的有关数据;最后进行数据处理,按最小条件确定最小包容区域,得到几何误差数值。

3. 公差原则

几何公差和尺寸公差的关系可以有两种:独立原则和相关要求。

独立原则是基本的公差原则。它是几何公差和尺寸公差应分别满足各自要求的公差原则。要求遵守独立原则时,图样上没有任何附加的标记。这是应用最多的公差原则。

相关要求是几何公差与尺寸公差有关的公差要求。它与独立原则的区别主要体现在几何误差的控制方法上。遵守独立原则的几何公差,要用通用测量器具测出提取要素的几何误差值,然后与图样上给定的几何公差值相比较,以确定其合格性。遵守相关要求的几何公差,不要求实测其几何误差值,而是用一定的边界来控制形位误差。只要提取轮廓不超出这个边界,就认为几何误差合格。实际生产中的各种形状和位置量规,就是这种边界的实际体现。显然,实际轮廓是否超出给定的边界,不仅与其几何误差有关,而且与其实际尺寸的大小有关,它是提取要素的形状、位置和尺寸的综合结果。几何公差与尺寸公差的关系就表现在这个综合结果中。所以,相关要求就是要求作用尺寸不超出给定的边界尺寸。只要满足这个条件,几何误差就是合格的。

本项目学习时需要对零件的图样进行识读,并根据图样想象所对应的零件结构,因此需要有较强的机械制图识读技能。对于几何公差带所形成的区域及对几何误差的限制情况,也需要很强的空间想象能力。希望学生能从基本知识入手,在掌握理论的前提下,理解几何误差项目的检测方法,实现理论与实践相结合。

思 考 与 练 习

一、填空题

1. 形状误差和位置误差统称为＿＿＿＿＿＿＿＿误差。

2. 几何公差研究的对象是零件的几何＿＿＿＿＿＿＿＿。

3. 零件的几何要素按存在的状态分为＿＿＿＿＿要素和＿＿＿＿＿要素;按功能关系可分为＿＿＿＿＿要素和＿＿＿＿＿要素。

4. 几何公差带是指用来限制＿＿＿＿＿＿＿＿要素变动的区域。

5. 圆度公差带的形状是＿＿＿＿＿＿＿＿,圆柱度的公差带形状是＿＿＿＿＿＿＿。

6. 体内作用尺寸是指在被测要素的给定长度上,与实际内表面体内相接的最小理想面,或与实际外表面体内相接的最大理想面的＿＿＿＿＿＿＿。

7. 独立原则是指图样上给定的各个尺寸和几何形状、方向或位置要求都是＿＿＿＿＿,应该＿＿＿＿＿满足各自的要求。

8. 图样上给定的尺寸公差与几何公差相互有关的设计要求称为＿＿＿＿＿＿＿。

9. 采用包容要求的尺寸要素,应在其极限偏差或公差代号后加注符号＿＿＿＿＿＿＿。

10. 最大实体要求是指尺寸要素的非理想要素不得超越其＿＿＿＿＿＿＿边界的一种尺寸要素要求。它既可应用于＿＿＿＿＿中心要素,也可用于＿＿＿＿＿中心要素。

二、判断题

（　　）1. 被测要素是指在图样上给出了形状或（和）位置公差要求的要素。

（　　）2. 单一要素是对基准有功能关系要求而给出方向、位置和跳动要求的要素。

（　　）3. 若几何公差值的数字前加注有"ϕ"或"$S\phi$"，则表示其公差带为圆形、圆柱形或球形。

（　　）4. 当被测要素为中心要素时，指示箭头应与被测要素相应的轮廓要素的尺寸线错开。

（　　）5. 基准代号方框内的字母均应水平书写。

（　　）6. 最小条件是指被测提取要素对其拟合要素的最大变动量为最小。

（　　）7. 圆度公差带的两同心圆一定与零件的轴线重合。

（　　）8. 圆柱度公差带的两同轴圆柱面的轴线与被测圆柱的轴线无关。

（　　）9. 径向全跳动公差带与圆柱度公差带一样，都是半径为公差值 t 的两同轴圆柱面之间的区域。

（　　）10. 当被测要素遵守最大实体要求时，其实际要素的作用尺寸不得超过最大实体边界。

（　　）11. 当被测要素遵守包容要求时，其实际要素的作用尺寸不得超过最大实体实效边界。

（　　）12. 应用最小条件评定出的误差值，即是最小值，但不是唯一的值。

三、选择题

1. 形状误差的评定准则应符合（　　）。

A. 公差原则　　　　　　　　　　B. 包容要求

C. 最小条件　　　　　　　　　　D. 相关要求

2. 同轴度公差属于（　　）。

A. 形状公差　　　　　　　　　　B. 几何公差

C. 定向公差　　　　　　　　　　D. 跳动公差

3. 公差原则是指（　　）。

A. 确定公差值大小的原则　　　　B. 制定公差配合标准的原则

C. 形状公差与位置公差的关系　　D. 尺寸公差与几何公差的关系

4. 在图样上标注形位公差要求，当形位公差前面加注 ϕ 时，则被测要素的公差带形状应为（　　）。

A. 两同心圆　　　　　　　　　　B. 圆形或圆柱形

C. 两同轴线圆柱面　　　　　　　D. 圆形、圆柱形或球形

5. 径向全跳动公差带的形状和（　　）公差带的形状相同。

A. 同轴　　　　　　　　　　　　B. 圆度

C. 圆柱度　　　　　　　　　　　D. 位置度

6. 最大实体要求应用于被测要素时，被测要素的体外作用尺寸不得超出（　　）。

A. 最大实体尺寸　　　　　　　　B. 最小实体尺寸

C. 实际尺寸　　　　　　　　　　D. 最大实体实效尺寸

7. 最大实体尺寸是指（　　）。

A. 孔和轴的最大极限尺寸

B. 孔和轴的最小极限尺寸

C. 孔的最小极限尺寸和轴的最大极限尺寸

D. 孔的最大极限尺寸和轴的最小极限尺寸

四、简答题

1. 形状公差和位置公差各规定了哪些项目？各用什么符号表示？

2. 几何公差带由哪些要素组成？几何公差带的形状有哪些？

3. 什么是体内作用尺寸？什么是体外作用尺寸？

4. 什么是最大实体尺寸？什么是最小实体尺寸？

5. 圆度公差带和圆柱度公差带有什么不同？

6. 在选用几何公差值时，应考虑哪些情况？

7. 试述独立原则、包容要求、最大实体要求的应用场合。

五、综合题

1. 将下列各项形位公差要求分别标注在图 6-50(a)和(b)上。

(1) 标注在图 6-50(a)上的几何公差要求：

① 两 $\phi 20_{-0.021}^{0}$ mm 轴颈的圆度公差 0.01 mm；

② $\phi 32_{-0.03}^{0}$ mm 圆柱面对两 $\phi 20_{-0.021}^{0}$ mm 公共轴线的圆跳动公差 0.012 mm；

③ 键槽 $10_{-0.036}^{0}$ mm 中心平面对 $\phi 32_{-0.03}^{0}$ mm 轴线的对称度公差 0.012 mm；

④ $\phi 32_{-0.03}^{0}$ mm 左右两端面对面 $\phi 20_{-0.021}^{0}$ mm 公共轴线的端面圆跳动公差 0.015mm。

(2) 标注在图 6-50(b)上的形位公差要求：

① $2 \times \phi d$ 轴线对其公共轴线的同轴度公差为 0.02 mm。

② ϕD 轴线对 $2 \times \phi d$ 公共轴线的垂直度公差为 0.01/100 mm。

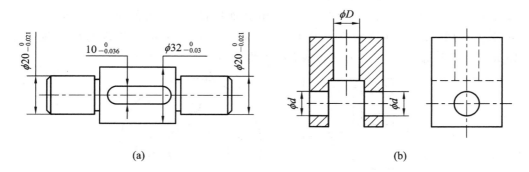

(a)　　　　　　　　　　(b)

图 6-50　几何公差的标注

2. 改正图 6-51 所示几何公差标注的错误（不改变几何公差的项目）。

3. 将下列各项几何公差要求标注在图 6-52 上。

(1) 左端面的平面度公差为 0.01 mm。

(2) 右端面对左端面的平行度公差为 0.04 mm。

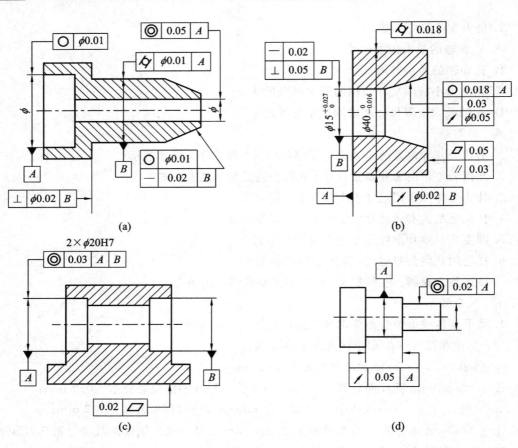

图 6-51　几何公差的错误标注

（3）$\phi 70$ mm 的孔按 H7 遵守包容要求，$\phi 210$ mm 外圆柱面按 h7 遵守独立原则。

（4）$\phi 70$ mm 孔轴线对左端面的垂直度公差为 0.02 mm。

（5）$\phi 210$ mm 外圆柱面的轴线对 $\phi 70$ mm 孔轴线的同轴度公差为 0.03 mm。

（6）$4 \times \phi 20$H8 孔轴线对左端面（第一基准）及 $\phi 70$ mm 孔轴线的位置度公差为 $\phi 0.15$ mm（4 孔均布），对被测要素和基准要素均采用最大实体要求。

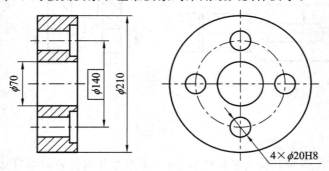

图 6-52　几何公差的标注

4.试将图 6-53 所示的五个图样的解释按照表 6-37 规定的栏目分别填写。

表 6－37

图样序号	采用的公差要求	理论边界名称和边界尺寸/mm	允许的最大形位公差值/mm	实际尺寸的合格范围/mm
a				
b				
c				
d				
e				

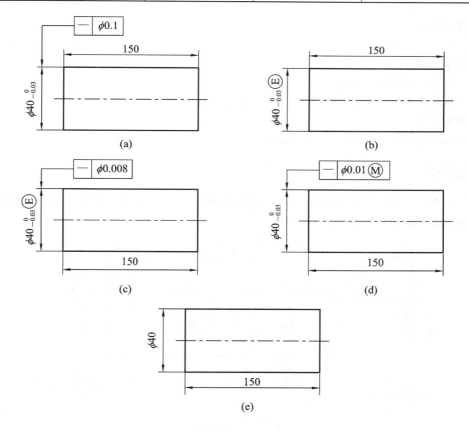

图 6－53　轴的尺寸标注图样

项目七 表面粗糙度及检测

1.知识要求

(1)熟悉表面粗糙度的术语;

(2)熟悉表面粗糙度符(代)号含义并能按要求正确标注。

2.技能要求

学会对零件表面粗糙度进行检测的方法。

◉ 任务描述

请说明图 7-1 所示减速器输出轴零件各表面的粗糙度要求,哪几个表面质量要求较高?对零件的表面粗糙度如何进行检测?

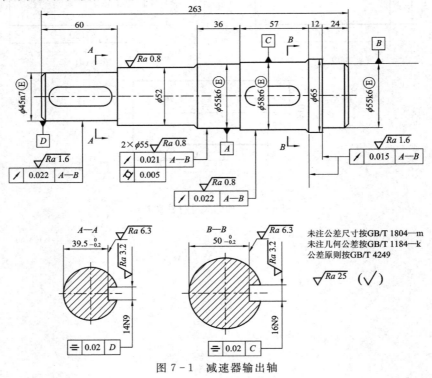

图 7-1 减速器输出轴

任务一　熟悉表面粗糙度的术语

◉ **任务引入**

什么是表面粗糙度？表面粗糙度对零件的使用性能有哪些影响？表面粗糙度的评定参数有哪些？

◉ **知识准备**

一、表面粗糙度概念

表面粗糙度也称表面粗糙度轮廓，它是指在机械加工或通过铸、锻、冲压、热轧、冷轧等工艺方法获得的零件表面上存在的具有较小间距的峰、谷组成的微观几何形状误差，如图 7-2 所示。它是由于加工过程中刀具与零件表面之间的摩擦、塑性变形及工艺系统的高频振动等因素造成的。零件的表面粗糙度对零件使用性能、使用寿命及美观程度等都有重大的影响。

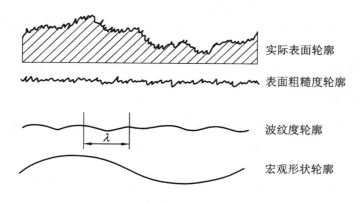

实际表面轮廓

表面粗糙度轮廓

波纹度轮廓

宏观形状轮廓

图 7-2　零件表面轮廓

一般表面粗糙度反映的是零件实际表面的微观几何形状误差的特征。表面形状误差反映的是零件实际要素的宏观几何形状误差。介于以上两者之间的则是表面波纹度。这三者通常按波距的大小来划分，也可按波距与波高之比来划分。一般波距 λ 小于 1 mm 的属于表面粗糙度，波距 λ 在 1～10 mm 的属于表面波纹度，波距 λ 大于 10 mm 的属于表面形状误差。

二、表面粗糙度对零件使用性能的影响

表面粗糙度直接影响机械零件的使用性能，尤其对高温、高速、高压条件下工作的零件影响更大。表面粗糙度对零件使用性能的影响主要有以下几个方面。

1. 对耐磨性的影响

相互接触的两个表面由于存在微观几何形状误差，只是两个表面在峰顶接触，有效接触面积很小，导致单位面积压力增大，表面磨损加剧，耐磨性差。一般来讲，实际表面越粗糙，摩擦系数就越大，相互接触的表面磨损就越快。但表面过于光滑，表面的磨损不一定就越小。因为表面过于光滑，接触面间的润滑油被挤出形成干摩擦，甚至造成表面黏结，反而使磨损加剧。

2. 对配合性质的影响

对间隙配合，会因表面微观形状的峰顶在工作过程中很快磨损而使间隙增大，改变了原有的配合性质；对过盈配合，由于零件表面凸凹不平，相互配合的零件经压装后，表面峰顶会被挤平，使实际过盈小于理论过盈量，从而降低了连接强度。

3. 对抗疲劳强度的影响

零件表面越粗糙，凹痕越深，对应力集中越敏感，疲劳强度就降低；尤其在交变应力的作用下，易使零件表面产生裂纹而发生疲劳损坏。

4. 对接触刚度的影响

表面越粗糙，两表面间的实际接触面积就越小，单位面积受力就越大，在压力作用下容易产生局部的塑性变形，接触刚度降低，从而影响零件的工作精度和抗震性。

5. 对耐腐蚀性能的影响

粗糙的表面容易使腐蚀性物质附着于零件表面的微观凹谷中，且向零件表层渗透，加剧零件表面的腐蚀。因此，提高零件表面粗糙度质量，可以增加其抗腐蚀能力。

此外，表面粗糙度对零件结合面的密封性能、流体阻力、外观质量和表面涂层质量等都有一定的影响。

综上所述，为保证零件的使用性能和寿命，应对零件的表面粗糙度加以合理限制。

三、表面粗糙度国家标准

为了正确地测量和评定零件的表面粗糙度轮廓，以及在零件图上正确地标注表面粗糙度轮廓的技术要求，保证零件的质量，促进互换性生产和国际交流，我国先后制定了相关的国家标准，主要有：

GB/T 3505—2009《产品几何技术规范(GPS) 表面结构 轮廓法 术语、定义及表面结构参数》；GB/T 10610—2009《产品几何技术规范(GPS) 表面结构 轮廓法 评定表面结构的规则和方法》；GB/T 131—2006《产品几何技术规范(GPS) 技术产品文件中表面结构的表示法》等。

1. 表面粗糙度的评定参数

为了定量评定表面粗糙度轮廓，必须用相应参数及其数值来表示表面粗糙度轮廓的特征。由于表面轮廓上的微小峰、谷的幅度和间距的大小是构成表面粗糙度轮廓的两个独立的基本特征，因此在评定表面粗糙度轮廓时常用幅度参数(也称高度参数)和间距参数。

1) 轮廓的算术平均偏差 Ra(幅度参数)

如图 7-3 所示，轮廓的算术平均偏差是指在一个取样长度 lr 内，轮廓上各点至基准中线的距离即纵坐标 $Z(x)$ 的绝对值的算术平均值，用符号 Ra 表示，即

$$Ra = \frac{1}{l} \int_0^{lr} |z(x)| \, dx \qquad (7-1)$$

或近似表示为

$$Ra = \frac{1}{n}\sum_{i-1}^{n}|z_i| \qquad (7-2)$$

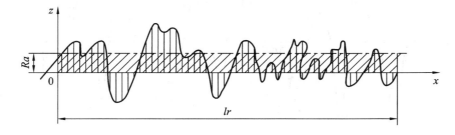

图 7-3　轮廓算术平均偏差

Ra 越大，表面越粗糙。Ra 能比较客观全面地反映表面微观几何形状特性，因此是普遍使用的评定参数。

2) 轮廓最大高度 Rz（幅度参数）

如图 7-4 所示，轮廓的最大高度是指在一个取样长度 lr 内，最大轮廓峰高 Zp 和最大轮廓谷深 Zv 之和的高度，用公式表示为

$$Rz = Zp\max + Zv\max \qquad (7-3)$$

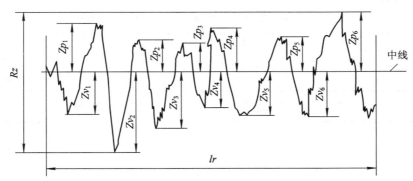

图 7-4　轮廓最大高度

Rz 越大，表面越粗糙。Rz 测量简单，但不如 Ra 反映的表面轮廓准确，一般可用于被测面积很小的表面。

3) 轮廓单元的平均宽度 Rsm（间距参数）

轮廓单元的平均宽度用于表示表面轮廓上的微小峰、谷的间距特性。如图 7-5 所示，一个轮廓峰与一个相邻的轮廓谷称为一个轮廓单元，在一个取样长度 lr 内，各个轮廓单元中线的长度称为轮廓单元宽度，用符号 Xs_i 表示。

轮廓单元的平均宽度是指在一个取样长度 lr 范围内，所有轮廓单元宽度的平均值，用符号 Rsm 表示，即

$$Rsm = \frac{1}{m}\sum_{i}^{m}X_{s_i} \qquad (7-4)$$

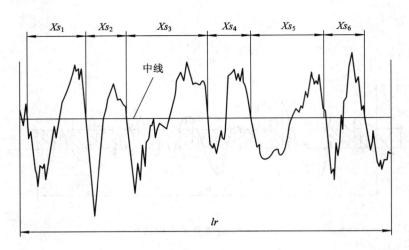

图 7-5　轮廓单元宽度和轮廓单元平均宽度

2. 表面粗糙度的参数值

表面粗糙度的参数值已标准化、系列化，见表 7-1～表 7-3。设计时表面轮廓参数值应选择表中的数值。

表 7-1～表 7-3 分别为轮廓的算术平均偏差 Ra、轮廓最大高度 Rz 和轮廓单元的平均宽度 Rsm 的数值。

表 7-1　Ra 的数值（摘自 GB/T 1031 — 2009）

0.012	0.05	0.2	0.8	3.2	12.5	50
0.025	0.1	0.4	1.6	6.3	25	100

表 7-2　Rz 的数值（摘自 GB/T 1031 — 2009）

0.025	0.2	1.6	12.5	100	800
0.05	0.4	3.2	25	200	1600
0.1	0.8	6.3	50	400	

表 7-3　Rsm 的数值（摘自 GB/T 1031 — 2009）

0.006	0.025	0.1	0.4	1.6	6.3
0.0125	0.05	0.2	0.8	3.2	12.5

● 任务实施

1. 什么是表面粗糙度？

答：表面粗糙度是指在机械加工或通过铸、锻、冲压、热轧、冷轧等工艺方法获得的零件表面上存在的具有较小间距的峰、谷组成的微观几何形状误差。

2. 表面粗糙度对零件使用性能有什么影响？

答：表面粗糙度对零件使用性能的影响主要有以下几个方面：

1）影响耐磨性

一般来讲，实际表面越粗糙，摩擦系数就越大，相互接触的表面磨损就越快。但表面过于光滑，反而使磨损加剧。

2）影响配合性质

改变了原有的配合性质。如使间隙配合的间隙增大，过盈配合的有效过盈减小。

3）影响抗疲劳强度

零件表面越粗糙，易使零件表面产生裂纹而发生疲劳损坏。

4）影响接触刚度

表面越粗糙，两表面间的实际接触面积就越小，接触刚度降低。

5）影响耐腐蚀性能

粗糙的表面容易使腐蚀性物质附着于零件表面的微观凹谷中，使零件的表面易腐蚀。

此外，表面粗糙度对零件结合面的密封性能、流体阻力、外观质量和表面涂层质量等都有一定的影响。

3. 表面粗糙度的评定参数有哪些？

答：表面粗糙度的评定参数分为幅度参数（也称高度参数）和间距参数两种。幅度参数又包括轮廓的算术平均偏差 Ra 和轮廓最大高度 Rz，其中算术平均偏差 Ra 应用较广。间距参数主要是轮廓单元的平均宽度 Rsm。

任务二　表面粗糙度的选用及标注

◉ 任务引入

说明图 7-6 套类零件图中零件各表面的表面粗糙度要求。

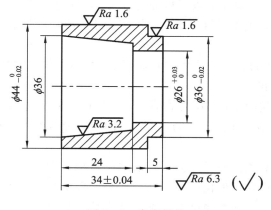

图 7-6　套类零件

● 知识准备

一、表面粗糙度评定参数选用原则

为评定表面轮廓而选择表面粗糙度评定参数时，应考虑使其更充分、更合理地反映表面微观几何形状的真实情况。

表面粗糙度的幅度、间距评定参数中，最常用的是幅度参数。对大多数表面来说，一般仅给出幅度特性评定参数即可反映被测表面粗糙度的特征。

Ra 参数能充分反映表面微观几何形状高度方面的特性，且 Ra 值用触针式电动轮廓仪测量比较简便，所以对于光滑表面和半光滑表面，普遍采用 Ra 作为评定参数。但由于受电动轮廓仪功能的限制，对于极光滑和极粗糙的表面，不宜采用 Ra 作为评定参数。

Rz 参数虽不如 Ra 参数反映的几何特性准确、全面，但 Rz 的概念简单，测量也很简便。Rz 与 Ra 联用，可以评定某些不允许出现较大加工痕迹和受交变应力作用的表面，尤其当被测表面面积很小，不宜采用 Ra 评定时，常采用 Rz 参数。

附加评定参数 Rsm 只有在幅度参数不能满足表面功能要求时，才附加选用。例如，对密封性要求高的表面，可规定 Rsm。

二、表面粗糙度数值的选用

表面粗糙度数值的选择是否合理，不仅影响零件的使用性能，而且直接影响产品的质量和生产成本。一般来说，零件的表面粗糙度越小，则质量越高，使用性能越好，但会使生产成本提高。因此，选用表面粗糙度参数值总的原则是：在满足功能要求的前提下顾及经济性，使参数的允许值尽可能大。在零件设计时，应按国家标准规定的参数值系列选取表面粗糙度参数允许值，见表 7-1～表 7-3。

在实际应用中，由于表面粗糙度和零件的功能关系相当复杂，难以全面而精确地按零件表面功能要求确定其参数允许值，因此，常用类比法来确定。

具体选用时，可先根据经验统计资料初步选定表面粗糙度参数值，然后再对比工作条件做适当调整。调整时应考虑以下几点：

（1）同一零件上，工作表面的表面粗糙度值应比非工作表面小。

（2）摩擦表面的表面粗糙度值应比非摩擦表面小；滚动摩擦表面的表面粗糙度值应比滑动摩擦表面小。

（3）运动速度高、单位面积压力大的表面，受交变应力作用的重要零件的圆角、沟槽表面的表面粗糙度值都应该小。

（4）配合性质要求越稳定，其配合表面的表面粗糙度值应越小；配合性质相同时，小尺寸结合面的表面粗糙度值应比大尺寸结合面小；同一公差等级时，轴的表面粗糙度值应比孔的小。

（5）表面粗糙度参数值应与尺寸公差及形状公差相协调。一般来说，尺寸公差和形状公差小的表面，其表面粗糙度值也应小。即尺寸公差等级高，表面粗糙度要求也高。但尺寸公差等级低的表面，其表面粗糙度要求不一定也低。如机床手轮的表面、印刷机滚筒等对尺寸精度的要求不高，但却要求表面光滑。

（6）密封性、耐腐蚀性要求较高的表面，表面粗糙度数值应小些。

表 7 - 4 和表 7 - 5 列出了常见表面粗糙度的推荐值及选用实例，可供设计时参考。

表 7 - 4　常见表面粗糙度推荐值

表面特征			*Ra* 不大于/μm		
经常拆卸零件的配合表面（如挂轮、滚刀等）	公差等级	表面	公称尺寸/mm		
			不大于 50	大于 50 到 500	
	5	轴	0.2	0.4	
		孔	0.4	0.8	
	6	轴	0.4	0.8	
		孔	0.4～0.8	0.8～1.6	
	7	轴	0.4～0.8	0.8～1.6	
		孔	0.8	1.6	
	8	轴	0.8	1.6	
		孔	0.8～1.6	1.6～3.2	

表面特征				*Ra* 不大于/μm		
过盈配合的配合表面	压入装配	公差等级	表面	公称尺寸/mm		
				不大于 50	大于 50 到 120	大于 120 到 500
		5	轴	0.1～0.2	0.4	0.4
			孔	0.2～0.4	0.8	0.8
		6～7	轴	0.4	0.8	1.6
			孔	0.8	1.6	1.6
		8	轴	0.8	0.8～1.6	1.6～3.2
			孔	1.6	1.6～3.2	1.6～3.2
	热装	—	轴	1.6		
			孔	1.6～3.2		

表面特征		径向跳动公差/μm					
精密定心用配合的零件表面	表面	2.5	4	6	10	16	25
		Ra 不大于/μm					
	轴	0.05	0.1	0.1	0.2	0.4	0.8
	孔	0.1	0.2	0.2	0.4	0.8	1.6

表面特征		公差等级		液体湿摩擦条件
滑动轴承的配合表面	表面	6～9	10～12	
		Ra 不大于/μm		
	轴	0.4～0.8	0.8～3.2	0.1～0.4
	孔	0.8～1.6	1.6～3.2	0.2～0.8

表 7 – 5　表面粗糙度轮廓幅度参数值应用举例

表面粗糙度轮廓幅度参数 Ra 值/μm	表面粗糙度轮廓幅度参数 Rz 值/μm	表面形状特征		应 用 举 例
＞20	＞125	粗糙表面	明显可见刀痕	未标注公差(采用一般公差)的表面
＞10～20	＞63～125		可见刀痕	半成品粗加工的表面、非配合的加工表面,如轴端面、倒角、钻孔、齿轮和带轮侧面、垫圈接触面等
＞5～10	＞32～63	半光表面	微见加工痕迹方向	轴上不安装轴承或齿轮的非配合表面,键槽底面,紧固件的自由装配表面,轴和孔的退刀槽等
＞2.5～5	＞16.0～32		微见加工痕迹	半精加工表面,箱体、支架、盖面、套筒等与其他零件结合而无配合要求的表面等
＞1.25～2.5	＞8.0～16.0		看不清加工痕迹	接近于精加工表面,箱体上安装轴承的镜孔表面、齿轮齿面等
＞0.63～1.25	＞4.0～8.0	光表面	可辨加工痕迹	圆柱销、圆锥销,与滚动轴承配合的表面,普通车床导轨表面,内、外花键定心表面、齿轮齿面等
＞0.32～0.63	＞2.0～4.0		微辨加工痕迹方向	要求配合性质稳定的配合表面,工作时承受交变应力的重要表面,较高精度车床导轨表面、高精度齿轮齿面等
＞0.16～0.32	＞1.0～2.0		不可辨加工痕迹方向	精密机床主轴圆锥孔,顶尖圆锥面,发动机曲轴轴颈表面和凸轮轴的凸轮工作表面等
＞0.08～0.16	＞0.5～1.0	极光表面	暗光泽面	精密机床主轴颈表面,量规工作表面,气缸套内表面,活塞销表面等
＞0.04～0.08	＞0.25～0.5		亮光泽面	精密机床主轴轴颈表面,滚动轴承滚珠表面,高压油泵中柱塞和柱塞孔的配合表面等
＞0.01～0.04			镜状光泽面	
≤0.01			镜面	高精度量仪、量块的测量面,光学仪器中的金属镜面等

三、表面粗糙度的标注

1. 表面粗糙度的符号

图样上所标注的表面粗糙度符号有五种,见表 7 – 6。当零件表面仅需要加工(采用去除材料的方法或不去除材料的方法),但对表面粗糙度的其他规定没有要求时,允许在图样上只注表面粗糙度符号。

表 7 - 6　　表面粗糙度符号

符　号	意　义　及　说　明
 ∨	基本图形符号，由两条不等长的与标注表面成 60°角的直线构成，表示表面可用任何方法获得。当不加注表面粗糙度参数值或有关说明（例如表面处理、局部热处理状况等）时，仅适用于简化代号标注
 ∨	扩展图形符号，基本图形符号加一短画，表示指定表面用去除材料的方法获得。例如车、铣、钻、磨、剪切、抛光、腐蚀、电火花加工、气割等
 ∨	扩展图形符号，基本图形符号加一小圆，表示指定表面用不去除材料的方法获得。例如铸、锻、冲压、热轧、冷轧、粉末冶金等；或者是用于保持原供应状况的表面（包括保持上道工序的状况）
 ∨∨∨	完整图形符号，在上述三个符号的长边上加一横线，用于标注有关参数和说明
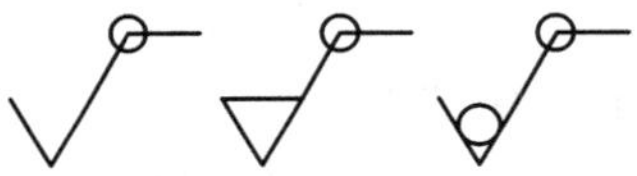 ∨∨∨	工件轮廓各表面的图形符号，在上述三个符号的长边与横线的拐角处加一小圆，表示图样构成封闭的所有表面具有相同的表面粗糙度要求

2. 表面粗糙度代号

在表面粗糙度符号的基础上，注出其他表面特征符号及数值，即构成为表面粗糙度代号，如图 7 - 7 所示。

在完整符号中，对表面粗糙度的单一要求和补充要求应注写在图 7 - 7 所示的指定位置。

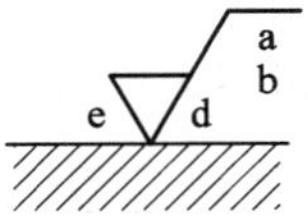

图 7 - 7　表面粗糙度代号

图 7 - 7 中位置 a～e 分别注写以下内容：

（1）位置 a：注写表面粗糙度的单一要求。

（2）位置 a 和 b：注写两个或多个表面粗糙度要求。一般在位置 a 注写第一个表面粗糙度要求，在位置 b 注写第二个表面粗糙度要求。

（3）位置 c：注写加工方法、表面处理、涂层或其他加工工艺要求等，如车、磨、镀等加工表面。

（4）位置 d：注写表面纹理和方向。注写所要求的表面纹理和方向，表面纹理方向及符号如图 7 - 8 所示。

（5）位置 e：注写加工余量。注写所要求的加工余量，数值以毫米为单位。

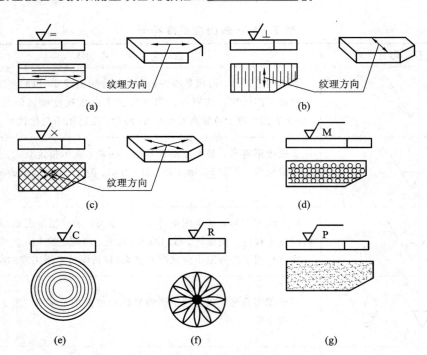

图 7-8 常见加工纹理及方向符号

（a）纹理平行于视图所在的投影面；（b）纹理垂直于视图所在的投影面；

（c）纹理呈两斜向交叉方向；（d）纹理呈多方向；（e）纹理呈近似同心圆且圆心与表面中心相关；

（f）纹理呈近似放射状且与表面圆心相关；（g）纹理呈微粒、凸起，无方向

表面粗糙度代号的具体标注示例见表 7-7。

表 7-7　表面粗糙度代号标注示例及含义（GB/T 131 — 2006）

代　号	含　义
$Ra\,1.6$	表示用去除材料方法获得的表面粗糙度，Ra 的上限值为 1.6 μm
$Rz\,0.4$	表示用不去除材料方法获得的表面粗糙度，Rz 的上限值为 0.4 μm
$Rz\,max0.2$	表示用去除材料方法获得的表面粗糙度，Rz 的最大值为 1.6 μm
U $Ra3.2$ L $Ra\,1.6$	表示用去除材料方法获得的表面粗糙度，Ra 的上限值为 3.2 μm，Ra 的下限值为 1.6 μm
U $Ra\,max3.2$ L $Ra0.8$	表示用不去除材料方法获得的表面粗糙度，Ra 的最大值为 3.2 μm，Ra 下限值为 0.8 μm

　　注：评定表面粗糙度值的判定规则有 16％规则和最大规则两种。应用 16％规则时，当被测表面测得的全部参数中，超过规定值的个数不多于 16％，则该表面合格。此时，应在图样上标注表面粗糙度参数的上下极限值。当参数代号后未注写"max"时，均默认采用 16％规则。当应用最大规则时，被测表面测得的参数值一个也不能超过规定值，此时在参数代号后注写"max"符号。

3. 表面粗糙度在图样上的标注方法

（1）表面粗糙度符号、代号的标注位置与方向。表面粗糙度的注写和读取方向与尺寸的注写和读取方向一致，如图7-9所示。

（2）标注在轮廓线上或指引线上。表面粗糙度要求可标注在零件轮廓线或其延长线上，其符号应从材料外指向并接触表面。必要时，表面粗糙度符号也可用带箭头或黑点的指引线引出标注，如图7-10所示。

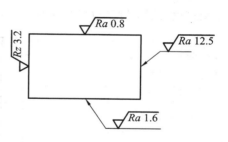

图7-9 表面粗糙度要求的注写方向

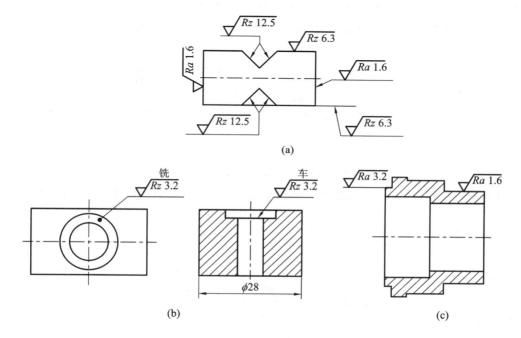

(a)

(b) (c)

图7-10 表面粗糙度标注在轮廓线或延长线上或指引线上

（3）在不致引起误解时标注在特征尺寸的尺寸线上或形位公差的框格上，如图7-11所示。

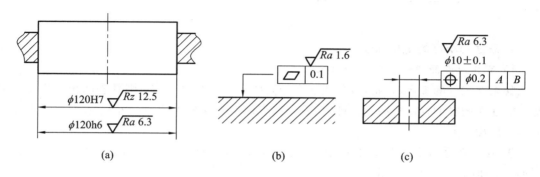

(a) (b) (c)

图7-11 表面粗糙度标注在尺寸线上或形位公差框格的上方

（4）圆柱和棱柱表面的表面粗糙度要求只标注一次，如果每个棱柱表面有不同的表面粗糙度要求，则应分别单独标注，如图 7 - 12 所示。

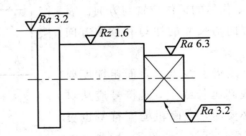

图 7 - 12　圆柱和棱柱的表面粗糙度要求的注法

（5）螺纹工作表面没有画出牙型时，标注方法如图 7 - 13 所示。

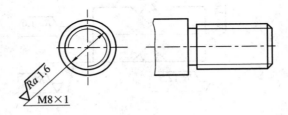

图 7 - 13　螺纹表面粗糙度标注示例

（6）中心孔的工作表面、键槽工作表面、圆角、倒角的表面粗糙度代号标注如图 7 - 14 所示。

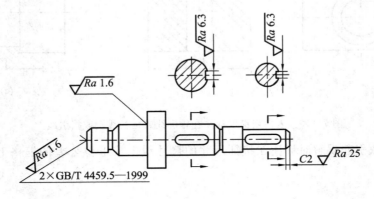

图 7 - 14　表面粗糙度标注示例

4. 表面粗糙度的简化标注

1）有相同表面粗糙度要求的简化注法

如果在工件的多数（包括全部）表面有相同的表面粗糙度要求，则其表面粗糙度要求可统一标注在图样的标题栏附近。此时（除全部表面有相同要求的情况外），表面粗糙度要求的符号后面应有：

① 在圆括号内给出无任何其他标注的基本符号，不同的表面粗糙度要求应直接标注在图形中，如图 7 - 15（a）所示；

② 在圆括号内给出不同的表面粗糙度要求，不同的表面粗糙度要求应直接标注在图形中，如图 7 - 15（b）所示。

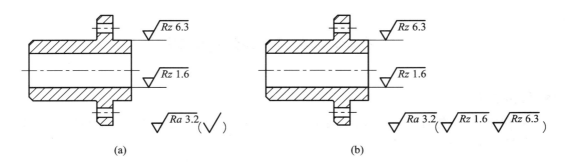

(a)　　　　　　　　　　(b)

图 7-15　大多数表面有相同表面粗糙度要求的简化标注

2) 多个表面有共同要求的注法

当多个表面具有相同的表面粗糙度要求或图纸空间有限时，可采用简化标注，以等式的形式给出，如图 7-16 和图 7-17 所示。

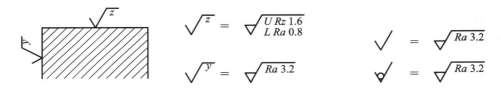

图 7-16　在图纸空间有限时的简化标注　　　　图 7-17　只用符号的简化标注

5. 两种或多种工艺获得的同一表面的标注

由几种不同的工艺方法获得的同一表面，当需要明确每种工艺方法的表面粗糙度要求时，可按图 7-18 进行标注。

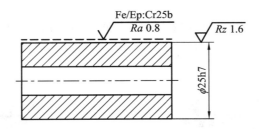

图 7-18　同时给出镀覆前后的表面粗糙度要求的标注

● **任务实施**

图 7-6 所示套类零件各表面的表面粗糙度要求是：

(1) $\phi 44_{-0.02}^{0}$ 和 $\phi 36_{-0.02}^{0}$ 外圆表面是用去除材料方法获得的表面，表面粗糙度 Ra 的上限值为 1.6 μm。

(2) 零件内锥孔表面是用去除材料方法获得的表面，表面粗糙度 Ra 的上限值为 3.2 μm。

(3) 其余未标注表面粗糙度的表面均为用去除材料方法获得的表面，表面粗糙度 Ra 的上限值为 6.3 μm。

任务三　表面粗糙度检测

● 任务引入

　　零件加工后，零件的表面粗糙度是否合格需要进行检测，那么零件表面粗糙度检测的方法有哪些呢？应如何检测？

● 知识准备

　　目前零件表面粗糙度常用的检测方法有比较法、光切法、干涉法和针描法等。

1. 比较法

　　比较法是用已知其高度参数值的粗糙度样板与被测表面相比较，通过肉眼观察、手动触摸，亦可借助放大镜、显微镜来判断被测表面粗糙度的一种检测方法。比较时，所用的粗糙度样板的材料、形状和加工方法应尽可能与被测表面相同。这样可以减少检测误差，提高判断准确性。

　　当大批生产时，也可从加工零件中挑选出样品，经检定后作为表面粗糙度样板。

　　比较法具有简单易行的优点，适合在车间使用。缺点是评定的准确性很大程度上取决于检验人员的经验，仅适用于评定表面粗糙度要求不高的工件。

2. 光切法

　　光切法是利用"光切原理"来测量零件表面粗糙度的方法。光切显微镜（又称双管显微镜）就是应用这一原理设计而成的，如图 7 – 19 所示。它适于测量 R_z 值，测量范围一般为 $0.5 \sim 60 \ \mu m$。

3. 干涉法

　　干涉法是利用光波干涉原理测量表面粗糙度的一种方法。采用光波干涉原理制成的测量仪为干涉显微镜，如图 7 – 20 所示。它通常用于测量极光滑表面的 R_z 值，其测量范围为 $0.025 \sim 0.8 \ \mu m$。

图 7 – 19　光切显微镜　　　　　　　　　图 7 – 20　干涉法显微镜

4. 针描法

针描法又称轮廓法，是指利用仪器的触针与被测表面接触，并使触针沿工件表面轻轻滑动来测量表面粗糙度的一种检测方法。常用的仪器是电动轮廓仪，如图 7-21 所示。

针描法测量迅速方便，测量精度高，并能直接读出参数值 Ra，能测量平面、内外圆柱面、圆锥面、球面、曲面以及小孔、沟槽等工件的表面粗糙度，故应用广泛。但由于触针要与被测表面可靠接触，且需要一定的测量力，当工件材料较软或表面粗糙度较小时，在被测表面上容易产生划痕。

在生产现场中还经常使用便携式电动轮廓仪、手持式粗糙度仪检测工件的表面粗糙度。图 7-22 所示为手持式粗糙度仪。

图 7-21　电动轮廓仪

图 7-22　手持式粗糙度仪

● 任务实施

检测如图 7-23 所示零件的表面粗糙度。

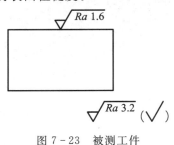

图 7-23　被测工件

一、比较法检测表面粗糙度

（1）检测器材：工件、表面粗糙度样块。

（2）检测步骤：

① 视觉比较：将被测工件表面与表面粗糙度样块放在一起，用肉眼从各个方向观察比较，根据两个表面反射光线的强弱与颜色，判断工件被测表面与哪一个样块相近，则工件被测表面的粗糙度值即为该样块的粗糙度值。

② 触觉比较：将手洗干净，用手指或指甲触摸被测工件表面和表面粗糙度样块，凭手

触摸两者的感觉进行比较，若感觉工件表面与哪一个样块一致或接近，则工件被测表面的粗糙度值即为该样块的粗糙度值。

③ 将检测结果填入表 7-8 中。

表 7-8 表面粗糙度检测结果

测量项目	测量方法	测量值			测量结论
		第一次	第二次	第三次	
粗糙度参数 Ra	比较法				
	针描法				

二、针描法检测表面粗糙度

（1）检测器材：工件、手持式表面粗糙度仪。

（2）检测步骤：

① 校准仪器精度。首先打开手持式粗糙度仪，再将测量探针放置于标准样块表面上，检测其粗糙度参数 Ra，以校准仪器精度，测量误差应在±5％以内。

② 测量工件。用洁净的棉纱将工件被测表面擦净，直接将粗糙度仪的测量探针放置于被测表面上，如图 7-24 所示，或利用支架将粗糙度仪固定，调整测量探针高度并使其与被测表面接触，设置好参数后，按下检测按钮检测工件表面的粗糙度参数 Ra（或 Rz），直接从显示屏上读取检测结果即可。

③ 将检测结果填入表 7-8 中。

图 7-24 手持式表面粗糙度仪检测工件表面粗糙度

项 目 小 结

本项目主要介绍了表面粗糙度的基本概念与相关术语，表面粗糙度符（代）号含义及在图样上的标注方法，表面粗糙度的选用原则，对工件表面粗糙度进行检测的方法等相关知识。通过对本项目内容的学习，要求学生了解表面粗糙度的基本概念，重点掌握表面粗糙度评定参数 Ra 与 Rz 的含义、选用原则、标注方法等。了解常用表面粗糙度的检测方法的特点及应用场合，会采用样块比较法及针描法检测工件的表面粗糙度值。

思 考 与 练 习

一、填空题

1. 表面粗糙度反映的是零件实际表面的_____几何形状误差的特征。

2. 评定表面粗糙度轮廓时常用幅度参数（也称高度参数）包括两个_____和___，其中_____应用较广。

3. 零件的表面粗糙度值为 $6.3~\mu m$，要求用去除材料方法获得，其标注代号为_____。

4. 选用表面粗糙度参数值总的原则是：_____
_____。

5. 同一公差等级时，孔的表面粗糙度值应比轴的表面粗糙度值_____。

6. 摩擦表面的表面粗糙度值应比非摩擦表面_____；滚动摩擦表面的表面粗糙度值应比滑动摩擦表面_____。

7. 表面粗糙度常用的检测方法有_____法、_____法、_____和_____法等。

8. 光切法是利用_____原理来测量零件表面粗糙度的方法。它适于测量_____值。

二、选择题

1. 表面粗糙度属于（　　）。

A. 表面微观的几何形状误差　　　　　　　B. 表面波纹度

C. 表面宏观的几何形状误差　　　　　　　D. 表面形状误差

2. 评定参数（　　）更能充分反映被测表面的实际情况。

A. 轮廓的最大高度　　　　　　　　　　　B. 轮廓单元宽度

C. 轮廓算术平均偏差　　　　　　　　　　D. 轮廓单元平均宽度

3. 关于表面粗糙度符号在图样上应标注的位置，不正确的是（　　）。

A. 标注在可见轮廓线上　　　　　　　　　B. 符号尖端从材料外指向被注表面

C. 可标注在指引线上　　　　　　　　　　D. 可标注在虚线上

4. 一般情况下，零件表面粗糙度值越小，则零件（　　）。

A. 耐磨性好　　　　　　　　　　　　　　B. 表面越粗糙

C. 加工容易　　　　　　　　　　　　　　D. 疲劳强度差

5. 选择表面粗糙度评定参数值时，下列论述正确的有（　　）。

A. 同一零件上工作表面应比非工作表面参数值大

B. 摩擦表面应比非摩擦表面参数值小

C. 尺寸精度要求高的表面，粗糙度值一定小

D. 孔的表面粗糙度值应比轴的小

6. 电动轮廓仪是根据（　　）原理制成的。

A. 比较　　　　　　B. 干涉　　　　　　C. 针描　　　　　　D. 光切

7. 车间生产中评定表面粗糙度最常用的方法是( )。

A. 比较   B. 干涉

C. 针描   D. 光切

三、判断题

( ) 1. 表面粗糙度值越小则该表面的耐磨性越好。

( ) 2. Rz 参数对某些表面上不允许出现较深的加工痕迹和小零件的表面质量有实用意义。

( ) 3. 表面粗糙度符号的尖端可以从材料的外面或材料里指向被注表面。

( ) 4. Rz 参数由于测量点不多，因此在反映微观几何形状高度方面的特性不如 Ra 参数充分。

( ) 5. 代号 $\overset{Ra3.2}{\sqrt{}}$ 表示所有零件该表面粗糙度 Ra 的最大值不允许超过 3.2 μm。

( ) 6. 选择表面粗糙度数值应尽量小为好。

( ) 7. 要求配合精度高的工件，其表面粗糙度数值应大。

( ) 8. 零件的表面精度越高，则表面粗糙度数值一定小。

( ) 9. 一般来说，尺寸公差和形状公差小的表面，其表面粗糙度值也应小。

( ) 10. 评定表面粗糙度值的判定规则有 16% 规则和最大规则两种。

( ) 11. 双管显微镜可以测量表面粗糙度的 Ra 值。

四、简答题

1. 表面粗糙度的含义是什么？它与形状误差和表面波纹度有何区别？

2. 表面粗糙度对零件的使用性能有何影响？

3. 表面粗糙度国家标准中规定了哪些评定参数？它们各有什么特点？

4. 表面粗糙度的检测方法有哪些？各适用于什么场合？

五、标注题

1. 解释图 7 – 25 中表面粗糙度标注代号的含义。

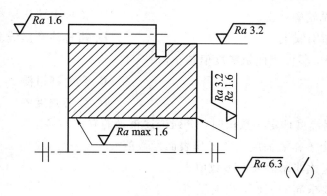

图 7 – 25

2. 试判断如图 7 – 26 所示表面粗糙度代号的标注是否有错误，若有，则加以改正。

3. 试将下列表面粗糙度要求标注在图 7 – 27 上。

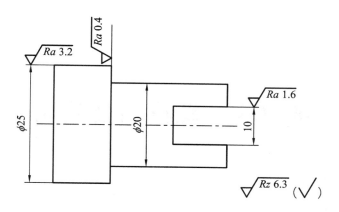

图 7 - 26

（1）用去除材料的方法获得表面 a 和 b，要求表面粗糙度参数 Ra 的上限值为 1.6 μm；

（2）用任何方法加工 ϕd_1 和 ϕd_2 圆柱面，要求表面粗糙度参数 Rz 的上限值为 6.3 μm，下限值为 3.2 μm；

（3）其余用去除材料的方法获得各表面，要求 Ra 的上限值均为 12.5 μm。

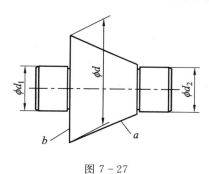

图 7 - 27

159

项目八 螺纹的公差配合及检测

1. 知识要求

(1) 了解螺纹的种类,熟悉普通螺纹的主要几何参数;

(2) 了解普通螺纹的公差及配合,熟悉螺纹标记的含义;

(3) 熟悉螺纹常用的检测方法及特点。

2. 技能要求

会对螺纹中径、顶径、螺距等几何参数进行检测。

任务 确定螺纹的公差配合及检测方法

● 任务描述

图 8-1 所示为一阶梯轴零件图。零件左端有一螺纹结构,确定这是何种类型的螺纹? 说明其螺纹标记的含义。螺纹主要几何参数有哪些? 有何公差要求? 又如何对其进行检测?

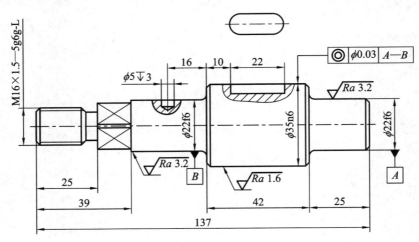

图 8-1 阶梯轴零件图

◉ **知识准备**

螺纹是机器上常见的结构要素，常用于紧固连接、密封、传递力与运动等。不同用途的螺纹，其几何参数及精度要求也不同。

一、螺纹的分类及使用要求

螺纹在机械中应用十分广泛，常用于紧固联接、密封、传递力与运动等。根据其结合性质和使用要求的不同，大致可分为三类：

1. 普通螺纹

普通螺纹通常也称紧固螺纹，主要用于紧固或连接机械零部件，对这种螺纹结合的主要要求是可旋合性和联接的可靠性。

可旋合性是指不经过任何选择或修配，并且不要特别地用力，即可将内、外螺纹自由地旋合。联接可靠性是指内、外螺纹用于联接和紧固时，应具有足够的强度和可靠性。如普通螺纹，因其具有良好的旋合性和联接的可靠性，是目前使用最广泛的一种螺纹联接。

2. 传动螺纹

传动螺纹通常用于传递动力或精确的位移，如丝杆、螺母、千斤顶的起重螺杆等，对这种螺纹结合的主要要求是传递动力的可靠性，或传动位移的准确性。同时对于这种螺纹结合还要求有一定的保证间隙，以便传动及贮存润滑油。此类螺纹有梯形螺纹、锯齿形螺纹、矩形螺纹等。

3. 紧密螺纹

紧密螺纹用于密封的螺纹联接，对这种联结的螺纹主要要求是联接紧密，不漏水、不漏气和不漏油，如管螺纹。

普通螺纹是应用最为广泛的联接螺纹，因此本书主要介绍普通螺纹。为满足普通螺纹的使用要求，保证其互换性，我国颁布了一系列普通螺纹国家标准，主要有 GB/T 14791 — 1993，GB/T 192 — 2003，GB/T 193 — 2003，GB/T 196 — 2003，GB/T 197 — 2003 等。

二、普通螺纹的主要几何参数

普通螺纹的几何参数取决于螺纹轴向剖面内的基本牙型。普通螺纹的基本牙型，如图 8-2 所示。它是在螺纹轴剖面上，将原始三角形顶部截去 $(1/8)H$ 和底部截去 $(1/4)H$ 后所形成的内外螺纹共有的理论牙型。内外螺纹的大、中、小径和螺距等基本参数都是在基本牙型上定义的。

螺纹的主要几何参数包括螺纹的大径、中径、小径、螺距和导程、单一中径、牙型角和牙型半角、牙型高度、螺纹升角、螺纹旋合长度等。

1）大径

螺纹大径是指与外螺纹牙顶或内螺纹牙底相重合的假想圆柱面或圆锥面的直径。相结合的内、外螺纹的大径基本尺寸相等，即 $D=d$。

内螺纹的大径 D 又称"底径"，外螺纹的大径 d 又称"顶径"。国家标准规定，公制普通

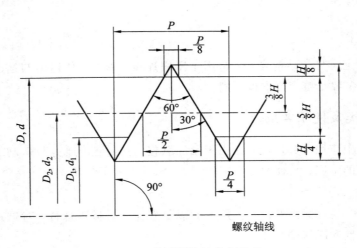

图 8-2　普通螺纹的基本牙型

螺纹大径的基本尺寸为螺纹公称直径。

2）小径

螺纹小径是指与外螺纹牙底或内螺纹牙顶相重合的假想圆柱面或圆锥面的直径。相结合的内、外螺纹的小径基本尺寸相等，即 $D_1 = d_1$。内螺纹的小径 D_1 又称"顶径"，外螺纹的小径 d_1 又称"底径"。

3）中径

螺纹中径是指一个假想圆柱或圆锥的直径，该假想圆柱的母线通过螺纹牙型上沟槽和凸起宽度相等的地方，此假想圆柱或圆锥称为中径圆柱或中径圆锥。

中径圆柱的母线称为中径线，其轴线即为螺纹轴线，相结合的内、外螺纹中径的基本尺寸相等，即 $D_2 = d_2$。螺纹中径的公称位置在原始三角形 $H/2$ 处。

4）单一中径

单一中径是指一个假想圆柱的直径，该圆柱的母线通过牙型上沟槽宽度等于螺距基本尺寸一半的地方，用以表示螺纹中径的实际尺寸，如图 8-3 所示。

当螺纹无误差时，螺纹的中径与螺纹的单一中径相等；当螺纹有误差时，单一中径与中径是不相等的。

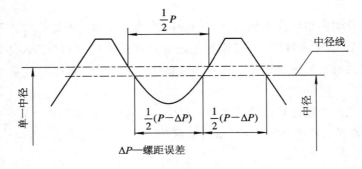

图 8-3　单一中径与中径

5）螺距与导程

螺距（P）是指相邻两牙在中径线上对应两点间的轴向距离。导程（P_h）是指在同一条螺旋线上，相邻两牙在中径线上对应两点的轴向距离，亦即螺栓转一整转，沿轴线方向移动的距离。

对于单线螺纹，导程与螺距相等；对于多线螺纹，导程等于螺距 P 与螺纹线数 n 的乘积，即导程 $P_h = nP$。

6）牙型角和牙型半角

牙型角（α）是指在通过螺纹轴线剖面内的螺纹牙型上，相邻两牙侧间的夹角。对于公制普通螺纹，其牙型角 $\alpha = 60°$。牙型半角（$\alpha/2$）是指在螺纹牙型上，牙侧与螺纹轴线的垂线间的夹角（$\alpha/2$）。对于公制普通螺纹，其牙型半角 $\alpha = 30°$。

7）螺纹升角

螺纹升角（ϕ）是指在螺纹中径圆柱上螺旋线的切线与垂直于螺纹轴线的平面所夹的角。它与螺距（P）和中径（d_2）之间的关系为

$$\tan\phi = \frac{P_h}{\pi d_2} \tag{8-1}$$

8）原始三角形高度、牙型高度和螺纹接触高度

原始三角形高度（H）是指原始三角形的顶点到底边的垂直距离；普通螺纹的原始三角形是一个等边三角形，其边长为 P，高为 H。牙型高度是在螺纹牙型上，牙顶和牙底之间垂直于螺纹轴线的距离，紧固螺纹的螺纹牙型高度等于 $5H/8$。螺纹接触高度是指两相配合螺纹，在螺纹牙型上相互重合部分，在垂直于螺纹轴线方向的距离，如图 8-4（b）所示。

9）螺纹旋合长度

螺纹旋合长度是指两相配合螺纹，沿螺纹轴线方向相互旋合部分的长度，如图 8-4 所示。

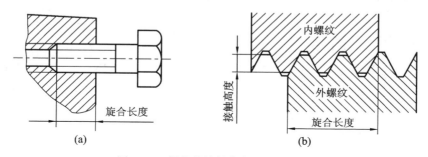

图 8-4 螺纹的接触高度和旋合长度

三、普通螺纹各参数对互换性的影响

要实现普通螺纹的互换性，就必须保证具有良好的旋合性及足够的联接强度。影响螺纹互换性的主要几何参数有五个：即大径、小径、中径、螺距和牙型半角。

这几个参数在加工过程中不可避免地会产生一定的加工误差，这些误差的存在不仅会影响螺纹的旋合性、接触高度、配合松紧，还会影响联接的可靠性，从而影响螺纹的互换性。内、外螺纹加工后，外螺纹的大径和小径要分别小于内螺纹的大径和小径，才能保证旋合性。由于螺纹旋合后主要是依靠螺纹牙侧面工作，如果内、外螺纹的牙侧面接触不均匀，就会造成负荷分布不均，势必降低螺纹的配合均匀性和联接强度。由于螺纹的大径和小径均留有间隙，一般不会影响其配合性质，而内、外螺纹联接是依靠它们旋合以后牙侧面接触的均匀性来实现的。因此，影响螺纹互换性的主要参数是螺距、牙型半角和中径。

四、普通螺纹的公差与配合

要保证螺纹的互换性，就必须对螺纹的几何精度提出要求。在国家标 GB/T 197 — 2003《普通螺纹 公差》中规定了普通螺纹公差带的位置与基本偏差、公差带的大小与公差等级、旋合长度与公差精度等内容。

1. 普通螺纹公差带

普通螺纹公差带与尺寸公差带一样，其大小由公差等级决定，其位置由基本偏差决定。只是普通螺纹公差带的零线代表基本牙型，公差带沿牙型分布，其大小在垂直于螺纹轴线方向度量。

为保证互换性要求，国家标准规定了螺纹顶径和中径的公差，而对螺纹底径(内螺纹大径 D 和外螺纹小径 d_1)没有规定公差，只是规定内外螺纹牙底的实际轮廓不能超出基本偏差所确定的最大实体牙型，以保证旋合时不发生干涉即可。对螺纹中径和顶径分别规定了若干公差等级，见表 8 - 1，其中 3 级精度最高，9 级精度最低。

表 8 - 1　螺纹的公差等级

螺纹直径	公差等级(IT)	螺纹直径	公差等级(IT)
外螺纹中径 d_2	3、4、5、6、7、8、9	内螺纹中径 D_2	4、5、6、7、8
外螺纹大径 d	4、6、8	内螺纹小径 D_1	4、5、6、7、8

内外螺纹公差带的位置如图 8-5 所示。规定内螺纹的基本偏差为下偏差(EI)，外螺纹的基本偏差为上偏差(es)。在普通螺纹标准中，对内螺纹规定两种公差位置其基本偏差代号分别为 G、H，如图 8-5 (a)、(b)所示；对外螺纹规定了四种公差带位置，其基本偏差代

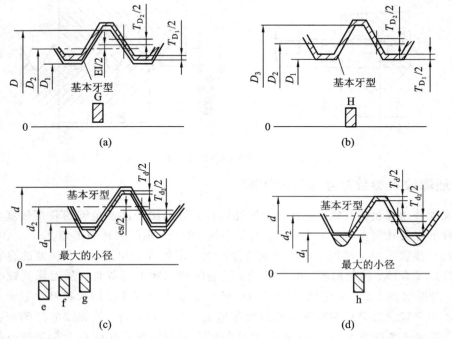

T_{D_1}—内螺纹小径公差；T_{D_2}—内螺纹中径公差；T_d—外螺纹大径公差；T_{d_2}—外螺纹中径公差

图 8 - 5　内、外螺纹的公差带

号分别为 e、f、g、h，如图 8-5（c）、（d）所示，其中 H、h 的基本偏差为零，G 的基本偏差为正值，e、f、g 的基本偏差为负值。

内外螺纹的基本偏差及顶径的公差见表 8-2；普通螺纹的中径公差见表 8-3。

表 8-2 普通螺纹的基本偏差和顶径公差 μm

螺距 P/mm	内螺纹基本偏差 EI		外螺纹基本偏差 es				内螺纹小径公差 T_{D_1} 公差等级（IT）					外螺纹大径公差 T_d 公差等级（IT）		
	G	H	e	f	g	h	4	5	6	7	8	4	6	8
1	+26	0	−60	−40	−26	0	150	190	236	300	375	112	180	280
1.25	+28	0	−63	−42	−28	0	170	212	265	335	425	132	212	335
1.5	+32	0	−67	−45	−32	0	190	236	300	375	485	150	236	375
1.75	+34	0	−71	−52	−38	0	212	265	335	425	530	170	365	425
2	+38	0	−71	−48	−38	0	236	300	375	475	600	180	380	450
2.5	+42	0	−80	−58	−42	0	280	355	560	560	710	212	225	530
3	+48	0	−85	−63	−48	0	315	400	630	630	800	236	275	600
3.5	+53	0	−90	−70	−53	0	355	450	710	710	900	265	425	670
4	+60	0	−95	−75	−60	0	375	475	750	750	950	300	475	750

注：顶径是与外螺纹或内螺纹牙顶相切的假想圆柱直径，即外螺纹的大径或内螺纹的小径。

表 8-3 普通螺纹的中径公差 μm

公称直径 D/mm		螺距	内螺纹中径公差 T_{D_2} 公差等级（IT）					外螺纹中径公差 T_{d_2} 公差等级（IT）						
>	≥	P/mm	4	5	6	7	8	3	4	5	6	7	8	9
5.6	11.2	0.5	71	90	112	140	—	42	53	67	85	106	—	—
		0.75	85	106	132	170	—	50	63	80	100	125	—	—
		1	95	118	130	190	236	56	71	90	112	140	180	224
		1.25	100	125	160	200	250	60	75	95	118	150	190	236
		1.5	112	140	180	224	280	67	85	106	132	170	212	295
11.2	22.4	0.5	75	95	118	150	—	45	56	71	90	112	—	—
		0.75	90	112	140	180	—	53	67	85	106	132	—	—
		1	100	125	160	200	230	60	75	95	118	150	190	236
		1.25	112	140	180	224	280	67	85	106	132	170	212	265
		1.5	118	150	190	236	300	71	90	112	140	180	224	280
		1.75	125	160	200	250	315	75	95	118	150	190	235	300
		2	132	170	212	265	335	80	100	125	160	200	250	315
		2.5	140	180	224	280	355	65	106	132	170	212	265	335

续表

公称直径 D/mm	螺距	内螺纹中径公差 T_{D_2}					外螺纹中径公差 T_{d_2}						
	0.75	95	118	15	190	—	56	70	90	112	140	—	—
	1	108	132	170	212	—	63	80	100	125	160	200	250
	1.5	125	160	200	250	315	75	95	118	150	190	236	300
22.4	2	140	180	224	280	355	85	105	132	170	212	265	335
(45)	3	170	212	265	335	425	100	125	160	200	250	315	400
	3.5	180	224	280	355	450	105	132	170	212	265	335	425
	4	190	236	300	375	475	112	140	180	224	280	355	450
	4.5	200	250	315	400	500	118	150	190	236	300	375	475

（公称直径 22.4，螺距 45）

2. 普通螺纹的旋合长度

为满足不同的使用要求，国标中根据螺纹的直径和螺距的不同规定了三组旋合长度，即短旋合长度组、中等旋合长度组和长旋合长度组，代号分别为 S、N、L，一般常用中等旋合长度组。螺纹旋合长度见表8-4。

表8-4　螺纹的旋合长度　　　　　单位：mm

基本大径 D、d		螺距 P	旋 合 长 度			
>	≤		S	N		L
			≤	>	≤	>
5.6	11.2	0.75	2.4	2.4	7.1	7.1
		1	3	3	9	9
		1.25	4	4	12	12
		2.5	5	5	15	15
11.2	22.4	1	3.8	3.8	11	11
		1.25	4.5	4.5	13	13
		1.5	5.6	5.6	16	16
		1.75	6	6	18	18
		2	8	8	24	24
		2.5	10	10	30	30
22.4	45	1	4	4	12	12
		1.5	6.3	6.3	19	19
		2	8.5	8.5	25	25
		3	12	12	36	36
		3.5	15	15	45	45
		4	18	18	53	53
		4.5	21	21	63	63

3. 螺纹公差精度及螺纹公差带选用

螺纹公差精度由公差等级和旋合长度两个因素决定。一方面螺纹的公差等级反映螺纹精度的高低。另一方面螺纹公差精度还和旋合长度有关，当公差等级一定时，旋合长度越长，加工时产生的螺距累计误差和牙型半角误差就越大，加工就越困难。因此，国家标准根据公差等级和旋合长度两个因素规定了精密、中等、粗糙三种公差精度等级。其中精密级主要用于精密螺纹；中等级主要用于一般用途螺纹；粗糙级用于要求不高且制造困难的场合，如深盲孔内螺纹。

国家标准推荐的普通螺纹公差带，见表8-5。

表8-5 普通螺纹的推荐公差带

公差精度	内 螺 纹 公 差 带			外 螺 纹 公 差 带		
	S	N	L	S	N	L
精密度	4H	5H	6H	(3h4h)	**4h** (4g)	(5h4h) (5g4g)
中等级	**5H** (5G)	6H 6G	**7H** (7G)	(5g6g) (5h6h)	**6e** **6f** 6g 6h	(7e6e) (7g6g) (7h6h)
粗糙级	—	7H (7G)	8H (8G)	—	8g	(9e8e) (9g8g)

注：（1）选用顺序依次为：粗体字公差带、一般字体公差带、括弧内公差带。
（2）带方框的公差带用于大批量生产的紧固件螺纹。

由表8-5的公差带可见，同一公差精度的内外螺纹，旋合长度越长，则加工越困难，所以公差精度等级就应越低。另外，为保证螺纹连接强度，螺纹副优先选用H/g、H/h或G/h配合。

4. 普通螺纹标记

普通螺纹的完整标记由螺纹特征代号（M）、尺寸代号（公称直径×螺距）、螺纹公差带代号及其他信息（旋合长度代号、旋向代号）所组成。尺寸代号、螺纹公差带代号、旋合长度代号、旋向代号之间用"–"隔开。其中螺纹公差带代号包括中径公差带代号与顶径（指螺纹大径和内螺纹小径）公差带代号，公差代号是由表示其大小的公差等级数字和表示其位置的字母所组成，如6H、6g等。例如：

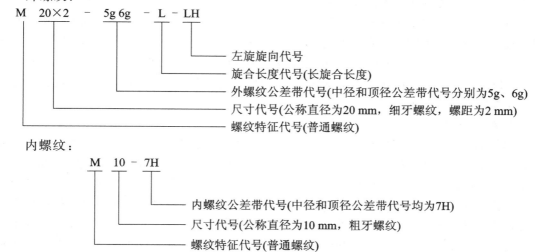

外螺纹：
M 20×2 – 5g 6g – L – LH
　左旋旋向代号
　旋合长度代号(长旋合长度)
　外螺纹公差带代号(中径和顶径公差带代号分别为5g、6g)
　尺寸代号(公称直径为20 mm，细牙螺纹，螺距为2 mm)
　螺纹特征代号(普通螺纹)

内螺纹：
M 10 – 7H
　内螺纹公差带代号(中径和顶径公差带代号均为7H)
　尺寸代号(公称直径为10 mm，粗牙螺纹)
　螺纹特征代号(普通螺纹)

在装配图上，内、外螺纹公差带代号用斜线分开，左边表示内螺纹公差带代号，右边表示外螺纹公差带代号，如 M20×2-6H/5g6g-L。

标注螺纹标记时应注意：

(1) 粗牙螺纹不标注螺距，细牙螺纹需标出螺距；

(2) 当螺纹为左旋时，在左旋螺纹标记位置写"LH"字样，右旋螺纹则不标出；

(3) 当螺纹的中径和顶径公差带相同时，合写为一个；

(4) 当旋合长度为中等时不需标注代号(N)。

五、螺纹的检测

螺纹的测量方法可为分综合测量和单项测量两类。

1. 综合测量

用螺纹量规检验螺纹属于综合测量，可综合检测螺纹的大径、小径、中径、螺距及牙型半角误差。综合测量只能判断零件是否合格，不能获得螺纹的具体参数，其检测的效率高，适用于成批生产中精度不太高的螺纹件的检测。

检验内螺纹用的螺纹量规称为螺纹塞规；检验外螺纹用的螺纹量规称为螺纹环规，如图 8-6 所示。

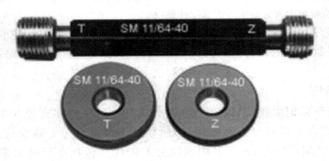

图 8-6 螺纹塞规和螺纹环规

螺纹极限量规分为"通规"和"止规"。用螺纹塞规检验内螺纹时，若"通规"能顺利旋入工件，"止规"不能旋入或不能完全旋入工件，则内螺纹工件合格。若"通规"不能旋入，则说明内螺纹过小，螺纹应予返修；若"通规"能顺利旋入工件，"止规"也旋入工件，则表示内螺纹过大，内螺纹工件是废品。用螺纹环规检验外螺纹时，若"通规"能顺利旋入工件，"止规"不能旋入或不能完全旋入工件，则外螺纹工件合格。若"通规"不能旋入，则说明外螺纹过大，螺纹应予返修；若"通规"能顺利旋入工件，"止规"也能旋入工件，则表示外螺纹过小，外螺纹工件是废品。

2. 单项测量

单项测量是指用量具或量仪测量螺纹每个参数的实际值，每次只测量螺纹的一项几何参数，并以所得的实际值来判断螺纹的合格性。单项测量可以对各项误差进行分析，找出产生原因，从而指导生产。单项测量精度高，主要用于精密螺纹、螺纹刀具及螺纹量规的测量或生产中分析形成各参数误差的原因时使用。在单件、小批生产中，特别是在精密螺纹生产中一般都采用单项测量。螺纹的顶径一般精度要求不高，可以使用游标卡尺或千分尺进行测量。螺纹的中径是影响螺纹配合的主要参数，精度要求较高。下面主要介绍几种生产中常用的螺纹中径的测量方法。

1）用螺纹千分尺测量螺纹中径

螺纹千分尺的构造与一般外径千分尺构造相似，差别仅在于两个测量头 1 和 2。螺纹千分尺构造如图 8-7 所示。

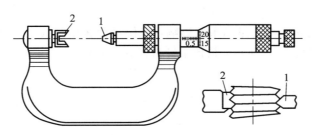

图 8-7　螺纹千分尺

螺纹千分尺的测量头做成与螺纹牙型相吻合的形状，一个为圆锥形测量头 1，与牙型沟槽相吻合，另一个为一个 V 形测量头 2 与牙型凸起部分相吻合。测量头可根据不同螺纹牙型进行更换。用螺纹千分尺测量螺纹中径时，先要根据被测量的螺纹公称直径、牙型和螺距选择相应的螺纹千分尺和测量头，然后再进行测量。千分尺的读数方法与普通外径千分尺相同。

螺纹千分尺适用于精度要求不高的外螺纹中径的测量，可直接获得中径的实际尺寸。

2）用三针法测量螺纹中径

三针量法主要用于测量精密螺纹（如丝杆、螺纹塞规）的单一中径 d_{2s}，如图 8-8 所示。测量时用三根直径相等的精密量针放在螺纹槽中，然后用光学或机械量仪测出尺寸 M，再根据被测螺纹已知的螺距 P，牙型半角 $\alpha/2$ 及量针直径 d_0，按式 8-2 计算螺纹中径的实际尺寸。

$$d_{2s} = M - d_0 \left(1 + \frac{1}{\sin \frac{\alpha}{2}} \right) + \frac{P}{2} \cos \frac{\alpha}{2} \tag{8-2}$$

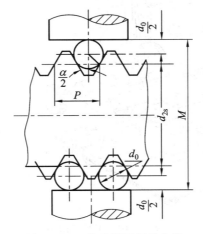

图 8-8　三针法测量螺纹中径

式中：P 为被测螺纹的基本螺距；$\alpha/2$ 为被测螺纹的牙型半角；d_0 为量针的公称直径。

对米制普通螺纹 $\alpha = 60°$，

$$d_{2s} = M - 3d_0 + 0.866P$$

对米制梯形螺纹 $\alpha = 30°$，

$$d_{2s} = M - 4.864d_0 + 1.866P$$

为消除牙型半角误差对测量结果的影响，应使量针在中径线上与牙侧接触，故必须选择量针最佳直径，如图 8-9 所示，最佳量针直径 d_0 最佳为

$$d_{0最佳} = \frac{P}{2\cos\dfrac{\alpha}{2}} \tag{8-3}$$

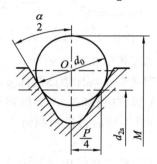

图 8-9 量针最佳直径

3）用工具显微镜测量螺纹各参数

工具显微镜测量是属于影像法测量，用显微镜将牙型轮廓放大成像，按影像测量螺纹的中径、螺距、牙型半角等螺纹参数。各种精密螺纹，如螺纹量规、丝杆、蜗杆、滚刀等，均可在工具显微镜上测量。工具显微镜的结构如图 8-10 所示。

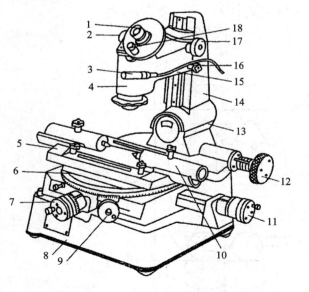

1—目镜；
2—手轮；
3—角度读数目镜光源；
4—光学放大镜组；
5—顶尖座；
6—圆工作台；
7—横向千分尺；
8—底座；
9—圆工作台转动手轮；
10—顶尖；
11—纵向千分尺；
12—立柱倾斜手轮；
13—连接座；
14—立柱；
15—立臂；
16—锁紧螺钉；
17—升降手轮；
18—角度目镜

图 8-10 工具显微镜

◉ **任务实施**

通过学习可知：图 8－1 所示零件左端螺纹是普通公制细牙螺纹，公称直径 16 mm，螺距 1.5 mm，中径与顶径的公差带分别为 5g、6g，长度为长旋合长度，右旋外螺纹。用螺纹千分尺和三针法测量螺纹中径的方法及步骤见下篇实训十。

项 目 小 结

本项目主要介绍了螺纹的种类及用途、普通螺纹的主要几何参数、公差与配合、螺纹的检测等方面的知识。由于普通螺纹是应用最广的联结螺纹，所以本项目重点介绍了普通螺纹的相关知识，其他类型螺纹的相关知识与普通螺纹近似，如果需要，学生可通过自主学习掌握之。通过本项目内容的学习，要求了解普通螺纹的主要几何参数；会查表确定螺纹各参数的公差值及极限偏差；熟悉螺纹标记的含义；了解常见螺纹检测方法的特点及应用场合，掌握用螺纹千分尺和三针法测量螺纹中径的方法。

思 考 与 练 习

一、填空题

1. 根据结合性质和使用要求的不同，螺纹大致可分为_____、_____和_____三类。

2. 螺纹的导程与螺距的关系是，导程等于_____与_____的乘积。

3. 在普通螺纹标准中，对内螺纹规定两种公差位置，其基本偏差代号分别为_____、_____；对外螺纹规定了四种公差带位置，其基本偏差代号分别为_____、_____、_____、_____。

4. 用螺纹量规检验螺纹时，若"通规"_____，"止规"_____则螺纹工件合格，否则螺纹不合格。

5. 检验内螺纹用的螺纹量规称为_____；检验外螺纹用的螺纹量规称为_____。

6. 影响螺纹互换性的主要几何参数有五个：_____、_____、_____、_____和_____。

7. 螺纹的测量方法可为分_____和_____两大类。

8. 普通螺纹的完整标记由_____、_____、_____及其他信息（旋合长度代号、旋向代号）所组成。

9. 国标中根据螺纹的直径和螺距的不同规定了三种旋合长度，即_____、_____和_____，代号分别为_____、_____、_____。

二、选择题

1. 普通螺纹（　　）的基本尺寸为螺纹公称直径。

A. 大径　　　　　　B. 中径　　　　　　C. 小径　　　　　　D. 单一中径

2. 普通螺纹的牙型角 α 为(　　)

A. 29°　　　　　　B. 30°　　　　　　C. 55°　　　　　　D. 60°

3. 螺纹牙型高度等于(　　)。

A. $H/8$　　　　　B. $H/4$　　　　　C. $5H/8$　　　　　D. H

4. 用螺纹环规检验外螺纹时,若"通规"不能旋入,则说明(　　)。

A. 螺纹合格　　B. 螺纹不合格但可返修　　C. 螺纹不合格不能返修　　D. 中径小了

三、判断题

(　　)1. 螺纹的单一中径就是螺纹的实际中径。

(　　)2. 当螺纹无误差时,螺纹的中径与螺纹的单一中径相等。

(　　)3. 用螺纹量规检验螺纹只能判断零件是否合格,不能获得螺纹的具体参数。

(　　)4. 用三针法测量螺纹中径比用螺纹千分尺测量精度高。

(　　)5. 国家标准规定了螺纹顶径和中径的公差,而对螺纹底径没有规定公差。

(　　)6. 螺纹标记 M10 - 7H 中径公差带为 7H,顶径无公差要求。

四、简答题

1. 列举普通螺纹的几何参数并说明其含义。

2. 普通螺纹分为哪几类,各有什么特点?

3. 同一精度等级的螺纹,为什么旋合长度不同,中径公差等级也不同?

4. 影响螺纹互换性的主要因素有哪些?

5. 查表求出 M16 - 6H/6g 内、外螺纹的中径、大径和小径的极限偏差,计算内、外螺纹的中径、大径和小径的极限尺寸,绘出内、外螺纹的公差带图。

6. 说明下列螺纹标记的含义:

M 24 - 6H;

M36×2 - 5 g 6g - S;

M 20×2 - 5 g 6g - L - LH;

M20×2 - 5H 6H/6g - L

项目九　圆锥的公差配合及检测(选学)

1. 知识要求

(1) 了解圆锥配合的特点及圆锥的主要几何参数;

(2) 掌握圆锥公差与配合的术语及标注;

(3) 了解圆锥常用的检测方法及特点。

2. 技能要求

会对零件圆锥体进行检测。

任务　确定圆锥的公差配合及检测方法

● 任务描述

　　圆锥零件如图9-1所示,圆锥配合是常用的典型结构,圆锥零件在机器结构中应用广泛。那么,圆锥的基本参数有哪些?公差是如何规定的?如何对圆锥零件进行检测?

● 知识准备

　　圆锥结合是机器、仪器及工具结构中常用的典型结合。圆锥配合与圆柱配合相比较具有同轴度精度高、紧密性好、间隙或过盈可以调整、可利用摩擦力传递转矩等优点。但圆

图9-1　圆锥零件

锥配合在结构上较复杂,加工和检测也较困难。为满足圆锥配合使用要求,保证互换性,国家颁布了一系列国家标准,主要有 GB/T 157—2001《产品几何量技术规范(GPS)　圆锥的锥度和角度系列》,GB/T 11334—2005《产品几何量技术规范(GPS)　圆锥公差》,GB/T 12360—2005,《产品几何量技术规范(GPS)　圆锥配合》等国家标准。

一、圆锥的主要几何参数

在圆锥配合中，影响互换性的因素很多，为了分析其互换性，必须首先掌握圆锥配合的常用术语及主要参数。

1. 圆锥配合的主要术语

1）圆锥表面

圆锥表面是指与轴线成一定角度，且一端相交于轴线的一条直线段（母线），围绕着该轴线旋转形成的表面，如图9-2所示。圆锥表面与通过圆锥轴线的平面的交线称为素线。

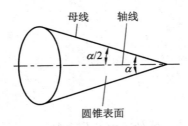

图9-2　圆锥表面

2）圆锥

圆锥是指由圆锥表面与一定尺寸所限定的几何体，它可分为外圆锥和内圆锥。其中，外圆锥是指外表面为圆锥表面的几何体；内圆锥是指内表面为圆锥表面的几何体。

2. 圆锥配合的主要参数

圆锥配合的主要参数包括圆锥角、圆锥直径、圆锥长度、锥度、圆锥配合长度和基面距。

1）圆锥角 α 与圆锥半角 $\alpha/2$

圆锥角是指在通过圆锥轴线的截面内，两条素线间的夹角，圆锥半角是指在通过圆锥轴线的截面内，一条素线与轴线间的夹角，如图9-3所示。

2）圆锥直径

圆锥直径是指垂直于圆锥轴线的截面直径，如图9-3所示。常用的圆锥直径有三种：最大圆锥直径 D、最小圆锥直径 d、给定截面上的圆锥直径 d_x。

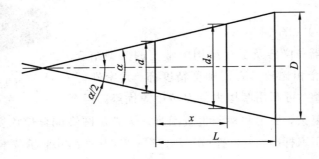

图9-3　圆锥主要几何参数

3）圆锥长度 L

圆锥长度 L 是指最大圆锥直径截面与最小圆锥直径截面之间的轴向距离，如图 9-3 所示。

4）锥度 C

锥度 C 是指最大圆锥直径 D 和最小圆锥直径 d 之差与圆锥长度 L 的比值，如图 9-3 所示，

其计算公式为

$$C = \frac{D-d}{L} \tag{9-1}$$

锥度 C 与圆锥角 α 的关系为

$$C = 2\tan\frac{a}{2} = 1 : \frac{1}{2}\cot\frac{a}{2} \tag{9-2}$$

锥度一般用比例或分式形式表示如，$C=1:6$ 或 $C=1/6$。

5）基面距 a

相互配合的内、外圆锥基准平面之间的距离，如图 9-4 所示。基面距用于确定内、外圆锥的轴向相对位置。

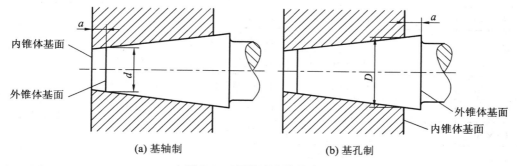

(a) 基轴制　　　　　　　　　　　　(b) 基孔制

图 9-4　圆锥配合的基面距

二、常用圆锥的锥度与锥角

为了减少加工圆锥体零件所用专用刀具、量具的种类与规格，国家标准 GB/T 157—2001 规定了 21 种机械工程一般用途圆锥的锥度与锥角系列，适用于一般机械零件中的光滑圆锥表面，见表 9-1。其中优先选用第一系列，第一系列不能满足要求时可以选择第二系列。一般用途圆锥的锥度与锥角应用见表 9-2。

表 9-1　一般用途圆锥的锥度与锥角系列(GB/T 157—2001)

基　本　值		换　算　值			
系列 1	系列 2	—	—	rad	锥度 C
120°		—	—	2.094 395 10	1:2.288 675
90°		—	—	1.570 796 33	1:0.500 000
	75°			1.308 996 94	1:0.651 613
60°		—	—	1.047 197 55	1:0.866 025

基　本　值		换　算　值			
系列 1	系列 2	—	—	rad	锥度 C
45°		—	—	0.785 398 16	1：1.207 107
30°		—	—	0.523 598 78	1：1.866 025
1：3		18°55′28.719.9″	18.924 644 42°	0.330 297 35	—
	1：4	14°15′0.117 7″	14.250 032 70°	0.248 709 99	—
1：5		11°25′16.270 6″	11.421 186 27°	0.199 337 30	—
	1：6	9°31′38.220 2″	9.527 283 38°	0.166 283 246	—
	1：7	8°10′16.440 8″	8.171 233 56°	0.142 614 93	—
1：8		7°9′9.607 5″	7.152 668 75°	0.124 837. 62	—
1：10		5°43′29.317 6″	5.724 810 45°	0.099 916 79	—
	1：12	4°46′18.797 0″	4.771 888 06°	0.083 285 16	—
	1：15	3°49′5.897 5″	3.818 304 87°	0.066 641 99	—
1：20		2°51′51.092 5″	2.864 192 37°	0.049 989 59	—
1：30		1°54′50.857 0″	1.909 682 51°	0.033 330 25	—
	1：40	1°25′56.351″	1.432 319 89°	0.024 998 70	—
1：50		1°8′45.158 6″°	1.145 877 40°	0.019 999 33	—
1：100		0°34′22.630 9″°	0.572 953 02°	0.009 999 92	—
1：200		0°17′11.321 9″°	0.286 478 30°	0.004 999 99	—
1：500		0°6′52.529 5″°	0.114 591 52°	0.002 000 00	—

表 9 - 2　一般用途圆锥的锥度与锥角应用

锥度	应　用
120°	节气阀，汽车、拖拉机阀门
90°	重型顶尖，重型中心孔，阀的阀销锥体，沉头螺钉
75°	φ10～φ13 mm 埋头螺钉，沉头及半沉头铆钉头
60°	顶尖，中心孔，弹簧夹头，埋头钻
45°	埋头及半埋头铆钉
30°	摩擦离合器，弹簧夹头
1：3	受轴向力易拆开的接合面，摩擦离合器
1：5	受轴向力的接合面，锥形摩擦离合器，磨床主轴
1：7	重型机床顶尖，旋塞
1：8	联轴器和轴的接合面

锥度	应　用
$1:10$	受轴向力、横向力和转矩的接合面
$1:12$	滚动轴承的衬套
$1:15$	受轴向力零件的接合面,主轴齿轮的接合面
$1:20$	机床主轴,刀具刀杆的尾部,锥形铰刀,心轴
$1:30$	锥形铰刀,套式铰刀及扩孔钻的刀杆尾部,主轴颈
$1:50$	圆锥销,锥形铰刀,量规尾部
$1:100$	受陡震及静变载荷的不需拆开的连接件(如心轴等)
$1:200$	受陡震及冲击变载荷的不需拆开的连接件(如圆锥螺栓、导轨镶条等)

三、圆锥公差

为了满足圆锥结构的使用要求,国家标准规定了四项圆锥公差项目:圆锥直径公差,圆锥角公差,圆锥的形状公差和给定截面圆锥直径公差。适用于锥度 C 从 $1:3 \sim 1:500$,圆锥长度 L 从 $6 \sim 630$ mm 的光滑圆锥工件。

1. 圆锥直径公差 T_D

允许圆锥直径的变动量称为圆锥直径公差。其数值为允许的最大极限圆锥和最小极限圆锥直径之差,如图 $9-5$ 所示。

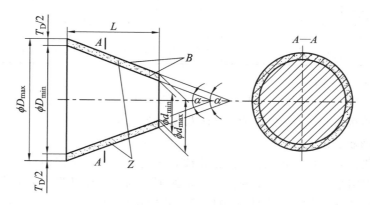

图 $9-5$　极限圆锥 B 和圆锥直径公差区 Z

最大极限圆锥和最小极限圆锥皆称为极限圆锥,它与基本圆锥同轴,且圆锥角相等。在垂直于圆锥轴线的任意截面上,该两圆锥直径差都相等。两个极限圆锥所限定的区域称为圆锥直径公差区,亦即圆锥直径公差带。

2. 圆锥角公差 AT

允许圆锥角的变动量称为圆锥角公差,其数值为允许的最大与最小圆锥角之差,如图 $9-6$ 所示。圆锥角公差有两种表示形式,当圆锥角公差以弧度或角度为单位时,用代号 AT_α 表示;以长度为单位时,用 AT_D 表示。极限圆锥角所限定的区域称为圆锥角公差区,亦即圆锥角公差带。

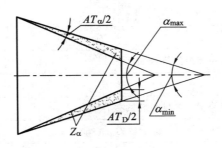

图 9 - 6 极限圆锥和圆锥角公差区 Z_α

圆锥角公差 AT 共分 12 公差等级，分别用 AT1，AT2，…，AT12 表示。其中 AT1 为最高公差等级，AT12 为最低公差等级，各公差等级的圆锥角公差数值见表 9 - 3。

表 9 - 3　常用圆锥角公差 AT 值(部分)

圆锥长度 L/mm	圆锥角公差等级											
	AT5			AT6			AT7			AT8		
	AT_α		AT_D	AT_α		AT_D	AT_α		AT_D	AT_α		AT_D
	微弧度	分秒	μm	微弧度	分秒	μm	微弧度	分秒	μm	微弧度	分秒	μm
>16～25	200	41″	3.2～5	315	1′05″	5～8	500	1′43″	8～12.5	800	1′43″	12.5～20
>25～40	160	33″	4～6.3	250	52″	6.3～10	400	1′22″	10～16	630		16～25
>40～63	125	26″	5～8	200	41″	8～12.5	315	1′05″	12.5～20	500		20～32
>63～100	100	21″	6.3～10	160	33″	10～16	250	52″	16～25	400		25～40
>100～160	80	16″	8～12.5	125	26″	12.5～20	200	41″	20～32	315		32～50

AT_D 与 AT_α 的关系如下：

$$AT_D = AT_\alpha \times L \times 10^{-3} \tag{9-3}$$

式中：AT_D 单位为 μm；AT_α 单位为 μrad；L 单位为 mm。

3. 圆锥的形状公差

圆锥的形状公差包括下述两种：圆锥素线直线度公差和圆锥截面圆度公差。圆锥素线直线度公差是在圆锥轴向平面内，允许实际素线形状的最大变动量。公差带是在给定截面上，距离为公差值的两条平行直线间的区域。圆锥截面圆度公差是在圆锥轴线法向截面上，允许截面形状的最大变动量。截面圆度公差带是半径差为公差值的两同心圆间的区域。

4. 给定截面圆锥直径公差 T_{DS}

在垂直于圆锥轴线的给定截面内，允许圆锥直径的变动量称为给定截面圆锥直径公差。

四、圆锥配合

圆锥配合是指公称圆锥直径相同的内、外圆锥之间，由于结合松紧不同所形成的相互关系。国家标准规定了两类圆锥配合：结构型圆锥配合和位移型圆锥配合。

1. 结构型圆锥配合

结构型圆锥配合是指由圆锥结构或基面距确定装配后的最终轴向相对位置而获得的配合,结构型圆锥配合可以是间隙配合、过渡配合或过盈配合。如图 9-7 所示。

如图 9-7(a)所示为由外圆锥的轴肩和内圆锥的大端面接触来确定装配后的最终轴向相对位置,以获得指定的圆锥间隙配合。如图 9-7(b)所示为由内、外圆锥基准平面之间的结构尺寸 a(即基面距)来确定装配后的最终轴向相对位置,以获得指定的圆锥过盈配合。

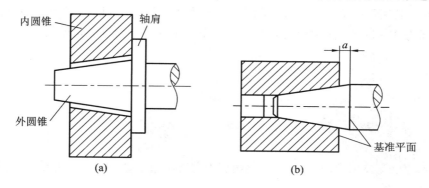

图 9-7 结构型圆锥配合

2. 位移型圆锥配合

位移型圆锥配合是指由内、外圆锥装配时作一定的相对轴向位移来确定装配后最终轴向相对位置而获得的配合。位移型圆锥配合可以是间隙配合或过盈配合,如图 9-8 所示。

如图 9-8(a)所示为内、外圆锥在不受力的情况下相接触,由初始位置 P_a 开始,内圆锥向右作轴向位移 E_a,到达终止位置 P_f,以获得指定的圆锥间隙配合。图 9-8(b)所示为内、外圆锥在不受力的情况下相接触,由初始位置 P_a 开始,对内圆锥施加一定的装配力,使内锥向左作轴向位移 E_a,到达终止位置 P_f,以获得指定的圆锥过盈配合。

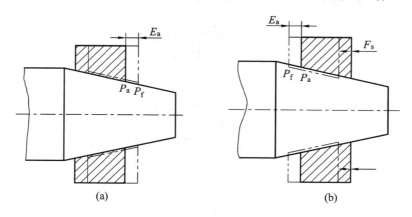

图 9-8 位移型圆锥配合

五、圆锥的检测

圆锥的检测主要是检测锥度与锥角,常用的方法有直接测量法、比较测量法和间接测量法。

1. 直接测量法

直接测量法是利用测量角度的量具和量仪直接测量，被测的锥度或角度数值可在量具或量仪上直接读出。对于精度要求不高的工件，常用万能角度尺测量；对于精度要求较高的工件则需用光学分度头和测角仪进行测量。

在生产中万能角度尺是测量工件内外角度最常用的量具。其结构有扇形（也称为Ⅰ型万能角度尺）和圆形（也称为Ⅱ型万能角度尺）两种，如图9-9所示。图9-9(a)所示为Ⅰ型万能角度尺，其测量范围为$0°\sim320°$，测量精度为$2'$；图9-9(b)所示为Ⅱ型万能角度尺，其测量范围为$0°\sim360°$，测量精度为$5'$。生产中常用的是Ⅰ型万能角度尺。

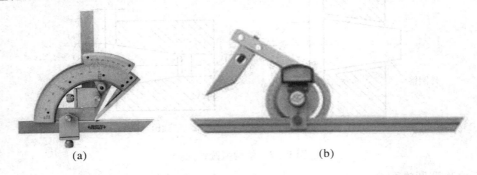

(a)   (b)

图9-9 万能角度尺

2. 比较测量法

比较测量法是将角度量具与被测角度或锥度相比较，用光隙法或涂色法估计出被测角度或锥度的偏差，或判断被测角度或锥度是否在允许的公差范围内。比较测量法的常用角度量具有：角度量块、角度样板、直角尺、圆锥量规等。下面以圆锥量规为例进行介绍。

在大批量生产条件下，圆锥检测常用圆锥量规。圆锥量规有两种即圆锥塞规和圆锥环规，其中圆锥塞规用于检测内锥；圆锥环规用于检测外锥，其结构形式如图9-10所示。

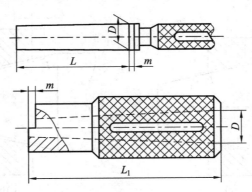

图9-10 圆锥量规的结构形式

用圆锥量规检测工件时，应采用涂色法检验锥度。检验时，先在圆锥表面沿素线方向涂3、4条红丹线，再与零件紧密研合，转动$1/3\sim1/2$转，取出量规，根据接触面的位置与大小判断锥角误差。

圆锥量规还可检测工件的基面距。在圆锥量规的一端有两条刻线或台阶，其间距m为基面距公差。若被测锥体的基面在量规的两条刻线或台阶的两端面之间，则被测锥体的基面距合格,如图 9 - 11 所示。

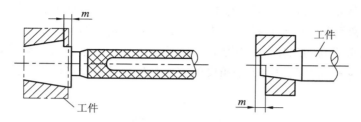

图 9 - 11　圆锥量规检测工件的基面距

3. 间接测量法

间接测量法是测量与被测角度有关的线值尺寸,通过三角函数关系计算出被测角度值。常用的计量器具有正弦规、滚柱或钢球。

图 9 - 12 是用正弦规测量外锥体锥度示意图。

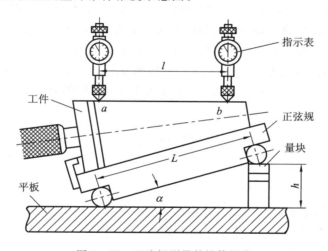

图 9 - 12　正弦规测量外锥体锥度

测量前先根据被测圆锥的公称圆锥角 α 和正弦规两圆柱的中心距 L,计算量块组尺寸 h,即 $h = L\sin\alpha$,并按尺寸拼装量块;其次,将量块组放在平板上,将正弦规的两个圆柱分别放在平板和量块组上;再按图 9 - 12 用指示表进行测量,如果被测外锥的实际圆锥角等于 α,则外锥体的最高素线必然与平板平行,则指示表在该素线两端测得的示值相同;否则在两端测得的示值就不同,其差值为 ΔH,则锥度偏差(rad)为

$$\Delta C = \frac{\Delta H}{l} \tag{9 - 4}$$

式中:l 为 a、b 两点间的距离,此测量方法为间接测量法。

同时可算出锥角误差为

$$\Delta\alpha = 2 \times 10^5 \times \Delta C = 2 \times 10^5 \times \frac{\Delta H}{l}(")$$

● 任务实施

通过知识学习可知:圆锥的基本参数有圆锥角、圆锥直径、圆锥长度、锥度、圆锥配合长度和基面距；为了满足圆锥结构的使用要求，国家标准规定了四项圆锥公差项目即圆锥直径公差，圆锥角公差，圆锥的形状公差和给定截面圆锥直径公差；圆锥的检测主要是检测锥度与锥角，常用的方法有直接测量法、比较测量法和间接测量法。

对于精度要求不高的工件，常用万能角度尺采用直接测量法进行测量，具体使用万能角度尺测量工件圆锥角及其他类工件角度的方法与步骤见下篇实训十一。

项 目 小 结

本项目主要介绍了圆锥配合的主要特点、圆锥体的基本参数、常见圆锥角及锥度、圆锥公差、圆锥配合的类型及圆锥角的检测方法等。圆锥体的基本参数主要包括圆锥角或圆锥半角、最大圆锥直径、最小圆锥直径、圆锥长度、锥度等，要求掌握其基本概念并能进行相应的圆锥参数计算；圆锥公差包括四个项目即圆锥直径公差、圆锥角公差、圆锥的形状公差和给定截面圆锥直径公差等，要求了解公差项目的含义并会查阅相应的公差数值表；圆锥配合有两种类型，即结构型圆锥配合和位移型圆锥配合，要了解各自的特点；圆锥的检测主要是检测锥度与锥角，是本项目的重点内容，要了解常用的检测方法如直接测量法、比较测量法和间接测量法的特点及应用，要学会使用万能角度尺测量圆锥角及角度的方法。

思 考 与 练 习

一、填空题

1. 圆锥是指由圆锥表面与一定尺寸所限定的几何体，它可分为＿＿＿＿＿和＿＿＿＿＿。

2. 最大圆锥直径 D 和最小圆锥直径 d 之差与圆锥长度 L 的比值称为＿＿＿＿＿＿。它一般用＿＿＿＿＿＿形式表示。

3. 国家标准规定了＿＿＿＿＿种机械工程一般用途圆锥的锥度与锥角系列，且优先选用＿＿＿＿＿系列，其次选择＿＿＿＿＿系列。

4. 为了满足圆锥结构的使用要求，国家标准规定了四项圆锥公差项目：＿＿＿＿＿、＿＿＿＿＿、＿＿＿＿＿和＿＿＿＿＿。

5. 圆锥角公差 AT 共分＿＿＿＿＿个公差等级。其中最高公差等级为＿＿＿＿＿，最低公差等级为＿＿＿＿＿。

6. 圆锥角公差有两种表示形式，当圆锥角公差以弧度或角度为单位时，用代号＿＿＿＿＿表示；以长度为单位时，用＿＿＿＿＿表示。

7. 国家标准规定了两类圆锥配合即：＿＿＿＿＿圆锥配合和＿＿＿＿＿圆锥配合。

二、选择题

1. 用万能角度尺测量工件圆锥角属于（　　）测量。

A. 直接　　　　　　B. 间接　　　　　　C. 比较　　　　　　D. 相对测量

2. 用正弦规测量工件圆锥角属于（　　）测量。

A. 直接　　　　　　B. 间接　　　　　　C. 比较　　　　　　D. 绝对测量

3. 关于圆锥配合与圆柱配合相比较的优点叙述不正确的是(　　　)。

A. 同轴度精度高　　B. 紧密性好　　　　　C. 间隙或过盈可以调整　　D. 容易加工和检测

4. 测量与被测角度有关的线值尺寸，通过三角函数关系计算出被测角度值。这种测量方法称为(　　　)测量。

A. 直接　　　　　　B. 间接　　　　　　C. 比较　　　　　　D. 绝对

5. 对圆锥只要标注了(　　　)，则圆锥角就可确定。

A. 大端直径和小端直径　　　B. 大端直径和锥长　　　C. 小端直径和锥长　　　D. 锥度

三、判断题

(　　　)1. 圆锥配合的间隙或过盈可以调整。

(　　　)2. 锥度是指最大圆锥直径和最小圆锥直径之差与圆锥素线长度的比值。

(　　　)3. 圆锥角与锥度实质上是一个参数的两种不同的表示形式。

(　　　)4. 锥度一般用比例或分式形式表示。

(　　　)5. 位移型圆锥配合可以是间隙配合、过渡配合或过盈配合。

(　　　)6. 采用涂色法用圆锥量规检测工件时，应先在圆锥表面沿素线方向涂 3、4 条红丹线，再与零件紧密研合，转动 1～2 转，取出量规，根据接触面的位置与大小判断锥角误差。

(　　　)7. 采用涂色法用圆锥塞规检测工件时，若塞规大端被抹去，则说明工件圆锥角大了。

(　　　)8. 采用涂色法用圆锥环规检测工件时，若环规大端被抹去，则说明工件圆锥角小了。

(　　　)9. 用圆锥量规检测圆锥，主要用于大批量生产条件下。

四、简答题

1. 圆锥配合与圆柱配合相比较具有哪些特点？

2. 圆锥配合的主要参数有哪些？

3. 圆锥配合有哪几种形式？各有何特点？

4. 简述用圆锥量规检测内外圆锥的方法。说明如何判断圆锥角误差的方法。

项目十　键与花键的公差配合及检测(选学)

1. 知识要求

(1) 熟悉键的基本知识;

(2) 熟悉单键联结公差配合与检测的知识。

2. 技能要求

(1) 学会单键联结和矩形花键联结的几何公差标注;

(2) 学会单键和矩形花键的测量,会判断零件的合格性。

任务一　平键的公差配合与检测

● 任务引入

图 10-1 所示为轴键槽和轮毂键槽的剖面图,请分别确定其剖面尺寸及其公差带,确定键槽的几何公差、表面粗糙度,并在图样上进行标注。

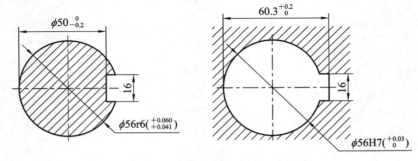

图 10-1　轴键槽和轮毂键槽的剖面图

● 知识准备

键联结用于轴与轴上零件(齿轮、皮带轮、联轴器)之间的联结,用以传递扭矩和运动。

它属于可拆卸联结,在机械中应用很广泛。

键联结的尺寸系列及其选择,强度验算,可参考有关设计手册。

一、平键联结的公差配合

1. 概述

键的类型有:平键、半圆键、楔键和切向键等几种。其中平键又可分为普通平键,导向平键和滑键,楔键可分为普通楔键和钩头楔键。机械工程中以平键应用最为广泛,本节主要介绍平键的公差配合与检测。

平键联结由键、轴槽和轮毂槽三部分组成,如图 10-2 所示。平键联结中的结合尺寸有键宽、槽宽、键高、键长和槽长等参数。工作过程中是通过键的侧面和键槽的侧面相互接触来传递扭矩的,因此它们的宽度尺寸 b 是主要配合尺寸,国家标准规定了较为严格的公差,其余尺寸为非配合尺寸,可规定较松的公差。平键联结的剖面尺寸已标准化,见表 10-1。

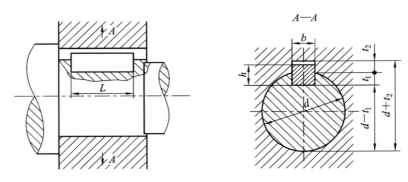

图 10-2　普通平键键槽的剖面尺寸

表 10-1　普通平键键槽的尺寸及公差(摘自 GB/T 1095—2003)

轴的公称直径 d 推荐值	键尺寸 $b \times h$	键槽								
		宽度 b						深度			
		基本尺寸	极限偏差					轴 t_1		毂 t_2	
			正常联结		紧密联结	松联结					
			轴 N9	毂 JS9	轴和毂 P9	轴 H9	毂 D10	基本尺寸	极限偏差	基本尺寸	极限偏差
自 6~8	2×2	2	−0.004 −0.029	±0.0125	−0.005 −0.031	+0.025 0	+0.060 +0.020	1.2	+0.10 0	1.0	+0.10 0
>8~10	3×3	3						1.8		1.4	
>10~12	4×4	4	0 0.030	±0.015	−0.012 −0.042	+0.030 0	+0.078 +0.030	2.5		1.8	
>12~17	5×5	5						3.0		2.3	
>17~22	6×6	6						3.5		2.8	

续表

轴的公称直径d推荐值	键尺寸 b×h	基本尺寸	正常联结 轴N9	正常联结 毂JS9	紧密联结 轴和毂P9	松联结 轴H9	松联结 毂D10	轴 t_1 基本尺寸	轴 t_1 极限偏差	毂 t_2 基本尺寸	毂 t_2 极限偏差
>22~30	8×7	8	0 −0.036	±0.018	−0.015 −0.051	+0.036 0	+0.098 +0.040	4.0		3.3	
>30~38	10×8	10	0 −0.036	±0.018	−0.015 −0.051	+0.036 0	+0.098 +0.040	5.0		3.3	
>38~44	12×8	12	0 −0.043	±0.0215	−0.018 −0.061	+0.043 0	+0.120 +0.050	5.0	+0.20 0	3.3	+0.20 0
>44~50	14×9	14	0 −0.043	±0.0215	−0.018 −0.061	+0.043 0	+0.120 +0.050	5.5		3.8	
>50~58	16×10	16	0 −0.043	±0.0215	−0.018 −0.061	+0.043 0	+0.120 +0.050	6.0		4.3	
>58~65	18×11	18	0 −0.043	±0.0215	−0.018 −0.061	+0.043 0	+0.120 +0.050	7.0		4.4	
>65~75	20×12	20	0 −0.052	±0.026	−0.022 −0.074	+0.052 0	+0.149 +0.065	7.5		4.9	
>75~85	22×14	22	0 −0.052	±0.026	−0.022 −0.074	+0.052 0	+0.149 +0.065	9.0		5.4	
>85~95	25×14	25	0 −0.052	±0.026	−0.022 −0.074	+0.052 0	+0.149 +0.065	9.0	+0.20 0	5.4	+0.20 0
>95~110	28×16	28	0 −0.052	±0.026	−0.022 −0.074	+0.052 0	+0.149 +0.065	10.0		6.4	
>110~130	32×18	32						11.0		7.4	
>130~150	36×20	36	0 −0.062	±0.031	−0.026 −0.088	+0.062 0	+0.180 +0.080	12.0		8.4	
>150~170	40×22	40	0 −0.062	±0.031	−0.026 −0.088	+0.062 0	+0.180 +0.080	13.0	+0.30 0	9.4	+0.30 0
>170~200	45×25	45	0 −0.062	±0.031	−0.026 −0.088	+0.062 0	+0.180 +0.080	15.0		10.4	
>200~230	50×28	50						17.0		11.4	

2. 平键联结的公差与配合

平键联结的剖面尺寸已标准化，本节主要研究键宽和键槽宽的公差与配合。

键为标准件，工作时，其两侧面既与轴槽侧面配合，又与轮毂槽侧面配合，而且配合性质往往又不同，因此，国标 GB/T 1095—2003 中规定平键的键宽与键槽宽的配合采用基轴制配合，且对键宽只规定了一种公差带 h8，对轴和轮毂的键槽宽各规定了三种公差带，如图 10-3 所示，组成了三种不同性质的配合：松联结、正常联结和紧密联结，以满足各种不同用途的需要，三种配合应用场合见表 10-2。

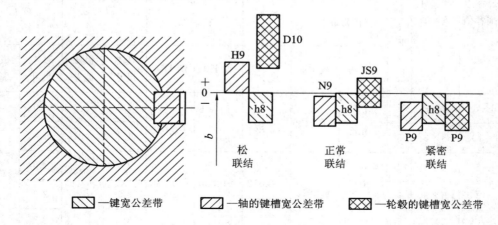

图 10-3　键宽和键槽宽的公差带

表 10 - 2 键联结的配合种类

轴的类型	配合种类	尺寸 b 的公差带			配合性质及应用
		键	键槽	轮毂槽	
平键	较松联结	h9	H9	D9	键在轴上或轮毂中能滑动。主要用于导向平键、滑键,轮毂可在轴上做轴向移动
	一般联结		N9	Js9	键在轴上和轮毂中固定。用于载荷不大的场合
	较紧联结		P9	P9	键在轴上和轮毂中固定。用于传递重载、冲击载荷或双向转矩
半圆键	一般联结		N9	Js9	定位及传递扭矩
	较紧联结		P9	P9	

3. 平键联结的几何公差和表面粗糙度

为了保证键宽与键槽宽之间有足够的接触面积,便于装配,应该分别规定轴槽和轮毂槽的对称度公差。根据不同的使用要求,以键宽为基本尺寸,按 GB/T 1184 - 1996 中对称度公差的 IT7～IT9 级选取。

当键长 L 与键宽 b 之比大于或等于 8($L/b \geqslant 8$)时,还应规定键的两工作侧面在长度方向上的平行度要求。

作为主要配合表面,轴槽和轮毂槽的键槽宽度 b 两侧面的表面粗糙度 Ra 值一般取 $1.6～3.2~\mu m$,轴槽底面和轮毂槽底面的表面粗糙度 Ra 值取 $6.3~\mu m$。

轴槽和轮毂槽的剖面尺寸、形位公差和表面粗糙度在图样上的标注示例如图 10 - 4 所示。考虑到测量方便,在零件图中,轴槽深 t_1 用"$d - t_1$"标注,其极限偏差与 t_1 相反;轮毂槽深 t_2 用"$d + t_2$"标注,其极限偏差与 t_2 相同。

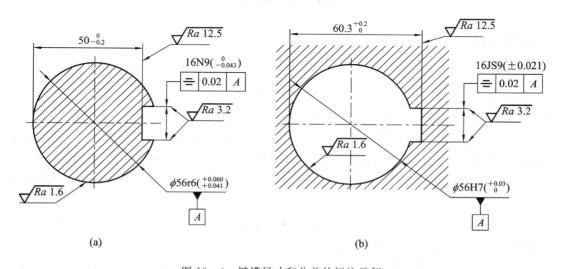

(a) (b)

图 10 - 4 键槽尺寸和公差的标注示例

二、平键的检测

键和键槽的尺寸检测比较简单。在单件、小批量生产中，通常采用游标卡尺、千分尺等通用计量器具来测量键槽宽度和深度。在成批、大量生产中，则可采用极限量规来测量，如图 10-5 所示。

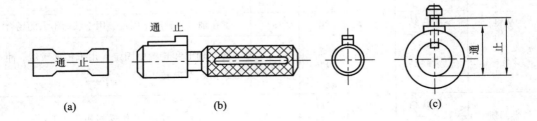

图 10-5　平键尺寸检测的极限量规

对称度误差检测：单件、小批量生产时，可用分度头、V 形块和百分表来测量，大批量生产时一般用综合量规进行检测，如对称度极限量规。只要量规通过即为合格，如图 10-6 所示。

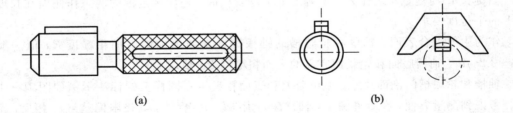

图 10-6　键槽和轮毂槽对称度极限量规

● 任务实施

根据任务求解如下：

（1）由图 10-1 的几何关系知，$t_1 = 56 - 50 = 6$ mm，$h = 60.3 - 50 = 10.3$ mm，$b = 16$ mm，采用正常联结，查表 10-1 得轴 $N9_{-0.043}^{0}$，$JS9 \pm 0.0215$。

（2）键与键槽配合的松紧程度还与它们配合表面的形位误差有关，因此应分别规定轴键槽宽度的中心平面对轴的基准轴线和轮毂键槽宽度的中心平面对孔的基准轴线的对称度公差。该对称度公差与键槽宽度的尺寸公差及孔、轴尺寸公差的关系可以采用独立原则或最大实体要求。

（3）键槽宽度 b 的两侧面的表面粗糙度 Ra 值推荐为 $1.6 \sim 3.2$ μm，键槽底面的 Ra 值一般取 6.3 μm，非配合表面取为 12.5 μm。

因此得到轴键槽和轮毂键槽剖面尺寸及其公差带、键槽的形位公差和表面粗糙度并能在图样上的标注如图 10-7 所示。

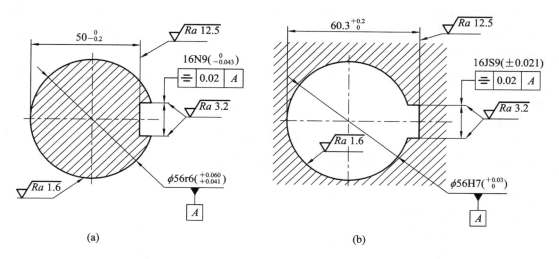

图 10-7 轴键槽和轮毂键槽形位公差和表面粗糙度在图样上的标注

任务二 矩形花键的公差配合与检测

◉ 任务引入

图 10-8 所示为矩形花键剖面图，试确定矩形花键剖面尺寸及其公差带、形位公差和表面粗糙度，并在图样上进行标注。

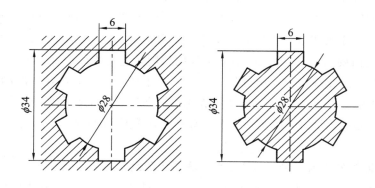

图 10-8 矩形花键剖面图形

◉ 知识准备

一、花键联结的公差配合

1. 概述

花键联结是用在轴径向均布的外花键和在轮毂孔上带有相应内花键相配合的可拆连

189

接。与平键联结相比，花键联结的承载能力强，对中性和导向性好，键与轴或孔为一整体，强度高，负荷分布均匀，可传递较大的扭矩。一般用于载荷较大、定心精度要求高和经常作轴向滑移的场合，在机械制造领域应用广泛。

花键按其截面形状可分为矩形花键、渐开线花键和三角形花键，其中以矩形花键的应用最广。

2. 花键的定心方式

花键联结的主要要求是保证内、外花键联结后具有较高的同轴度，并能传递扭矩。矩形花键有大径 D、小径 d 和键槽宽 B 这三个主要尺寸，如图 10 - 9 所示。

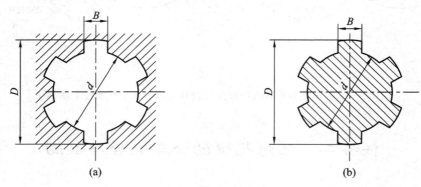

图 10 - 9   矩形花键主要尺寸
（a）内花键；（b）外花键

矩形花键尺寸共分轻、中两个系列。键数规定为 6 键、8 键和 10 键三种。轻、中两个系列的键数是相等的，对于同一小径两个系列的键宽（或槽宽）尺寸也是相等的，不同的是中系列的大径比轻系列的大，所以中系列配合时的接触面积大，承载能力高。

国家标准 GB/T 1144—2001《矩形花键尺寸、公差和检验》规定矩形花键用小径定心，因为小径定心有一系列优点。当用大径定心时，内花键定心表面的精度依靠拉刀保证，而当内花键定心表面要求高（$Ra < 0.63\ \mu m$），采用拉削工艺也难以保证；在单件、小批量生产及大规格花键中，内花键也难以用拉削工艺。采用小径定心时，热处理后的变形可用内圆磨修复，而且内圆磨可以达到更高的尺寸精度和更高的表面粗糙度要求。因而小径定心的定心精度高，定心稳定性好，使用寿命长，有利于产品质量的提高。外花键小径精度可用成形磨削保证。

3. 矩形花键的公差与配合、形位公差、表面粗糙度

（1）国家标准 GB/T 1144—2001 规定，矩形花键的尺寸公差采用基孔制，目的是减少拉刀数目。

对花键孔规定了拉削后热处理和不用处理两种。标准中规定，按装配形式分滑动、紧滑动和固定三种配合。其区别在于，前两种在工作过程中，既可传递扭矩，且花键套还可在轴上移动；后者只用来传递扭矩，花键套在轴上无轴向移动。不同的配合性质或装配形式通过改变外花键的小径和键宽的尺寸公差带达到，其公差带见表 10 - 3。

表 10 - 3　矩形花键的尺寸公差带

用途	d	D	B		d	D	B	装配形式
			拉削后不热处理	拉削后热处理				
一般传动用	H7		H9	H11	f7	d10		滑动
					g7	f9		紧滑动
					h7	h10		固定
精密传动用	H5	H10			f5	d8		滑动
					g5	a11	f7	紧滑动
					h5		h8	固定
	H6		H7、H9		f6	d8		滑动
					g6	f7		紧滑动
					h6	h8		固定

（2）内、外花键除尺寸公差外，还有形位公差要求。在大批量生产条件下，为了便于采用综合量规进行检验，花键的形位公差主要是控制键（键槽）的位置度误差（包括等分度误差和对称度误差）和键侧对轴线的平行度误差。

为保证配合性质，内、外花键的小径定心表面的形状公差和尺寸公差的关系应遵守包容要求。形位公差若是规定位置度公差，则应注意键宽的位置度公差与小径定心表面的尺寸公差关系均应符合最大实体要求，用综合量规（位置量规）检验。位置度公差按表 10 - 4 确定，位置度公差标注形式如图 10 - 10 所示。

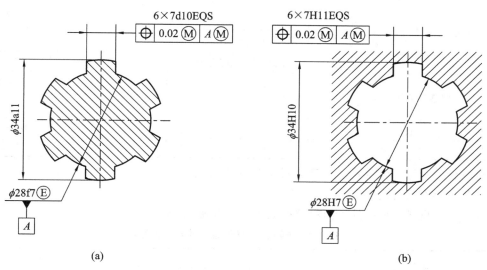

图 10 - 10　花键位置度公差标注形式
（a）外花键；（b）内花键

当单件、小批生产时，采用单项测量，可规定对称度公差，则应注意键宽的对称度公差与小径定心表面的尺寸公差关系应遵守独立原则。国家标准规定，花键的等分度公差等于花键的对称度公差。对称度公差按表 10 - 4 确定，对称度公差标注形式如图 10 - 11 所示。

另外，对于较长花键，可根据产品性能自行规定键侧对轴线的平行度公差。

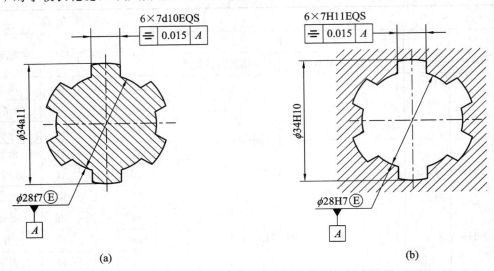

图 10 - 11　花键对称度公差标注形式

（a）外花键；（b）内花键

表 10 - 4　花键位置度公差和对称度公差　　　　mm

	花键的位置度公差			
键槽宽或键宽 B	3	3.5～6	7～10	12～18
	t_1			
键槽宽	0.010	0.015	0.020	0.025
键宽　滑动、固定	0.010	0.015	0.020	0.025
紧滑动	0.006	0.010	0.013	0.016
	花键的对称度公差			
键槽宽或键宽 B	3	3.5～6	7～10	12～18
	t_2			
一般用	0.010	0.012	0.015	0.018
精密传动用	0.006	0.008	0.009	0.011

对较长的花键，还需要控制键侧对轴线的平行度误差，其数值标准中未作规定，可以根据产品性能在设计时自行确定。

（3）矩形花键各表面的表面粗糙度如表 10 - 5 所示。

表 10 - 5　矩形花键表面粗糙度推荐值　　　　μm

加工表面	内花键	外花键
	Ra 不大于	
小径	0.8	0.8
大径	6.3	3.2
键侧	3.2	0.8

4. 矩形花键在图样上的标注

矩形花键联结在图纸上的标注，按顺序包括以下项目：键数 N，小径 d，大径 D，键宽（键槽宽）B，标注顺序表示为键数 $N×$小径 $d×$大径 $D×$键宽（键槽宽）B。按此顺序在装配图上标注花键的配合代号和在零件图上标注花键的尺寸公差带代号。例如，花键键数 N 为 6，小径 d 的配合为 23H7/f7、大径 D 的配合为 26H10/a11、键槽宽与键宽 B 的配合为 6H11/d10，其标注方法如下：

花键副在装配图上标注配合代号为

$$6×23H7/f7×26H10/a11×6H11/d10 \quad GB/T\ 1144—2001$$

内花键在零件图上标注尺寸公差带代号为

$$6×23H7×26H10×6H11 \quad GB/T\ 1144—2001$$

外花键在零件图上标注尺寸公差带代号为

$$6×23f7×26a11×6d10 \quad GB/T\ 1144—2001$$

矩形花键联结的标注如图 10 - 12 所示。

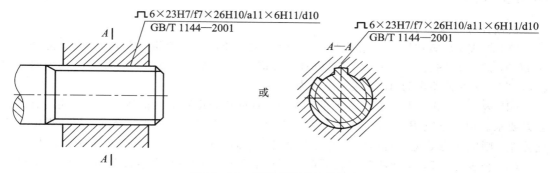

图 10 - 12　矩形花键联结的标注

二、矩形花键的检测

花键检测分为单项检测和综合检测两种情况。

单项检测主要用于单件、小批量生产，用通用量具分别对各尺寸、大径对小径的同轴度误差及键齿（槽）位置误差进行测量，以保证各尺寸偏差及形位误差在其公共公差范围内。

花键表面的位置误差是很少进行单项检测的，一般只在分析花键加工质量以及制造花键刀具、花键量规时，或在首件检验和抽查中才进行。若需对位置误差进行单项测量，可在光学分度头或万能工具显微镜上进行。花键等分累积误差与齿轮周节累积误差的测量方法相同。

综合检测适用于大批量生产，用位置量规检验。综合量规用于控制被测花键的最大实体边界，即综合检验小径、大径及键（槽）宽的关联作用尺寸，使其控制在最大实体边界内，然后用单项止端量规分别检测尺寸 d、D 和 B 的最小实体尺寸。检验时，综合量规应能通过工件，单项止规通不过工件，则工件合格。

综合量规的形状与被测环节相对应，检验花键孔用综合塞规，检验花键轴用综合环规。矩形花键综合量规如图 10 - 13 所示。

检验小径定心用的花键塞规如图 10 - 13(a)所示，塞规两端的圆柱作导向及检验花键孔的小径用。花键塞规花键部分的小径做成比基本尺寸小 0.5~1 mm，不起检验作用，而使导向圆柱体的直径代替花键塞规内径，这样就可以使花键塞规的加工大为简化。

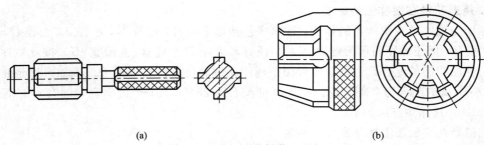

(a)   (b)

图 10 - 13   矩形花键位置量规

（a）花键塞规；（b）花键环规

图 10 - 13(b)为检验外花键用的花键环规，与花键塞规一样，花键环规的外径也适当加大，而在花键环规后面的圆柱孔直径相当于花键环规的外径，外花键的外径即用此孔检验。这种结构便于磨削综合量规的内孔及花键槽侧面。

◉ **任务实施**

根据任务求解如下：

（1）查表 10 - 3 选取一般用矩形花键，内花键小径 d 的公差带为 H7，大径 D 的公差带为 H10，键宽 B 的公差带为 H11；对应着外花键小径 d 的公差带为 f7，大径 D 的公差带为 a11，键宽 B 的公差带为 d10，装配形式为滑动。

（2）内、外花键是具有复杂表面的结合件，且键长与键宽的比值较大，因此还需有形位公差要求。由于键宽 $B=6$ mm，查表 10 - 4 得位置度公差 $t_1=0.015$ mm。若是规定对称度公差，则应注意键宽的对称度公差与小径定心表面的尺寸公差关系应遵守独立原则。

（3）查表 10 - 5，矩形花键的表面粗糙度选取为内花键的小径表面为 $Ra0.8$ μm，键侧面为 $Ra3.2$ μm，大径表面为 $Ra6.3$ μm。外花键的小径表面为 $Ra0.8$ μm，键侧面为 Ra 0.8 μm，大径表面为 $Ra3.2$ μm。

因此得到矩形花键剖面尺寸及其公差带、键槽的形位公差和表面粗糙度并在图样上标注，如图 10 - 14 所示为矩形花键的标注。

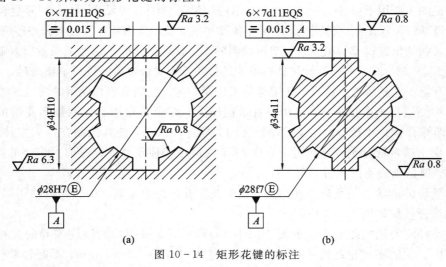

(a)   (b)

图 10 - 14   矩形花键的标注

（a）内花键；（b）外花键

拓 展 知 识

矩形花键的主要尺寸和定心方式。

矩形花键的主要参数为大径 D、小径 d、键宽和键槽宽 B，如图 10-15 所示。

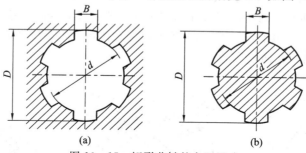

图 10-15 矩形花键的主要尺寸

(a)内花键；(b)外花键

矩形花键尺寸规定了轻、中两个系列，键数 N 有 6 键、8 键和 10 键三种，便于加工检测。键数随小径增大而增多，轻、中系列合计 35 种规格，如表 10-6 所示。

表 10-6 矩形花键的尺寸系列

小径 d	轻系列				中系列			
	规格	键数 N	大径 D	键宽 B	规格	键数 N	大径 D	键宽 B
	$N \times d \times D \times B$				$N \times d \times D \times B$			
11					$6 \times 11 \times 14 \times 3$	6	14	3
13					$6 \times 13 \times 16 \times 3.5$	6	16	3.5
16					$6 \times 16 \times 20 \times 4$	6	20	4
18					$6 \times 18 \times 22 \times 5$	6	22	5
21					$6 \times 21 \times 25 \times 5$	6	25	5
23	$6 \times 23 \times 26 \times 6$	6	26	6	$6 \times 23 \times 26 \times 6$	6	28	6
26	$6 \times 26 \times 30 \times 6$	6	30	6	$6 \times 26 \times 32 \times 6$	6	32	6
28	$6 \times 28 \times 32 \times 7$	6	32	7	$6 \times 28 \times 34 \times 7$	6	34	7
32	$8 \times 32 \times 36 \times 6$	8	36	6	$8 \times 32 \times 38 \times 6$	8	38	6
36	$8 \times 36 \times 40 \times 7$	8	40	7	$8 \times 36 \times 42 \times 7$	8	42	7
42	$8 \times 42 \times 46 \times 8$	8	46	8	$8 \times 42 \times 48 \times 8$	8	48	8
46	$8 \times 46 \times 50 \times 9$	8	50	9	$8 \times 46 \times 54 \times 9$	8	54	9
52	$8 \times 52 \times 58 \times 10$	8	58	10	$8 \times 52 \times 60 \times 10$	8	60	10
56	$8 \times 56 \times 62 \times 10$	8	62	10	$8 \times 56 \times 65 \times 10$	8	65	10
62	$8 \times 62 \times 68 \times 12$	8	68	12	$8 \times 62 \times 72 \times 12$	8	72	12
72	$10 \times 72 \times 78 \times 12$	10	78	12	$10 \times 72 \times 82 \times 12$	10	82	12
82	$10 \times 82 \times 88 \times 12$	10	88	12	$10 \times 82 \times 92 \times 12$	10	92	12
92	$10 \times 92 \times 98 \times 14$	10	98	14	$10 \times 92 \times 102 \times 14$	10	102	14
102	$10 \times 102 \times 108 \times 16$	10	108	16	$10 \times 102 \times 112 \times 16$	10	112	16
112	$10 \times 112 \times 120 \times 18$	10	120	18	$10 \times 112 \times 125 \times 18$	10	125	18

矩形花键连接的结合面有三个，即大径结合面、小径结合面和键侧结合面。要保证三个结合面同时达到高精度的配合是很困难的，也没有这个必要。因此，为了保证使用性质和改善加工工艺，只要选择其中一个结合面作为主要配合面，对其尺寸规定较高的精度，作为紧要配合尺寸，以确定内、外花键的配合性质，并起定心作用，该表面称为定心表面。

因此矩形花键的定心方式有三种：按大径 D 定心、按小径 d 定心和按键侧（键槽侧）B 定心，如图 10 - 16 所示。对于起定心作用的尺寸应要求较高的配合精度，非定心尺寸要求可低一些，但对键宽这一配合尺寸，无论是否起定心作用，都应要求较高的配合精度，因为扭矩是通过键和键槽的侧面传递的。

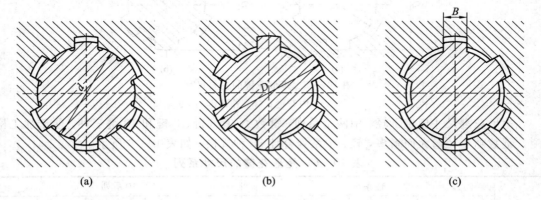

图 10 - 16　矩形花键三种定心方式

（a）小径定心；（b）大径定心；（c）键侧（键槽侧）定心

国家标准规定采用小径 d 定心。由于花键结合面的硬度要求较高，需淬火处理，为了保证定心表面的尺寸精度和形状精度，淬火后需要进行磨削加工。从加工工艺来看，小径便于用磨削方法进行精加工（内花键小径可以在内圆磨床上磨削，外花键小径可用成形砂轮磨削），因此 GB/T 1144—2001 规定采用小径 d 定心。

项 目 小 结

本项目主要介绍了键和花键联结的公差与配合以及它们的检测方法。介绍了平键的几何参数、主要配合尺寸和标注，平键联结的公差配合及选用，键槽的几何公差、表面粗糙度的选用及标注；介绍了矩形花键的几何参数、主要配合尺寸和标注、定心方式、公差配合的选用，矩形花键的几何公差、表面粗糙度的选用及标注。键和花键联结在目前的工业生产中及我们的日常生活中都得到了广泛应用。

思 考 与 练 习

一、填空题

1. 平键与轴槽及轮毂槽同时配合，采用基_____制；根据应用场合不同，配合种类分为_____种联结。

2.平键正常联结配合，键与槽_____轴向移动。

3.矩形花键的基本尺寸表示为_____。

4.矩形花键按国家标准是以_____定心，_____、_____、_____三个尺寸都选用了_____制配合。

二、判断题

（　　）1.键联结用于轴与轴上零件之间的联结，用以传递扭矩和运动，它属于不可拆卸联结。

（　　）2.平键又可分为普通平键、导向平键和滑键三种。

（　　）3.平键的尺寸根据轴的转矩大小进行选择。

（　　）4.花键联结一般用于载荷较大、定心精度要求高和经常作轴向滑移的场合。

（　　）5.国家规定矩形花键用大径定心。

（　　）6.花键检测分为单项检测和综合检测两种。

三、简答题

1.各种键联结的特点是什么？这些键主要使用在哪些场合？

2.单键与轴槽、轮毂槽的配合分为哪几类？如何选择？

3.矩形内、外花键除规定尺寸公差外，还规定哪些位置公差？

4.试说明花键综合量规的作用。

四、综合题

1.试按 GB/T 1144—2001 确定矩形花键 $6\times23H7/g7\times26H10/a11\times6H11/f10$ 中内、外花键的小径、大径、键槽宽的极限偏差和位置公差，并指出各自遵守的公差原则。

2.有一普通机床变速箱用矩形花键联结，要求定心精度较高，且采用滑移联结。若选定花键规格为"$8\times32\times36\times6$"的矩形花键，试选择内、外花键各主要参数的公差带代号。

项目十一 滚动轴承的公差配合（选学）

1. 知识要求

（1）了解滚动轴承的组成及分类；

（2）了解滚动轴承的内径、外径公差带。

2. 技能要求

（1）会选择滚动轴承的公差等级；

（2）会选择滚动轴承与轴、外壳孔的配合。

任务 确定滚动轴承的公差配合

● 任务引入

某圆柱齿轮减速器，装有 0 级向心角接触球轴承，轴承内圈随轴一起转动，外圈固定。轴承尺寸 $d×D×B=50\ \text{mm}×110\ \text{mm}×27\ \text{mm}$，额定动负荷 $C_r=32\ 000\ \text{N}$，轴承承受的径向当量动负荷 $F_r=4000\ \text{N}$。试用类比法确定轴和外壳孔的公差带代号，画出公差带图，确定轴和外壳的几何公差值及表面粗糙度并标注在图 11-1 中。

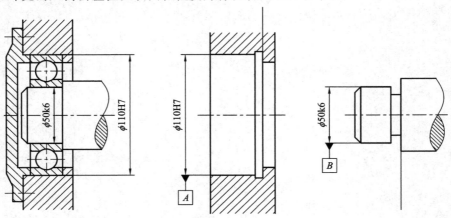

图 11-1 滚动轴承与轴及外壳孔的配合

● **知识准备**

　　如图 11-2 所示，滚动轴承由内圈、外圈、滚动体和保持架组成。内圈与轴装配；外圈与外壳孔装配；滚动体承受载荷并形成滚动摩擦；保持架将轴承内的滚动体均匀分开，使其轮流承受相等载荷，并保证滚动体在轴承内、外滚道间正常滚动。与滑动轴承相比，滚动轴承具有摩擦力小、消耗功率少、润滑简单、更换方便等优点。

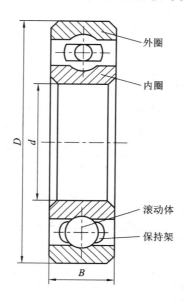

图 11-2　滚动轴承

　　按其所承受的载荷方向或公称接触角不同，滚动轴承可分为向心轴承和推力轴承。

　　向心轴承：主要承受径向载荷，其公称接触角为 0°～45°。按公称接触角不同，向心轴承又可分为径向接触轴承(公称接触角为 0°)和向心角接触轴承(公称接触角大于 0°～45°)。

　　推力轴承：主要承受轴向载荷，其公称接触角为 45°～90°。按公称接触角不同，推力轴承又可分为轴向接触轴承(公称接触角为 90°)和推力角接触轴承(公称接触角为 45°<α<90°)。

　　按滚动体的种类不同，滚动轴承可分为球轴承和滚子轴承。滚动轴承的工作性能和寿命，既取决于轴承本身的制造精度，也与配合件(轴和外壳)的尺寸精度、形位精度和表面粗糙度有关。

一、滚动轴承的公差等级及其应用

1. 滚动轴承的公差等级

　　滚动轴承是按尺寸公差和旋转精度分级的，其中，尺寸公差是指轴承的内径 d、外径 D 和宽度 B 等的公差；旋转精度是指轴承内、外圈作相对转动时跳动的程度，包括内、外圈的径向圆跳动，端面对滚道的跳动和端面对内孔的跳动等。

　　国家标准 GB/T 307.3—2005 规定，向心轴承(圆锥滚子轴承除外)分为 0、6、5、4、2 五级；圆锥滚子轴承分为 0、6X、5、4 四级；推力轴承分为 0、6、5、4 四级。公差等级依次由低到高排列，0 级最低，2 级最高。

2. 滚动轴承各公差等级的应用

0级为普通级，广泛用于低、中转速和旋转精度要求不高的旋转机械中，如普通机床的变速机构、进给机构，拖拉机的变速机构，水泵及农业机械等通用机械的旋转机构等。

6级、6X级和5级多用于转速较高或旋转精度要求较高的旋转机械中，如普通机床主轴轴系(前支承采用5级，后支承采用6级)，比较高精度的仪器、仪表和机械的旋转机械等。

4级多用于转速很高或旋转精度要求很高的旋转机械中，如高精度磨床和车床、精密螺纹车床和齿轮磨床等的主轴轴承。

2级多用于精密机械的旋转机构中，如精密坐标镗床、高精度齿轮磨床和数控机床等的主轴轴承。

二、滚动轴承内径、外径公差带

国家标准规定，轴承内圈单一平面平均直径 d_{mp} 的公差带位于零线下方，上极限偏差为零，下极限偏差为负，如图 11-3 所示，它与一般基孔制公差带的分布位置相反，公差值也不同；轴承外圈单一平面平均直径 D_{mp} 的公差带也位于零线下方，上极限偏差为零，下极限偏差为负，如图 11-3 所示，它与一般基轴制公差带的分布位置相同，但公差值不同。

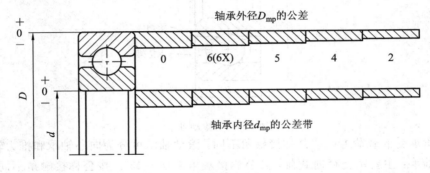

图 11-3　滚动轴承内径、外径公差带

滚动轴承为标准件，它与其他零件组成配合时，都是以滚动轴承为配合基准件来选择基准制的，即滚动轴承内圈内径与轴的配合采用基孔制，滚动轴承外圈外径与外壳孔的配合采用基轴制。

多数情况下，轴承内圈与轴一起旋转，内圈与轴之间必须具有一定的过盈，但过盈量不宜过大，以防止内圈应力过大而产生较大的变形。轴承的内、外圈都是薄壁零件，在制造和自由状态下都易变形，但在装配后也很容易得到校正。根据这些特点，国家标准中不仅规定了两种尺寸公差，还规定了两种形状公差。其目的是控制轴承的变形程度、轴承与轴和外壳孔配合的尺寸精度。

两种尺寸公差：轴承单一内径 ds 与外径 Ds 的偏差(Δ_{ds}，Δ_{Ds})；轴承单一平面平均内径 d_{mp} 与外径 D_{mp} 的偏差(Δ_{dmp}，Δ_{Dmp})。

两种形状公差：轴承单一平面内单一内径 ds 与外径 Ds 的变动量(V_{dsp}，V_{Dsp})；轴承平均内径与外径的变动量(V_{dmp}，V_{Dmp})。

向心轴承内径、外径的尺寸公差和几何公差以及轴承的旋转精度公差，分别见表 11-1和表 11-2。从 0 级至 2 级精度的平均直径公差相当于 IT7～IT3 级的尺寸公差。

表 11-1 向心轴承内圈公差(摘自 GB/T 307.1—2005) μm

d(mm)	公差等级	Δ_{dmp} 上偏差	Δ_{dmp} 下偏差	Δ_{ds}[①] 上偏差	Δ_{ds}[①] 下偏差	V_{dsp} 9	V_{dsp} 0、1	V_{dsp} 2、3、4	V_{dmp} 最大	K_{ia} 最大	S_d 最大	S_{ia}[②] 最大	Δ_{Bs} 全部 上偏差	Δ_{Bs} 正常 下偏差	Δ_{Bs} 修正 下偏差	V_{Bs} 最大
>18~30	0	0	−10	—	—	13	10	8	8	13			0	−120	−250	20
	6	0	−8	—	—	10	8	6	6	8			0	−120	−250	20
	5	0	−6			6	5	5	3	4	8	8	0	−120	−250	5
	4	0	−5	0	−5	5	4	4	2.5	3	4	4	0	−120	−250	2.5
	2	0	−2.5	0	−2.5	—	2.5	2.5	1.5	2.5	1.5	2.5	0	−120	−250	1.5
>30~50	0	0	−12	—	—	15	9	9	9	15			0	−120	−250	20
	6	0	−10	—	—	13	8	8	8	10			0	−120	−250	20
	5	0	−8			8	6	6	4	5	8	8	0	−120	−250	5
	4	0	−6	0	−6	6	5	5	3	4	4	4	0	−120	−250	3
	2	0	−2.5	0	−2.5	—	2.5	2.5	1.5	2.5	1.5	2.5	0	−120	−250	1.5

表 11-2 向心轴承外圈公差(摘自 GB/T 307.3—2005) μm

D(mm)	公差等级	Δ_{Dmp} 上偏差	Δ_{Dmp} 下偏差	Δ_{Ds}[①] 上偏差	Δ_{Ds}[①] 下偏差	V_{Dsp}[②] 开型 9	开型 0、1	开型 2、3、4	闭型 2、3、4	闭型 0、1	V_{Dmp} 最大	K_{ea} 最大	S_D 最大	S_{ea}[③] 最大	Δ_{Cs} 上偏差	Δ_{Cs} 下偏差	V_{cs} 最大
>50~80	0	0	−13	—	—	16	13	10	20	—	10	25	—	—			与同一轴承内圈的 V_{Bs} 相同
	6	0	−11	—	—	14	11	8	16	16	8	13	—	—	与同一轴承内圈的 Δ_{Bs} 相同		
	5	0	−9			9	7	7	—	—	5	8	8	10			6
	4	0	−7	0	−7	7	5	5	—	—	3.5	5	4	5			3
	2	0	−4	0	−4	4	4	4	4	4	2	4	1.5	4			1.5
>80~120	0	0	−15	—	—	19	19	11	26	—	11	35	—	—			与同一轴承内圈的 V_{Bs} 相同
	6	0	−13	—	—	16	16	10	20	20	10	18	—				

D (mm)	公差等级	Δ_{Dmp} 上偏差	Δ_{Dmp} 下偏差	Δ_{Ds}① 上偏差	Δ_{Ds}① 下偏差	V_{Dsp}② 开型轴承 直径系列 9 最大	V_{Dsp}② 开型轴承 直径系列 0、1 最大	V_{Dsp}② 开型轴承 直径系列 2、3、4 最大	V_{Dsp}② 闭型轴承 直径系列 2、3、4 最大	V_{Dsp}② 闭型轴承 直径系列 0、1 最大	V_{Dmp} 最大	K_{ea} 最大	S_D 最大	S_{ea}③ 最大	Δ_{Cs} 上偏差	Δ_{Cs} 下偏差	V_{cs} 最大
>80 ~120	5	0	−10	—	—	10	8	8	—	—	5	10	9	11			8
	4	0	−8	0	−8	8	6	6	—	—	4	6	5	6			4
	2	0	−5	0	−5		5	5	5	5	2.5	5	2.5	5			2.5

对于同一内径的轴承，使用场合不同，其所承受的载荷大小和寿命极限不同，必须使用直径大小不同的滚动体，从而使轴承的外径和宽度随之变化，这种内径相同而外径不同的结构变化称为直径系列。

三、滚动轴承与轴、外壳的配合及选择

1. 轴和外壳孔的公差带

如前所述，滚动轴承内圈内径与轴的配合采用基孔制，滚动轴承外圈外径与外壳孔的配合采用基轴制。国家标准 GB/T 275—2015 规定了 17 种与滚动轴承配合的轴公差带，16 种与滚动轴承配合的外壳孔公差带，如图 11-4 所示。

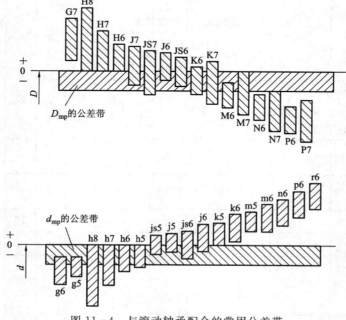

图 11-4　与滚动轴承配合的常用公差带

国家标准 GB/T 275—2015 推荐了与 0 级和 6 级向心轴承相配合的轴和外壳孔的公差

带，如表 11 - 3 所示。

表 11 - 3　与向心轴承配合的轴和外壳孔公差带

公差等级	轴公差带		外壳孔公差带		
	过渡配合	过盈配合	间隙配合	过渡配合	过盈配合
0	g6、h6、j6、js6 g5、h5、j5	r7 k6、m6、n6、p6、r6 k5、m5	H8 G7、H7 H6	J7、JS7、K7、M7、N7 J6、JS6、K6、M6、N6	P7 P6
6	g6、h6、j6、js6 g5、h5、j5	r7 k6、m6、n6、p6、r6 k5、m5	H8 G7、H7 H6	J7、JS7、K7、M7、N7 J6、JS6、K6、M6、N6	P7 P6

　　应当注意的是，轴承内圈与轴的配合虽然属于基孔制，但由于轴承内径的公差带均采用上极限偏差为零、下极限偏差为负的向下单向分布，所以轴承内圈与轴的配合比按一般基孔制形成的配合紧一些。

　　上述公差带只适用于对轴承的旋转精度、运转平稳性和工作温度无特殊要求，轴为实心轴或厚壁钢制轴，外壳为铸钢或铸铁制件的场合。

　　2. 滚动轴承配合的选择原则

　　选择滚动轴承配合时，应综合考虑作用在轴承上的负荷类型、负荷大小，轴承的类型及尺寸，轴承游隙，工作温度，与轴承相配合的轴和外壳的材料、结构，装卸和调整等一系列因素。

　　1）负荷类型

　　轴承运转时，根据作用于轴承上的合成径向负荷相对于轴承套圈的旋转情况，可将轴承所受负荷分为固定负荷、旋转负荷和摆动负荷三类，如图 11 - 5 所示。

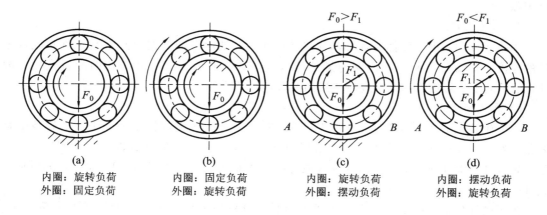

图 11 - 5　轴承套圈所受负荷类型

　　（1）固定负荷。作用于轴承上的合成径向负荷与套圈相对静止，即合成径向负荷方向始终不变地作用于套圈滚道的局部区域上，该套圈所承受的负荷称为固定负荷，如图 11 - 5（a）和图 11 - 5（b）所示。

　　承受固定负荷的轴承套圈与轴或外壳孔的配合，应选较松的过渡配合或较小的间隙配合，以便让套圈滚道间的摩擦力矩带动套圈转位，使套圈受力均匀，延长轴承的使用寿命。

（2）旋转负荷。作用于轴承上的合成径向负荷与套圈相对旋转，即合成径向负荷方向顺次作用于套圈滚道的整个圆周上，该套圈所承受的负荷称为旋转负荷，如图 11-5(c)所示。

承受旋转负荷的轴承套圈与轴或外壳孔的配合，应选过盈配合或较紧的过渡配合，以防止套圈在轴或外壳孔的配合表面上打滑，使配合表面发生磨损。其过盈量的大小，以不使轴承套圈与轴或外壳孔的配合表面间产生爬行现象为原则。

（3）摆动负荷。作用于轴承上的合成径向负荷与所承载的套圈在一定区域内相对摆动，即合成负荷向量连续摆动地作用在套圈的部分圆周上，该套圈所承受的负荷称为摆动负荷，如图 11-5(c)和图 11-5(d)所示。此时的合成负荷向量为定向负荷 F_0 和旋转负荷 F_1 的矢量和。

2）负荷大小

作用于轴承上的合成径向当量动负荷 F_r 与径向额定动负荷 C_r 的比值来区分，当 $F_r/C_r \leqslant 0.07$ 时，称为轻负荷；当 $0.07 < F_r/C_r \leqslant 0.15$ 时，称为正常负荷；当 $F_r/C_r > 0.15$ 时，称为重负荷。

轴承在承受重负荷和冲击负荷时，套圈容易产生变形，使配合面受力不均匀，甚至引起配合松动，因此应选择较大的过盈量。承受冲击负荷时，应选用比承受平稳负荷较紧的配合。

3）轴承尺寸大小

随着轴承尺寸的增大，选择的过盈配合的过盈应越大，间隙配合的间隙应越大。

4）轴承游隙

选择轴承游隙时，应考虑因配合性质、轴承内外圈温度差、工作负荷等因素变化所引起的游隙变化规律，以检验安装后轴承的游隙是否满足使用要求来确定。例如，采用过盈配合会导致轴承游隙减小，如轴承的两个套圈之一必须采用过盈配合时，应选择较大的轴承游隙。

5）工作温度

轴承工作时，由于摩擦发热和其他热源的影响，轴承套圈的温度经常高于其相配合零件的温度。热膨胀会使轴承内圈与轴的配合变松，使轴承外圈与外壳孔的配合变紧。因此，轴承的工作温度较高时，应对选用的配合进行适当修正。

6）其他因素

空心轴比实心轴、薄壁外壳比厚壁外壳、轻合金外壳比钢或铸铁外壳采用的轴承配合要紧一些；剖分式外壳比整体式外壳采用的配合要松一些，以免过盈将轴承外圈夹扁，甚至将轴卡住。紧于 K7（包括 k7）的配合或外壳孔的标准公差等级小于 IT6 时，应选用整体式外壳。

为了便于安装和拆卸，特别对于重型机械，应采用较松的配合。如果既要求可拆卸，又要求采用较紧的配合时，可采用分离型轴承，或内圈带锥孔和紧定套或退卸套的轴承。

当轴承的内圈或外圈能够沿轴向游动时，该内圈与轴或外圈与外壳孔的配合应选较松的配合。

3. 滚动轴承配合的选择方法

流动轴承与轴和外壳孔的配合，通常综合考虑上述因素用类比法选择。表 11-4～表 11-7 所示为国家标准推荐的常用配合，可供选择时参考。

表 11 - 4　向心轴承和轴的配合　　轴公差带代号

圆柱孔轴承					
运转状态		负荷状态	深沟球轴承、调心球轴承和角接触球轴承	圆柱滚子轴承和圆锥滚子轴承	调心滚子轴承	公差带
说明	举例		轴承公称内径/mm			
旋转的内圈负荷及摆动负荷	一般通用机械、电动机、机床主轴、泵、内燃机、正齿轮传动装置、铁路机车、车辆轴箱、破碎机等	轻负荷	≤18 >18~100 >100~200 —	 ≤40 >40~140 >140~200	 ≤40 >40~100 >100~200	h5 j6① k6① m6①
		正常负荷	≤18 >18~100 >100~140 >140~200 >200~280 — —	— ≤40 >40~100 >100~140 >140~200 >200~400 	— ≤40 >40~65 >65~100 >100~140 >140~280 >280~500	j5、js5 k5② m5② m6 n6 p6 r6
旋转的内圈负荷及摆动负荷		重负荷	 >50~140 >140~200 >200 —	 >50~100 >100~140 >140~200 >200	n6 p6③ r6 r7
固定的内圈负荷	张紧轮、绳轮、振动筛、惯性振动器	所有负荷	所有尺寸			f6 g6① h6 j6
仅有轴向负荷			所有尺寸			j6、js6
圆锥孔轴承						
所有负荷	铁路机车车辆轴箱		装在退卸套上的所有尺寸			h8(IT6)④、⑤
	一般机械传动		装在紧定套上的所有尺寸			H9(IT7)④、⑤

注: ① 凡对精度有较高要求的场合,应选用 j5、k5……分别代替 j6、k6……。
② 圆锥滚子轴承、角接触球轴承的配合对游隙影响不大,可用 k6、m6 分别代替 k5、m5。
③ 重负荷下轴承游隙应选用大于 0 组。
④ 凡有较高精度或转速要求的场合,应选用 h7(IT5)代替 h8(IT6)。
⑤ IT6、IT7 表示圆柱度公差值。

表 11 - 5 向心轴承和外壳孔的配合　孔公差带代号

运转状态		负荷状态	其他状况	外壳孔公差带[1]	
说明	举例			球轴承	滚子轴承[2]
固定的外圈负荷	一般机械、铁路机车车辆箱、电动机、泵、曲轴主轴承	轻、正常、重	轴向易移动，可采用剖分式外壳	H7、G7[2]	
		冲击	轴向能移动，可采用整体或剖分式外壳	J7、JS7	
摆动负荷		轻、正常			
		正常、重	轴向不移动，采用整体式外壳	K7	
		冲击		M7	
旋转的外圈负荷	张紧滑轮、轮毂轴承	轻		J7	K7
		正常		K7、M7	M7、N7
		中		—	N7、P7

注：① 并列公差带随尺寸的增大从左到右选择，对旋转精度有较高要求时，可相应提高一个公差等级。

② 不适用于剖分式外壳。

表 11 - 6 推力轴承和轴的配合　轴公差代号

运转状态	负荷状态	推力球和推力滚子轴承	推力调心滚子轴承[1]	公差带
		轴承公称内径/mm		
仅有轴向负荷		所有尺寸		j6、js6
固定的轴圈负荷	径向和轴向联合负荷	—	≤250	j6
		—	>250	js6
旋转的轴圈负荷或摆动负荷		—	≤200	k6[2]
		—	>200~400	m6
		—	>400	n6

注：① 也包括推力锥滚子轴承，推力角接触球轴承。

② 要求较小过盈时，可分别用 j6、k6、m6 代替 k6、m6、n6。

表 11-7　推力轴承和外壳孔的配合　　孔公差带代号

运转状态	负荷状态	轴承类型	公差带	备注
仅有轴向负荷		推力球轴承	H8	
		推力圆柱、圆锥滚子轴承	H7	
		推力调心滚子轴承		外壳孔与座圈间间隙为 0.001D（D 为轴承公称外径）
固定的座圈负荷	径向和轴向联合负荷	推力角接触球轴承、推力调心滚子轴承、推力圆锥滚子轴承	H7	
旋转的座圈负荷或摆动负荷			K7	普通使用条件
			M7	有较大径向负荷时

4. 轴颈与外壳孔的几何公差及表面粗糙度

轴承与轴和外壳孔的公差等级和配合性质确定后，为保证轴承正常工作，还应对轴及外壳的几何公差和表面粗糙度提出要求，与轴承相配合的轴和外壳孔的几何公差及表面粗糙度值见表 11-8 和表 11-9。

表 11-8　轴和外壳孔的几何公差值

公称尺寸/mm		圆柱度 t				端面圆跳动 t_1			
		轴颈		外壳孔		轴肩		外壳孔肩	
		轴承公差等级							
		0	6(6X)	0	6(6x)	0	6(6X)	0	6(6x)
大于	至	公差值/μm							
0	6	2.5	1.5	4	2.5	5	3	8	5
6	10	2.5	1.5	4	2.5	6	4	10	6
10	18	3.0	2.0	5	3.0	8	5	12	8
18	30	4.0	2.5	6	4.0	10	6	15	10
30	50	4.0	2.5	7	4.0	12	8	20	12
50	80	5.0	3.0	8	5.0	15	10	25	15
80	120	6.0	4.0	10	6.0	15	10	25	15
120	180	8.0	5.0	12	8.0	20	12	30	20
180	250	10.0	7.0	14	10.0	20	12	30	25
250	315	12.0	8.0	16	12.0	25	15	40	25
315	400	13.0	9.0	18	13.0	25	15	40	25
400	500	15.0	10.0	20	15.0	25	15	40	25

表 11 - 9　配合面的表面粗糙度

轴或轴承座直径/mm			轴或轴承配合表面公差等级								
			IT7			IT6			IT5		
			表面粗糙度/μm								
大于	至	Rz	Ra		Rz	Ra		Rz	Ra		
			磨	车		磨	车		磨	车	
0	80	10	1.6	3.2	6.3	0.8	1.6	4	0.4	0.8	
80	500	16	1.6	3.2	10	1.6	3.2	6.3	0.8	1.6	
端面		25	3.2	6.3	25	3.2	6.3	10	1.6	3.2	

● **任务实施**

1. 分析负荷类型及大小

齿轮减速器通过齿轮传递扭矩，轴承主要承受齿轮传递的径向负荷。由于轴承内圈与轴一起转动，外圈固定，故该轴承内圈随旋转负荷，配合较紧；外圈承受固定负荷，配合略松。

根据任务要求，有

$$\frac{F_r}{C_r} = \frac{4000}{32000} = 0.125$$

为正常负荷。

2. 确定轴和外壳孔的公差带代号

根据表 11 - 4 和表 11 - 5 所示，选取轴的公差带为 k5，外壳孔的公差带为 H7。但由于角接触球轴承配合对游隙影响不大，轴的公差带可用 k6 代替 k5。

3. 确定所选配合的间隙和过盈情况

根据表 11 - 1 和表 11 - 2 查出该 0 级轴承的单一平面平均内径偏差：上极限偏差为 0，下极限偏差为 −0.012 mm；单一平面平均外径偏差：上极限偏差为 0，下极限偏差为 −0.015mm。根据标准公差和基本偏差数值表可得

轴为 $\phi 50 \text{k6} \binom{+0.018}{+0.002}$，外壳孔为 $\phi 110 \text{H7} \binom{+0.035}{0}$

公差带图如图 11 - 6 所示。从图中可知，轴承内圈与轴配合的最大、最小过盈分别为

$$Y_{max} = \text{EI} - \text{es} = -0.012 - 0.018 = -0.030 \text{ mm}$$

$$Y_{min} = \text{ES} - \text{ei} = 0 - 0.002 = -0.002 \text{ mm}$$

轴承外圈与外壳孔的最大、最小间隙分别为

$$X_{max} = \text{ES} - \text{ei} = 0.035 - (-0.015) = +0.050 \text{ mm}$$

$$X_{min} = \text{EI} - \text{es} = 0 - 0 = 0 \text{ mm}$$

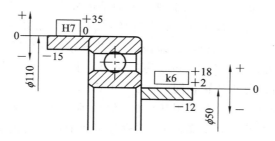

图 11-6　公差带图

4. 确定轴和外壳孔的几何公差及表面粗糙度

根据表 11-8 选取几何公差数值：轴颈的圆柱度公差为 0.004 mm，外壳孔的圆柱度为 0.010 mm；轴肩的端面圆跳动为 0.012 mm，外壳孔的端面圆跳动为 0.025 mm。

根据表 11-9 选取表面粗糙度数值：轴颈 $Ra \leqslant 0.8$ μm，外壳孔 $Ra \leqslant 1.6$ μm，轴肩和孔肩 $Ra \leqslant 3.2$ μm。

标注各项数值，如图 11-7 所示。

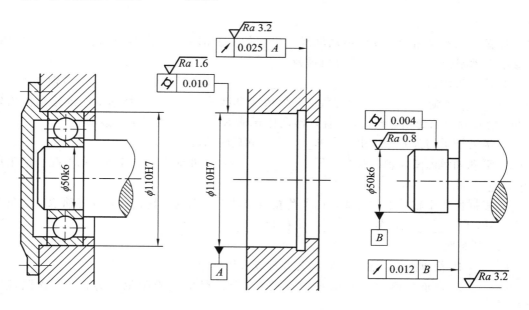

图 11-7　轴与外壳孔几何公差与表面粗糙度标注

项 目 小 结

滚动轴承由内圈、外圈、滚动体和保持架组成。按滚动体的种类不同，滚动轴承可分为球轴承和滚子轴承。按其所承受的载荷方向或公称接触角不同，滚动轴承可分为向心轴承和推力轴承。

国家标准 GB/T 307.3—2005 规定，向心轴承(圆锥滚子轴承除外)分为 0、6、5、4、2

209

五级；圆锥滚子轴承分为 0、6X、5、4 四级；推力轴承分为 0、6、5、4 四级。

国家标准规定，轴承内圈单一平面平均直径 d_{mp} 的公差带位于零线下方，上极限偏差为零，下极限偏差为负，它与一般基准孔制公差带的分布位置相反，公差值也不同；轴承外圈单一平面平均直径 D_{mp} 的公差带也位于零线下方，上极限偏差为零，下极限偏差为负，它与一般基轴制公差带的分布位置相同，但公差值不同。

滚动轴承内圈内径与轴的配合采用基孔制，滚动轴承外圈外径与外壳孔的配合采用基轴制。国家标准 GB/T 275—1993 规定了 17 种与滚动轴承配合的轴公差带，16 种与滚动轴承配合的外壳孔公差带。

选择滚动轴承配合时，应综合考虑作用在轴承上的负荷类型、负荷大小，轴承的类型及尺寸，轴承游隙，工作温度，与轴承相配合的轴和外壳的材料、结构、装卸和调整等一系列因素。

思考与练习

一、填空题

1. 滚动轴承是由专业化的滚动轴承厂生产的标准部件，在机器中起着_____作用，能减小运动副的_____，提高机械效率。

2. 滚动轴承由_____、_____、_____和保持架组成。_____与轴装配；外圈与_____装配；_____承受载荷并形成滚动摩擦；_____将轴承内的滚动体均匀分开，使其轮流承受相等载荷，并保证滚动体在轴承内、外滚道间正常滚动。

3. 滚动轴承的公差等级由轴承的_____和旋转精度决定。

4. 滚动轴承内圈与轴的配合采用_____制，滚动轴承外圈与外壳孔的配合应采用_____制。

5. 根据作用于轴承上的合成径向负荷相对于轴承套圈的旋转情况，可将轴承所受负荷分为三种，即_____负荷、_____负荷和_____负荷。

二、判断题

（　　）1. 普通机床主轴后支承的公差等级采用 5 级。

（　　）2. 轴承内圈单一平面平均直径 d_{mp} 公差带的上极限偏差为正，下极限偏差为负。

（　　）3. 轴承内圈与轴的配合比按一般基孔制形成的配合紧一些。

（　　）4. 承受旋转负荷的轴承套圈与轴或外壳孔的配合，应选较松的过渡配合或较小的间隙配合。

（　　）5. 采用过盈配合会导致轴承游隙减小。

（　　）6. 热膨胀会使轴承内圈与轴的配合变松，使轴承外圈与外壳孔的配合变紧。

三、选择题

1. 精密坐标镗床的主轴轴承采用（　　）级滚动轴承。

A. 6 　　　　　　　B. 5 　　　　　　　C. 4 　　　　　　　D. 2

2. 影响滚动轴承的公差等级的有（　　）。

A. 内径的公差　　　　　　　　　B. 端面对滚道的跳动

C. 端面对内孔的跳动　　　　　　D. 外径的公差

3. 关于轴承外圈单一平面平均直径 D_{mp} 的公差带正确的是（　　）。

A. 下极限偏差为负　　　　　　　B. 与一般基轴制公差带公差值相同

C. 位于零线下方　　　　　　　　D. 与一般基轴制公差带分布位置相同

4. 轴承承受（　　）负荷时，其配合的过盈量最大。

A. 轻　　　　　B. 正常　　　　　C. 重　　　　　D. 冲击

四、综合题

1. 滚动轴承是如何分类的？

2. 滚动轴承各公差等级的适用范围如何？

3. 某机床转轴上安装 6 级深沟球轴承，其内径为 50 mm，外径为 100 mm，轴承受一个 4.5 kN 的定向径向负荷，轴承的额定动负荷为 32 kN，内圈随轴一起转动，外圈固定。试确定：

（1）与轴承配合的轴颈、外壳孔的公差带代号；

（2）画出公差带图，计算出内圈与轴、外圈与外壳孔配合的极限间隙和极限过盈；

（3）把所选的公差带代号、几何公差和表面粗糙度标注在图 11-8 中。

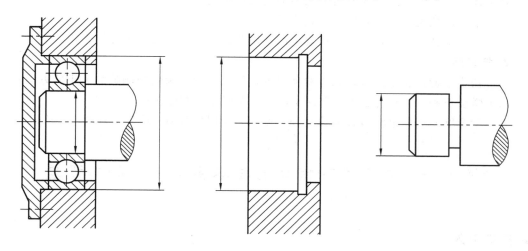

图 11-8　轴与外壳孔几何公差与表面粗糙度标注

项目十二　圆柱齿轮的公差配合及检测

1. 知识要求

（1）了解具有互换性的齿轮和齿轮副必须满足的四项基本要求及对传动性能的影响；

（2）通过分析各种加工误差对齿轮传动使用要求的影响；

（3）了解圆柱齿轮的公差标准及其应用；

（4）理解渐开线齿轮精度标准所规定的各项公差及极限偏差的定义和作用。

2. 技能要求

（1）初步掌握齿轮精度等级和检验项目的选用以及确定齿轮副侧隙的大小的方法；

（2）学会正确识读齿轮公差，掌握齿轮公差在图样上的标注；

（3）学会圆柱齿轮公法线长度检测和分度圆弦齿厚的检测；检验零件的合格性。

任务一　熟悉齿轮传动的基本要求及其加工误差

● 任务引入

图 12-1 所示为通用的一级圆柱齿轮减速器，输入功率 5 kW，传动比为 3.91，输出转速 $n_2 = 500$ r/min；输出轴 4 上直齿圆柱齿轮基本参数为 $m = 2.75$ mm，齿数 $z_2 = 86$（输入齿轮轴上齿轮齿数 $z_1 = 22$），齿形角 $\alpha = 20°$，齿宽 $b = 63$ mm，中心距 $a = 148.5$ mm；孔径 $D = 58$ mm，轴承跨距 $L = 110$ mm，齿轮材料为 45 钢，减速器箱体为 HT200 灰铸铁，齿轮工作温度为 60℃，减速机箱体工作温度为 40℃，中小批量生产。试分析直齿圆柱齿轮的使用要求，确定加工方法，并对加工误差加以分析，提出保证技术要求的措施。

● 知识准备

齿轮传动在机器和仪器仪表中的应用极为广泛，是一种重要的机械传动形式，通常用来传递运动或动力以及精密分度。凡有齿轮传动的机器或仪器，其工作性能、承载能力、

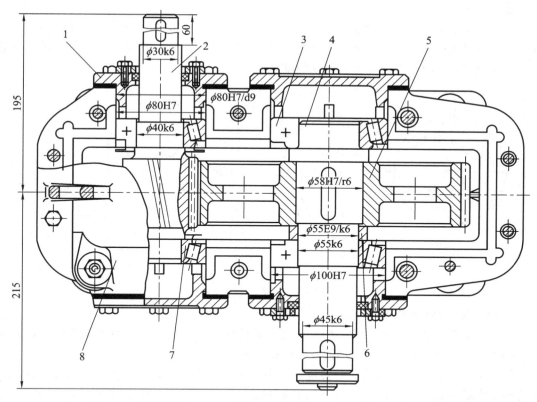

1—端盖；2—输入齿轮轴；3、7—轴承；4—输出轴；5—大齿轮；6—定距圈；8—机座

图 12-1　齿轮减速机的结构示意图

使用寿命及工作精度等都与齿轮本身的制造精度和装配精度密切相关。因此，为了要保证齿轮在使用过程中传动准确平稳、灵活可靠、振动和噪音小等，就必须对齿轮误差和齿轮副的安装误差加以限制，并进行合理的检测。随着科学技术的发展和生产水平的提高，产品对齿轮传动的性能要求也越来越高，因此，研究齿轮偏差对其使用性能的影响、掌握齿轮的精度标准及检测技术对提高齿轮加工质量具有重要的意义。

涉及齿轮精度和检验的国家标准有：GB/T 10095.1—2008《圆柱齿轮 精度 第 1 部分：轮齿同侧齿面偏差的定义和允许值》；GB/T 10095.2—2008《圆柱齿轮 精度 第 2 部分：径向综合偏差与径向跳动的定义和允许值》；GB/Z 18620.1～4—2008《圆柱齿轮 检验实施规范》；GB/T 13924—2008《渐开线圆柱齿轮精度 检验细则》。

一、对齿轮传动的基本要求

按照用途的不同，对齿轮传动的基本要求可以归纳为四个方面。

1. 传递运动准确性（运动精度）

理想齿廓的齿轮应按照设计规定的传动比传递回转的角度，即当主动齿轮转过一个角度 φ_1 时，从动齿轮应该按传动比 i 准确地转动相应的角度 $\varphi_2 = i\varphi_1$。但由于各种加工误差和安装误差的影响，加工后得到的从动齿轮的实际转角 φ'_2 偏离其理论转角 φ_2 而出现实际转角误差 $\Delta\varphi_2 = \varphi'_2 - \varphi_2$，从而使速比相应产生最大变动量 $\Delta\varphi_\Sigma$，如图 12-2 所示，因而传递运动不准确。

传递运动的准确性是指要求齿轮在一转范围内传动比的变化尽量小，它可以用一转过程中产生的最大转角误差来表示。在齿轮传动中，限制齿轮在一转内的最大转角误差不超过一定的限度，才能保证齿轮传递运动的准确性。

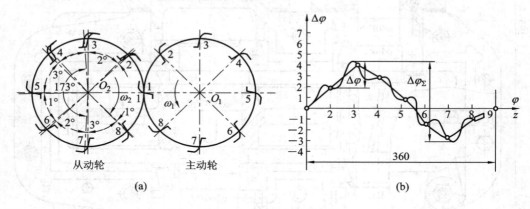

图 12 - 2　转角误差示意图

2. 传动平稳性(平稳性精度)

齿轮传动瞬时传动比的变化，会使从动齿轮的转速发生变化，从而产生瞬时加速度和惯性冲击力，引起齿轮传动中的冲击、振动和噪声。

传动平稳性是指要求齿轮在一转范围内多次重复的瞬时传动比的变化尽量小，以减少齿轮传动中的冲击、振动和噪声，保证传动平稳。它可以用控制齿轮转动一个齿的过程中的最大转角误差来保证。

3. 载荷分布均匀性(接触精度)

在传动中，齿轮工作齿面应接触良好，均匀受载，若齿面上的载荷分布不均匀，将会因载荷作用的接触面积过小而导致应力集中，引起局部齿面的磨损加剧、点蚀甚至轮齿折断，影响使用寿命。

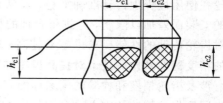

载荷分布的均匀性是指要求一对齿轮啮合时，工作齿面要保证较全面地接触，使齿面上的载荷分布均匀，避免应力集中，减少齿面磨损，以保证齿轮传动有较高的承载能力和较长的使

图 12 - 3　接触区域

用寿命。这项要求可用沿轮齿齿长和齿高方向上保证一定的接触面积来表示，如图 12 - 3 所示，对齿轮的此项精度要求又称为接触精度。

4. 齿轮副侧隙的合理性

齿轮副侧隙是指装配好的齿轮副啮合时在非工作齿面之间留有的间隙，以保证啮合齿面间形成油膜润滑，补偿齿轮副的安装误差与加工误差，以及补偿受力变形和受热变形，使其传动灵活。

过小的齿轮副侧隙可能造成齿轮传动过程中出现卡死或者烧伤现象，过大的齿轮副侧隙会引起反向空行程，引起换向冲击和产生机械滞后现象，因此应当保证齿轮的侧隙在一个合理的数值范围内。

二、不同工况的齿轮对传动的要求

为了保证齿轮传动具有较好的工作性能，对上述四个方面均有一定的要求。但对于不同用途和不同工作条件的齿轮及齿轮副，对上述四个方面的侧重点也不同。

（1）分度齿轮：如控制系统或随动系统的齿轮，精密机床中的分度机构、测量仪器的读数机构等使用的齿轮，齿轮一转中的转角误差不超过 $1'\sim 2'$，甚至是几秒，此时，侧重点是齿轮传递运动的准确性，以保证主、从动齿轮的运动协调、分度准确，同时齿侧间隙不能过大，以免引起回程误差。

（2）高速动力齿轮：对于高速、大功率传动装置中用的齿轮，如汽轮机减速器上的齿轮，圆周速度高，传递功率大，其运动精度、工作平稳性精度及接触精度要求都很高，特别是瞬时传动比的变化要求小，以减少振动和噪声；同时应有足够大的齿侧间隙，以便保持润滑油畅通，避免因温度升高而发生咬死故障。

（3）低速重载齿轮：如轧钢机、矿山机械及起重机中的低速重载齿轮，主要用于传递扭矩，侧重点是保证载荷分布的均匀性，以保证承载能力；同时齿轮副的齿侧间隙也应较大，以补偿受力变形和受热变形。

（4）对于需要经常正反转双向传动的齿轮副，应考虑尽量减小齿侧间隙，以减小反转时的冲击及空程误差。

三、齿轮加工误差简述

齿轮的加工误差主要来源于齿轮加工过程中组成工艺系统的机床、刀具、夹具和齿坯本身的误差及其安装、调整误差。齿轮的加工方法很多，不同的加工方法所产生的误差不同，主要工艺影响因素也不同。生产中切削加工齿轮的方法按齿轮齿廓的形成原理主要有仿形法和展成法。仿形法是利用成形刀具加工齿轮，如利用铣刀在铣床上铣齿；展成法是根据渐开线齿廓的形成原理，利用专门的齿轮加工机床加工齿轮，如滚齿、插齿、磨齿等。

齿轮加工是一个十分复杂的工艺过程，产生齿轮误差的因素很多，下面以滚切直齿圆柱齿轮为例，分析齿轮的加工误差及影响因素，如图 12 - 4 所示。

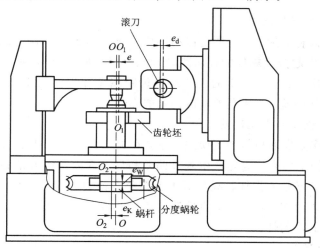

图 12 - 4　滚齿机加工齿轮示意图

1. 产生加工误差的主要因素

1）偏心（几何偏心和运动偏心）

（1）几何偏心：它是指齿坯在机床上的安装偏心，即齿坯定位孔的轴线与机床工作台的回转轴线不重合而产生的偏心，如图12-4中的 e。加工时，滚刀轴线与工作台回转轴线 OO 距离保持不变，但与齿坯基准轴线 O_1O_1 的距离不断变化（最大变化量为 $2e$）。滚切出的齿轮，一边的齿高增大，另一边的齿高减小，如图12-5所示，齿面位置相对于齿轮基准中心在径向发生了变化。工作时以一转为周期的转角误差，使传动比不断改变。

（2）运动偏心：它是指由机床分度蜗轮的轴线与机床工作台回转轴线不重合产生的偏心。加工齿轮时，由于分度蜗轮的轴线与工作台回转轴线不重合，使分度蜗轮与蜗杆的啮合半径发生改变，导致工作台连同固定在其上的齿轮坯以一转为周期，时快时慢地旋转。这种由分度蜗轮旋转速度变化所引起的偏心成为运动偏心。具有运动偏心的齿轮，齿轮坯相对于滚刀无径向位移，但有沿分度圆切线方向的位移，因而使分度圆上齿距大小呈周期变化，如图12-6所示。

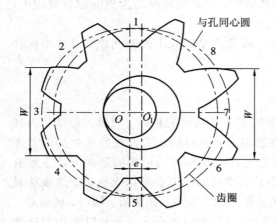

图12-5　具有几何偏心的齿轮

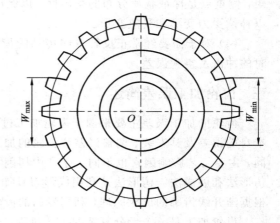

图12-6　具有运动偏心的齿轮

2）机床传动链的周期误差

对于直齿圆柱齿轮的加工，主要受传动链中分度机构各元件误差的影响，尤其是分度蜗杆的安装偏心 e（引起分度蜗杆的径向跳动）和轴向窜动的影响，使蜗轮（齿轮坯）在一周范围内转速出现多次变化，加工出的齿轮产生齿距偏差和齿形误差。对于斜齿轮的加工，除了分度机构各元件误差外，还受差动链误差的影响。

3）滚刀的加工误差和安装误差

滚刀本身的基节、齿形角等加工误差，都会在加工齿轮过程中被反映到被加工齿轮的每一个轮齿上，使加工出来的齿轮产生基节偏差和齿形误差。滚刀偏心使被加工齿轮产生径向误差。滚刀刀架导轨或齿坯轴线相对于工作台旋转轴线的倾斜及轴向窜动，使滚刀的进刀方向与轮齿的理论方向不一致，直接造成齿面沿齿长方向（轴向）歪斜，产生齿向误差，主要影响载荷分布的均匀性。

4）齿坯本身的误差

齿轮毛坯误差，包括尺寸、形状和位置误差，以及齿坯在滚齿机床上的安装误差（包括夹具误差）。

2. 齿轮加工误差的分类

由于齿轮加工工艺系统误差因素很多，加工后产生的齿轮误差的形式也很多。为了区分和分析齿轮误差的性质、规律及其对齿轮传动的影响，从不同角度对齿轮加工误差分类。

（1）按周期分类，可分为长周期误差和短周期误差。滚齿时，齿廓的形成是刀具对齿坯周期性连续滚切的结果，加工误差具有周期性。齿轮回转一周出现一次的周期误差称为长周期误差。长周期误差主要由几何偏心和运动偏心产生，以齿轮一转为一个周期。这类周期误差主要影响齿轮传动的准确性，当转速较高时，也影响齿轮传动的平稳性。齿轮传动一个齿距中出现一次或多次的周期性误差称为短周期误差。短周期误差主要由机床传动链和滚刀制造误差与安装误差产生的。该误差在齿轮一转中多次反复出现，这类误差主要影响齿轮传动的平稳性。

（2）按误差产生的方向分类，可分为径向误差、切向误差、轴向误差。

在切齿过程中，由于切齿工具距离切齿齿坯之间径向距离的变化所形成的加工误差为齿廓径向误差。如图 12-5 所示，几何偏心是齿轮径向误差的主要来源。滚刀的径向跳动也会造成径向误差。即切齿过程中齿坯相对于滚刀的径向距离产生变动，使切出的齿轮相对于齿轮配合孔的轴线产生径向位置的变动。加工出来的齿轮一边的齿高增大，另一边的齿高减小，在以齿轮旋转中心为圆心的圆周上，轮齿分布不均匀。在切齿过程中，由于滚切运动的回转速度不均匀，使齿廓沿齿轮回转的切线方向产生的误差为齿廓切向误差。如图 12-6 所示，运动偏心是造成齿轮切向误差的主要因素。运动偏心造成齿坯的旋转速度不均匀，因此加工出来的齿轮齿距在分度圆上分布不均匀。在切齿过程中，由于切齿刀具沿齿轮轴线方向走刀运动产生的加工误差为齿廓轴向误差。如刀架导轨与机床工作台轴线不平行、齿坯安装倾斜等，均使齿廓产生轴向误差。不管是径向误差还是切向误差，都会造成齿轮传动时输出转速不均匀，影响其传动的准确性。了解和区分齿轮误差的周期性和方向性，对分析齿轮各种误差对传动性能的影响，以及采用相应的测量原理和方法来分析和控制这些误差具有十分重要的意义。齿轮的径向误差、切向误差、轴向误差方向如图 12-7 所示。

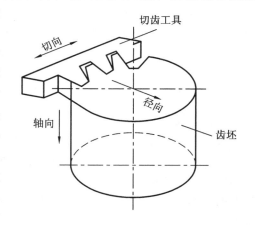

图 12-7　齿轮的误差方向

● 任务实施

（1）齿轮传动使用要求分析：作为普通齿轮减速器中的传动齿轮，对传递运动的准确性要求不高，初拟为 7、8 级，传动的平稳性和载荷分布的均匀性也不高，具体的精度等级要根据其圆周速度确定。

（2）选择加工方法，对加工误差进行分析。

① 用于普通减速器传动，批量生产渐开线直齿圆柱齿轮，广泛采用展成法加工齿轮，

即按照图 12-4 所示的滚齿加工齿轮示意图形式。

② 齿轮加工产生的误差主要有几何偏心、运动偏心、机床传动链周期误差、滚刀的制造和安装误差。齿坯在滚齿机上的偏心引起齿轮的径向误差，而且加工时齿轮齿圈的基准轴线与工作检测时的旋转轴线不重合，产生径向跳动。

机床分度蜗轮本身的制造误差以及安装过程中分度蜗轮轴线与工作台旋转轴线不重合引起运动偏心，即蜗轮（齿坯）在一转内的转速呈现周期性的变化。机床分度机构各元件的误差，尤其是分度蜗杆由于安装偏心引起的径向跳动和轴向窜动，将会造成蜗轮（齿坯）在一周范围内的转速出现多次的变化，引起加工齿轮的齿距误差和齿形误差。

滚刀本身的齿距、齿形等误差，会使被加工的轮齿产生齿距误差和齿形误差。滚刀安装偏心会使齿轮产生径向误差。滚刀轴向窜动及歪斜，进刀方向会产生误差，造成齿廓倾斜误差，影响载荷分布的均匀性。

上述误差要由设备、安装和切削用量综合控制，采用精细滚切加工，可以达到技术要求。

任务二　掌握圆柱齿轮误差项目及检测（选学）

● 任务引入

如前所述，齿轮传动系统中齿轮、轴、轴承和箱体等零部件的制造安装精度都影响传动性能，其中齿轮的制造精度和齿轮副的安装精度，尤其单个齿轮的各项指标最为重要。本任务要求掌握评定单个圆柱齿轮的误差项目及其常用的检测方法。

● 知识准备

图样上设计的齿轮都是理想的齿轮，由于存在齿轮加工误差，使制得的齿轮齿形和几何参数都存在误差。因此必须了解和掌握控制这些误差的评定项目。在齿轮新标准中，齿轮误差、偏差统称为齿轮偏差，将偏差与偏差允许值共用一个符号表示，例如 F_α 即表示齿廓总偏差值，又表示齿廓总偏差允许值。单项要素测量所用的偏差符号用小写字母（如 f）加上相应的下标组成；而表示若干单项要素偏差组成的"累积"或"总"偏差所用的符号，采用大写字母（如 F）加上相应的下标表示。

一、影响齿轮传递运动准确性的误差及测量

影响齿轮传递运动准确性的主要误差是长周期误差，其主要来源于几何偏心和运动偏心，评定齿轮传动准确性的参数主要有以下五个。

1. 切向综合总偏差（F_i'）

切向综合总偏差 F_i' 是指被测齿轮与理想精确的测量齿轮单面啮合检验时，在被测齿轮一转内，齿轮分度圆上实际圆周位移与理论圆周位移的最大差值。

在检验过程中，使设计中心距 a 不变，齿轮的同侧齿面处于单面啮合状态，该误差以分度圆弧长计值。如图 12-8 所示。

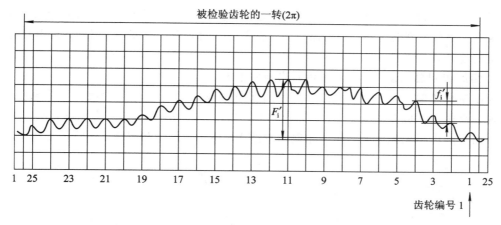

图 12-8　切向综合总偏差

　　图 12-8 为在单面啮合测量仪上画出的切向综合偏差曲线图。横坐标表示被测齿轮转角，纵坐标表示偏差。如果产品齿轮没有偏差，偏差曲线应是与横坐标平行的直线。在齿轮一转范围内，过曲线最高、最低点作与横坐标平行的两条直线，则此平行线间的距离即为 F_i' 值。

　　除另有规定外，切向综合总偏差的测量不是强制性的。如经供需双方同意时，这种方法最好与轮齿接触的检验同时进行，有时可以用来替代其他检测方法。

　　光栅式齿轮单啮合综合检查仪的工作原理如图 12-9 所示。标准蜗杆与被测齿轮单面啮合，二者各带一个同轴安装的圆光栅盘和信号发生器；二路所检测到的角位移信号经分频器后变为同频信号；当被测齿轮存在制造误差时，该误差引起的微小回转角误差将变为两路信号的相位差，经比相器和记录器在圆记录纸上记录下来，供研究之用。测得的误差曲线如图 12-8 所示。

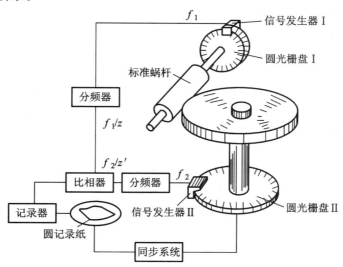

图 12-9　光栅式单啮合综合检查仪原理图

　　F_i' 是指在齿轮单面啮合的情况下测得的齿轮一转内转角误差的总幅度值，该误差是几何偏心、运动偏心等各种齿轮误差对传递运动准确性的综合影响，而且是在近似于齿轮工作状态下测得的，因而是评定齿轮传递运动准确性的最佳综合评定指标。

但因切向综合总偏差 F_i' 是在单面啮合综合检查仪（简称单啮仪）上进行测量的，单啮仪结构复杂，制造精度要求高，价格昂贵，目前生产车间尚未广泛使用，因此，常用其他指标来评定传递运动准确性的误差。

2. 齿距累积总偏差 F_p 与 k 个齿距累积偏差 F_{pk}

齿距累积总偏差 F_p 是指齿轮同侧齿面任意弧段（$k=1\sim z$）内的最大齿距累积偏差。它表现为齿距累积偏差曲线 F_{pk} 的总幅度值（如图 12-10 所示）。齿距累积偏差实际上是控制在圆周上的齿距累积偏差，如果此项偏差过大，将产生振动和噪声，影响传动的平稳性。

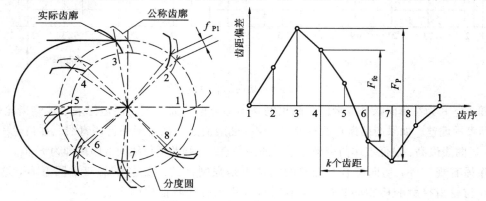

图 12-10　齿距累积总偏差 F_p

F_p 反映了齿轮的几何偏心和运动偏心使齿轮齿距不均匀所产生的齿距累积总偏差，主要是在滚切齿形过程中由几何偏心和运动偏心造成的。由于它能反映齿轮一转中偏心误差引起的转角误差，所以 F_p 可代替 F_i' 作为评定齿轮传递运动准确性的项目。两者的差别是：F_p 是分度圆周上逐齿测得的有限个点的误差情况，不能反映两齿间传动比的变化。而 F_i' 是在单面连续转动中测得的一条连续误差曲线，能反映瞬时传动比变化情况，与齿轮工作情况相近，数值上 $F_p = 0.8F_i'$。

对某些齿数较多的齿轮，为了控制齿轮的局部累积偏差和提高测量效率，可以测量 k 个齿的齿距累积偏差 F_{pk}。F_{pk} 是指在分度圆上任意 k 个齿距的实际弧长与公称弧长之差的代数差（如图 12-11 所示），理论上它等于 k 个齿距的各单个齿距偏差的代数和。一般 F_{pk} 值被限定在不大于 1/8 的圆周上评定。因此 F_{pk} 的允许值适用于齿距数 k 为 2 到小于 $z/8$ 的弧段内。通常，F_{pk} 取 $k=z/8$ 就足够了，如果对于特殊的应用（如高速齿轮）还需检验较小弧段，并规定相应的 k 数。

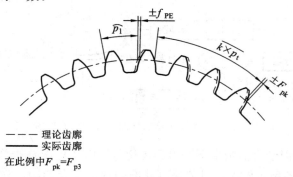

图 12-11　齿距累积偏差 F_{pk}

由于 F_p 的测量可使用普及的齿距仪、万能测齿仪等仪器，因此是目前工厂中常用的一种齿轮运动精度的评定指标。

3. 径向跳动 F_r

径向跳动 F_r 是指（齿轮转一周范围）测头（球形、圆柱形、砧形）相继置于齿槽内时，从它到齿轮轴线的最大和最小径向距离之差，如图 12-12 所示。

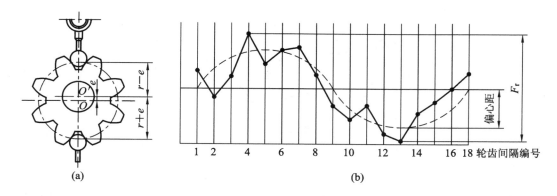

图 12-12　齿圈径向跳动

（a）测量示意图；（b）误差曲线图

F_r 主要是由几何偏心引起的。切齿加工时，由于齿坯孔与心轴之间存在间隙，齿坯轴线与旋转轴线不重合，使切出的齿圈与齿坯孔产生偏心量，造成齿圈各齿到孔轴线距离不相等，形成以齿轮一转为周期的径向长周期误差，齿距或齿厚也不均匀。

径向跳动 F_r 可在齿轮齿圈径向跳动检查仪、万能测齿仪或普通偏摆检查仪上用指示表进行测量。以齿轮基准孔定位装于支承在仪器的两顶尖之间的心轴上，测头在齿槽内与齿高中部双面接触，齿轮一转范围内，测头相对于齿轮轴线的最大变动量即为被测齿轮的径向跳动公差 F_r，如图 12-12(a) 和图 12-13 所示。

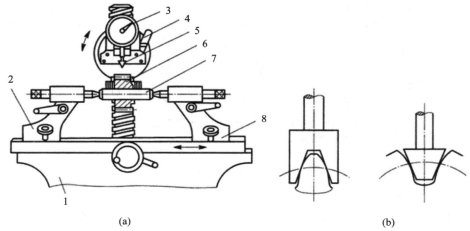

1—底座；2、8—顶尖；3—示数；4—指示表提升手柄；5—测头；6—被测齿轮；7—心轴

图 12-13　径向跳动的测量

（a）齿圈径向跳动检查仪；（b）测量头形状

4. 径向综合总偏差 F''_i

径向综合总偏差 F''_i 是指在径向（双面）综合检验时，产品齿轮的左右齿面同时与测量齿轮接触，并转过一整圈时出现的中心距最大值和最小值之差，如图 12-14 所示。

图 12-14 为在双啮仪上测量画出的 F''_i 偏差曲线，横坐标表示齿轮转角，纵坐标表示偏差，过曲线最高、最低点作平行于横轴的两条直线，该两平行线距离即为 F''_i 值。F''_i 是反映齿轮运动精度的项目。

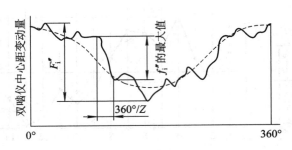

图 12-14 径向综合总偏差曲线图

F''_i 主要反映了齿坯偏心和刀具安装、调整造成的齿厚、齿廓、基圆齿距偏差，使啮合中心距发生变化，此属于齿轮径向综合偏差的长周期误差。

F''_i 用双面啮合仪测量，见图 12-15。被测齿轮与标准齿轮各装于固定和浮动滑板的轴上，双面啮合由误差 F''_i 产生中心距变动。该仪器简便高效，适于成批生产，作为评定齿轮传动准确性的一个单项检测项目。但其反映双面啮合时的径向误差，不能反映切向误差，与齿轮实际工作状态不尽符合，即 F''_i 不能确切和充分地用来评定齿轮传递运动的准确性。

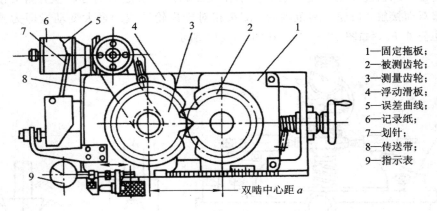

1—固定拖板；
2—被测齿轮；
3—测量齿轮；
4—浮动滑板；
5—误差曲线；
6—记录纸；
7—划针；
8—传送带；
9—指示表

图 12-15 双啮仪工作原理图

5. 公法线长度变动 F_w

公法线长度变动 F_w 是指在齿轮一转范围内，实际公法线长度的最大值与最小值之差，即：$F_w = W_{kmax} - W_{kmin}$，如图 12-16（a）所示。

测量公法线长度可用公法线千分尺测量一般精度齿轮的公法线长度，如图 12-16（b）所示。也可用公法线指示卡规测量较高精度的齿轮，如图 12-17 所示。对于较低精度的齿轮，也可用分度值为 0.02 的游标卡尺测量。

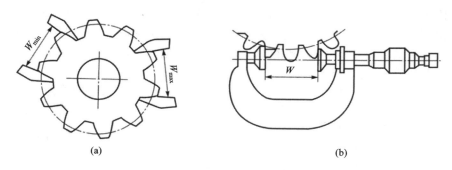

图 12-16　公法线长度变动量及测量

（a）公法线长度变动量；（b）公法线长度测量简图

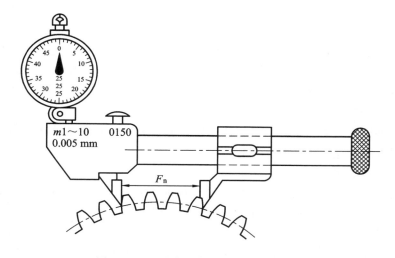

图 12-17　用公法线指示卡规测量简图

公法线长度 W 是指跨 k 个齿的异侧齿面之间的公共法线长度，此长度可由查表或用下式算出

$$W = m[1.476(2k-1)+0.014z]$$

式中：m 为模数，mm；k 为跨齿数，$k \geqslant z/9+0.5$；z 为齿轮的齿数。

公法线长度变动 F_w 反映的是由运动偏心引起的使各实际齿廓在圆周位置上的分布不均匀，该误差使公法线长度在齿轮一转范围内呈周期性变化，它只能反映切向误差，不能反映径向误差。

综上所述，以齿轮一转为周期的径向误差和切向误差是主要影响齿轮传递运动准确性的误差，共有 5 项评定指标。评定齿轮运动准确性，可采用一项综合性指标或两项单项性指标组合，采用单项指标时，必须径向和切向指标各选一项。

二、影响齿轮传动平稳性的误差及测量

传动平稳性是反映齿轮啮合时每一转齿过程中的瞬时速比变化。由齿轮啮合的基本定律可知，只有理论的渐开线、摆线或共轭齿形才能使啮合传动中啮合点公法线始终通过节点，从而使传动比保持不变。由于齿形误差的存在，导致一对齿轮在啮合过程中传动比不断发生变

223

化，影响传动平稳性，如图 12 - 18 所示。另外，齿轮副正确啮合的基本条件之一是两齿轮的基圆齿距必须相等。而基圆齿距偏差的存在会引起传动比的瞬时变化，即从上一对轮齿换到下一对轮齿啮合的瞬间发生碰撞、冲击，影响传动的平稳性，如图 12 - 19 所示。

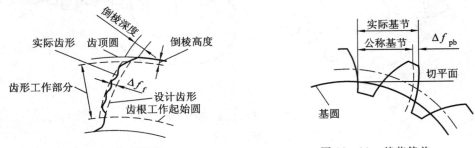

图 12 - 18　齿形误差　　　　　　　　　图 12 - 19　基节偏差

工艺分析可知，齿轮的基节误差主要是由刀具的基节误差造成的，其实质上是齿形的位置误差。齿形误差与基节误差尽管都会使齿轮在转一齿过程中速比发生变化，但两者影响阶段不同。前者是使一对齿啮合时速比发生变化，后者是使一对齿啮合结束与下对齿交替时的速比发生变化。因此，只有二者综合起来，才能全面地反映转一齿整个过程中的变化，评定传动平稳性。

影响传动平稳性的误差主要由机床传动链误差、滚刀安装误差及轴向窜动、刀具制造误差或刃磨误差所引起，其评定参数主要有 5 个：两项综合指标，三项单项指标。

1. 一齿切向综合偏差 f_i'

一齿切向综合偏差 f_i' 是指被测齿轮与理想精确的测量齿轮单面啮合检验时，被测齿轮一个齿距内，齿轮分度圆上实际圆周位移与理论圆周位移的最大差值，即一个齿距内的切向综合偏差。以分度圆弧长计值。即图 12 - 8 中曲线上，小波纹的最大幅度值。

f_i' 主要反映齿轮一齿范围内的转角误差，在齿轮一转中反复出现，主要揭示由刀具制造和安装误差及机床分度蜗杆安装、制造误差所造成的齿轮短周期综合误差。f_i' 能综合反映转齿和换齿误差对传动平稳性的影响，既反映了短周期的切向误差，又反映了短周期的径向误差，是评定齿轮传动平稳性的较全面的一个综合指标。f_i' 越大、转速越高，传动越不平稳，噪声振动也越大。

f_i' 的测量仪器与测量 F_i' 相同，在单啮仪上测量，如图 12 - 9 所示。

f_i' 是检验齿轮平稳性精度的项目，但不是必检项目。

2. 一齿径向综合偏差 f_i''

一齿径向综合偏差 f_i'' 是指当被测齿轮与理想精确的测量齿轮双面啮合时，在被测齿轮一个齿距角（$360°/z$）范围内双啮中心距的最大变动量，如图 12 - 14 所示。

f_i'' 采用双啮仪测量，主要反映由刀具制造和安装误差（如齿距偏差、齿形偏差及偏心等）引起的径向误差，而不能反映机床传动链短周期误差引起的短周期误差。因此，用一齿径向综合偏差评定齿轮传动的平稳性不如用一齿切向综合偏差评定完善，但由于仪器结构简单、操作方便，所以 f_i'' 在成批生产中被广泛采用。

3. 齿廓偏差

齿廓偏差是指实际齿廓对设计齿廓的偏离量，它在端平面内且垂直于渐开线齿廓的方向计值。齿廓偏差是指实际齿廓偏离设计齿廓的量，该量在端面内且垂直于渐开线齿廓的方向计值。齿廓偏差有齿廓总偏差 F_α 和齿廓形状偏差 $f_{f\alpha}$、齿廓倾斜偏差 $f_{H\alpha}$。后两项不是必检项目。

如图 12-20 所示,图中点画线为设计轮廓,粗实线为实际轮廓,虚线为平均轮廓。设计齿廓是指符合设计规定的齿廓。无其他限定时,指端面齿廓在端面曲线图中,未经修形的渐开线齿廓迹线一般为直线。齿廓迹线若偏离了直线,其偏离量即表示与被检齿轮的基圆所展成的渐开线的偏差。沿啮合线方向 AF 的长度称为可用长度(因为只有这一段是渐开线),用 L_{AF} 表示。AE 的长度称为有效长度,用 L_{AE} 表示,因为齿轮只在 AE 段啮合,所以这一段才有效。从 E 点开始延伸的有效长度 L_{AE} 的 92% 称为齿廓计值范围 L_α。

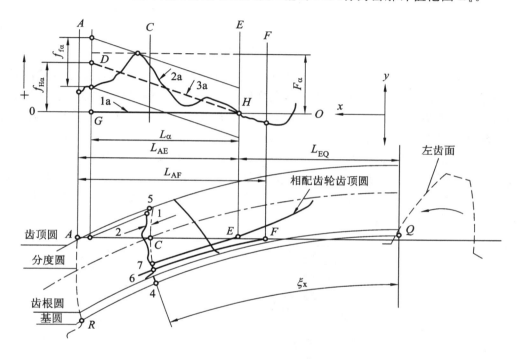

图 12-20　渐开线齿廓偏差展开图

(1) 齿廓总偏差 F_α 是指在齿廓计值范围 L_α 内,包容实际齿廓迹线的两条设计齿廓迹线之间的距离,即图 12-20 中过齿廓迹线最高、最低点作设计齿廓迹线的两条平行直线间距离。

(2) 齿廓形状偏差 $f_{f\alpha}$ 是指在计值范围内,包容实际齿廓迹线的两条与平均齿廓迹线完全相同的曲线之间的距离,且两条曲线与平均齿廓迹线的距离为常数,如图 12-20 所示。

(3) 齿廓倾斜偏差 $f_{H\alpha}$ 是指计值范围内的两端与平均齿廓迹线相交的两条设计齿廓迹线之间的距离,如图 12-20 所示。

齿廓总偏差 F_α 是由于刀具设计的制造误差和安装误差及机床传动链误差等引起的。此外,长周期误差对齿形精度也有影响。

齿廓总偏差 F_α 对传动平稳性的影响,如图 12-21 所示。啮合齿 A_1 与 A_2 应在啮合线上的 a 点接触,由于齿 A 有齿形误差,使接触点偏离了啮合线在 a' 点发生啮合,从而引起瞬时传动比的突变,破坏了传动的平稳性。

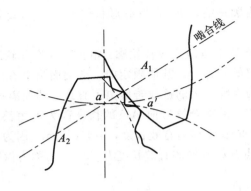

图 12 - 21　有齿形误差时的啮合情况

F_a 的测量通常使用单盘式或万能式渐开线检查仪及齿轮单面啮合整体误差测量仪。其原理是利用精密机构发生正确的渐开线与实际齿廓进行比较确定齿廓总偏差。图 12 - 22 为单盘式渐开线检查仪原理图。被测齿轮 2 与一直径等于该齿轮基圆直径的基圆盘 1 同轴安装。转动手轮 6，丝杠 5 使滑板 7 移动，直尺 3 与基圆盘在一定的接触压力下作纯滚动。杠杆 4 一端为测头与齿面接触，另一端与指示表 8 相连。直尺 3 与基圆盘 1 接触点在其切平面上。滚动时，测量头与齿廓相对运动的轨迹应是正确的渐开线。若被测齿廓不是理想渐开线，则测头摆动经杠杆 4 在指示表 8 上读出 F_a。对 F_a 的测量，应至少在圆周三等分处，三个齿的两侧齿面进行。

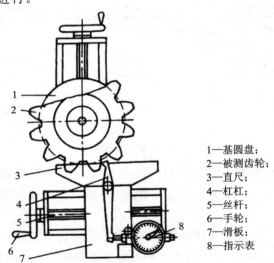

1—基圆盘；
2—被测齿轮；
3—直尺；
4—杠杠；
5—丝杆；
6—手轮；
7—滑板；
8—指示表

图 12 - 22　单盘式渐开线检查仪

单盘式渐开线仪器由于齿轮基圆不同使基圆盘数量增多，故只适于成批生产的齿轮检验。万能式可测不同基圆大小的齿轮而不需更换基圆盘。但其结构复杂，价格较贵，适于多品种小批量生产。

4. 基圆齿距偏差 f_{pb}（GB/T 10095 — 1988）

f_{pb} 是指实际基圆齿距与公称基圆齿距之差，亦称基节偏差。如图 12 - 23 所示。

法向基圆齿距 $p_{bn} = \pi m \cos\alpha_n$，其公称值可由计算或查表求得。$f_{pb}$ 是很有用的指标，但 GB/Z 18620.1 未给出公差值。

齿轮传动的正确啮合条件是两个齿轮的基圆齿距（基节）相等且等于公称值，否则将使齿轮在啮合过程中，特别是在每个轮齿进入啮合和退出啮合瞬间产生传动比的变化，产生冲击、振动。

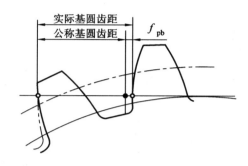

图 12 - 23　基圆齿距偏差

f_{pb} 主要是由于齿轮滚刀的齿距偏差及齿廓偏差、齿轮插刀的基圆齿距偏差及齿廓偏差造成的。在滚、插齿加工过程中，由于基节两端点是由刀具相邻齿同时切出，故与机床传动链误差无关。而在磨齿时，则与机床分度机构误差及基圆半径调整有关。

f_{pb} 对传动的影响是由啮合的基圆齿距不等引起的。理想的啮合过程中，啮合点应在理论啮合线上。当基圆齿距不等时，在轮齿交接过程中，啮合点将脱离啮合线。若 $p_{b2} < p_{b1}$，将出现齿顶啮合现象，啮合终了位置产生冲击，如图 12 - 24（a）所示；若 $p_{b2} > p_{b1}$，则后续齿将提前进入啮合，啮合开始位置产生冲击，如图 12 - 24（b 所）示。故瞬时传动比将发生变化，影响齿轮传动的平稳性。

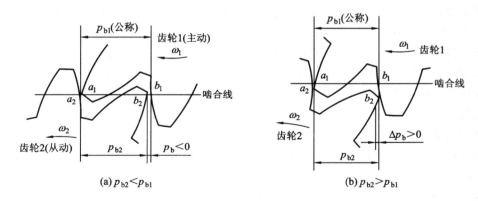

图 12 - 24　基圆齿距偏差对传动比的影响

这种齿面撞击和换齿啮合时的附加冲击在齿轮一转中多次重复出现，是引起齿轮传动中高频率振动和噪声的主要因素（即影响传动平稳性的主要因素）。

基圆齿距偏差通常用基圆齿距仪（如图 12 - 25 所示）或万能测齿仪测量。基圆齿距仪测量的优点是：可在机测量；与其他同类仪器测量相比，它可避免因脱机后齿轮重新"对刀"、"定位"的问题。

测量前，根据被测齿轮的公称基圆齿距数值，用量块 6 把基圆齿距仪的活动量爪 2 和固定量爪 5 之间的位置调整好。测量时，先使指示表 4 对零，然后将支脚 3 靠在齿轮 1 上，令两量爪在基圆切线上与两相邻同侧齿面的交点相接触。这时，指示表的读数即为实际基圆齿距与公称基圆齿距之差。

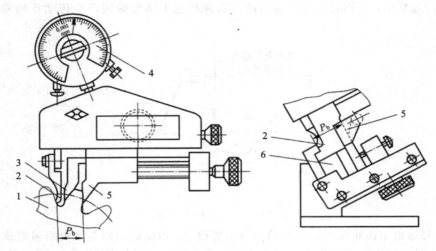

1—齿轮；2—活动量爪；3—支脚；4—指示表；5—固定量爪；6—量块

图 12-25　手持式基圆齿距仪偏差测量示意图

5. 单个齿距偏差 f_{pt}

单个齿距偏差 f_{pt} 是指在端平面内的齿轮分度圆上（允许在接近齿高中部的一个与齿轮轴线同心的圆上测量），每个实际齿距与理论齿距的代数差，如图 12-26 所示。

理论弧齿距是指所有实际弧齿距的平均值，单个齿距偏差 f_{pt} 应在其对应的极限偏差范围内。$\pm f_{pt}$ 是允许单个齿距偏差 f_{pt} 的两个极限值。当齿轮存在齿距偏差时，不管是正值还是负值，都会在一对齿轮啮合完毕而另一对齿轮进入啮合瞬间，主动齿轮与从动齿轮发生碰撞，影响齿轮传动的平稳性。

单个齿距偏差可用齿距仪、万能测齿仪等进行测量，测量方法与 F_p 测量相同，需对轮齿的两侧面进行测量。滚齿加工时，f_{pt} 主要是由机床传动链误差（主要是分度蜗杆跳动及轴向窜动）引起的，所以齿距偏差可以用来反映传动链的短周期误差或加工中的分度误差，属单项指标。

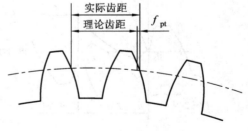

图 12-26　单个齿距偏差

综上所述，主要影响齿轮传动的平稳性的误差是齿轮一转中多次重复出现并以一个齿距角为周期的基圆齿距偏差和齿形误差，共有 5 项评定指标。评定齿轮传递平稳性，可采用一项综合性指标或两项单项性指标组合。

单项指标需组合成为既有转齿误差又有换齿误差的综合性组合后应用，如转齿性指标（F_a、f_{pt}）；换齿性指标（f_{pb}、f_{pt}）进行的组合。

三、影响齿轮载荷分布均匀性的偏差及测量

载荷分布均匀性的检查项目为螺旋线偏差。

螺旋线偏差是指在端面基圆切线方向上测得的，实际螺旋线对设计螺旋线的偏离量。

如图 12-27 所示。设计螺旋线为符合设计规定的螺旋线。螺旋线曲线图包括实际螺旋线迹线、设计螺旋线迹线和平均螺旋线迹线。螺旋线计值范围 L_β 除另有规定外，等于迹线长度两端各减去 5% 的迹线长度，但减去量不超过一个模数。

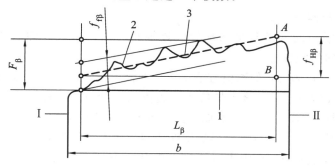

1—设计螺旋线迹线；2—实际螺旋线迹线；3—平均螺旋线迹线；b—齿宽或两端倒角之间的距离；
L_β—螺旋线计值范围；F_β—螺旋线总偏差；$f_{f\beta}$—螺旋线形状偏差；$f_{H\beta}$—螺旋线倾斜偏差；
Ⅰ—基准面；Ⅱ—非基准面

图 12-27　螺旋线偏差

螺旋线偏差包括螺旋线总偏差 F_β、螺旋线形状偏差和螺旋线倾斜偏差，它影响齿轮啮合过程中的接触状况，影响齿面载荷分布的均匀性。

有时为了进一步分析螺旋线总偏差产生的原因，对 F_β 进一步细分为 $f_{f\beta}$ 和 $f_{H\beta}$ 两项偏差（如后所述），但这两项不是必检项目。

螺旋线偏差用于评定轴向重合度 $\varepsilon_\beta > 1.25$ 的宽斜齿轮及人字齿轮，它适用于评定传动功率大、速度高的高精度宽斜齿轮。

1. 螺旋线总偏差 F_β

F_β 是指在计值范围（L_β）内，包容实际螺旋线迹线的两条设计螺旋线迹线间的距离，如图 12-27 所示，该项偏差主要影响齿面接触精度。

螺旋线总偏差 F_β 主要是由机床导轨倾斜，夹具和齿坯安装误差引起的，如图 12-28、图 12-29 所示。对于斜齿轮还与附加运动链的调整误差有关。

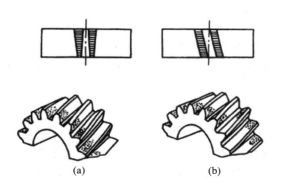

图 12-28　刀架导轨倾斜产生的齿向误差
（a）刀架导轨径向倾斜；（b）刀架导轨切向误差

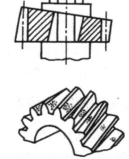

图 12-29　齿坯基准端面跳动产生的齿向误差

2. 螺旋线形状偏差 $f_{f\beta}$

在计值范围（L_β）内，包容实际螺旋线迹线的两条与平均螺旋线迹线完全相同的曲线间的距离(如图 12-27 所示),且两条曲线与平均螺旋线迹线的距离为常数。平均螺旋线迹线是在计值范围内,按最小二乘法确定的(图 12-27 中的曲线 3)。螺旋线偏差应在对应的公差或极限偏差范围内。

3. 螺旋线倾斜偏差 $f_{H\beta}$

在计值范围(L_β)的两端与平均螺旋线迹线相交的两条设计螺旋线迹线间的距离(图 12-27 中 A、B 间的距离)。

注意上述 F_β、$f_{f\beta}$ 和 $f_{H\beta}$ 的取值方法适用于非修形螺旋线。为了改善齿面接触,提高齿轮承载能力,设计齿轮常采用修形螺旋线。当齿轮设计成修形螺旋线时,设计螺旋线迹线不再是直线,此时,F_β、$f_{f\beta}$ 和 $f_{H\beta}$ 的取值方法见 GB/T 10095.1。

可在螺旋线检查仪上测量未修形螺旋线的斜齿轮螺旋线偏差。对于渐开线直齿圆柱齿轮,螺旋角 $\beta = 0°$,此时 F_β 称为齿向偏差。螺旋线总公差 F_β 是螺旋线总偏差的允许值。

测量低于 8 级的直齿圆柱齿轮齿向偏差最简单的方法如图 12-30(a)所示。将小圆棒 2 ($d \approx 1.68\ m$)放入齿间内,用指示表 3 在两端测量读数差,并按齿宽长度折算缩小,即为齿向误差值。也可用图 12-30(b)所示方法测量,即调整杠杆千分表 4 的测头处于齿面的最高位置,在两端的齿面上接触并移进移出,两端最高点的读数差即是 F_β。

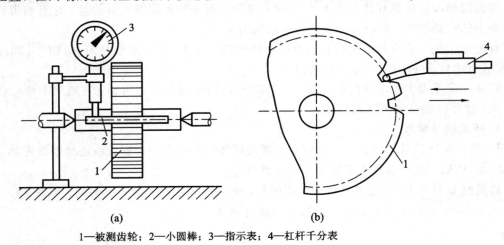

(a)　　　　　　　　　　　　(b)

1—被测齿轮;2—小圆棒;3—指示表;4—杠杆千分表

图 12-30　直齿轮齿向误差 F_β 的测量

斜齿轮的齿向误差可在导程仪、螺旋角检查仪或齿向仪上测量。螺旋线偏差应测量不少于均分圆周三个齿的两侧齿面。

四、影响齿轮副侧隙的偏差及测量

侧隙是两个相啮合齿轮的工作齿面相接触时,在两个非工作齿面之间所形成的间隙。具有公称齿厚的齿轮副在公称中心距下啮合时是无侧隙的。侧隙不是一个固定值,受到齿轮加工误差及工作状态等因素的影响,在不同的轮齿位置上是变动的。影响侧隙大小和不均匀的主要因素是齿厚,国家标准规定:采用"基中心距制",即在中心距一定的情况下,采用控制轮齿齿厚的方法获得所需的齿轮副侧隙。

保证齿轮副侧隙,是传动正常工作的必要条件。在加工齿轮时要适当地减薄齿厚,齿轮副侧隙的检验项目共有两项。

1. 齿厚偏差 E_{sn}（齿厚上偏差 E_{sns}、下偏差 E_{sni}、齿厚公差 T_{sn}）

齿厚偏差 E_{sn} 是指在分度圆柱面上，齿厚的实际值与法向齿厚 s_n 之差。如图 12-31 所示。对于斜齿轮，指法向齿厚实际值与公称值之差。齿厚偏差是反映齿轮副侧隙要求的一项单向性指标。

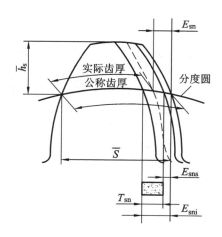

图 12-31　齿厚偏差 E_{sn}

齿轮副的侧隙一般是用减薄标准齿厚的办法获得的。为了获得适当的齿轮副侧隙，规定用齿厚的极限偏差来限制实际齿厚偏差，即 $E_{sni} \leqslant E_{sn} \leqslant E_{sns}$。一般情况下，$E_{sns}$ 和 E_{sni} 分别为齿厚的上偏差和下偏差，且均为负值。

按照定义，齿厚以分度圆弧长计值（弧齿厚），而在测量齿厚时则以弦长（弦齿厚）计值。为此，要计算与之对应的公称弦齿厚。

对标准的直齿轮，分度圆弦齿厚 s_{nc} 与分度圆弦齿高 h_c 的计算公式为

$$s_{nc} = mz\sin\frac{90°}{z}$$

$$h_c = m + \frac{zm}{2}\left(1 - \cos\frac{90°}{z}\right)$$

提示：不论对外（或内）、直（或斜）、标准（或变位）齿轮，其测量所需的分度圆的弦齿厚及弦齿高不必计算。为简便，齿轮的 s_{nc} 及 h_c 均可由手册查取。

由于测量齿厚是以齿顶圆作为度量基准，测量结果受齿顶圆的直径偏差和径向跳动影响较大，此法仅齿厚偏差适用于精度较低和模数较大的齿轮。因此，需要时可采用提高齿顶圆精度或改用测量公法线平均长度偏差的办法。

2. 公法线长度偏差 E_{bn}（上偏差 E_{bns}、下偏差 E_{bni}、公差 T_{bn}）

公法线长度偏差 E_{bn} 是指在齿轮一周内，公法线长度的平均值与公称值之差。公法线长度偏差是齿厚偏差的函数，能反映齿轮副侧隙的大小，可规定极限偏差（上、下偏差分别为 E_{bns} 和 E_{bni}）来控制公法线长度偏差。

齿轮齿厚的变化必然引起公法线长度的变化，齿轮齿厚减薄时，公法线长度也相应减小，反之亦然。因此，可以用测量公法线长度来代替测量齿厚。由于齿轮的运动偏心对公法线长度有影响，使齿轮各条公法线长度不相等。为了排除运动偏心对侧隙评定的影响，

故取用平均值。齿厚偏差的测量如图 12－32 所示。

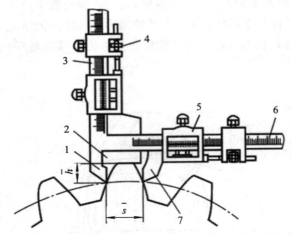

1—齿厚固定量爪；2—齿高尺；3—齿高主尺；4—微动装置；
5—齿厚尺尺框；6—齿厚主尺；7—齿厚活动量爪

图 12－32　齿厚偏差的测量

公法线长度平均值，应在齿轮圆周上 6 个部位测取实际值后，取其平均值 $\overline{W_k}$，公法线长度公称值 W_{kn} 可用有关手册查取，不必计算。

测量公法线长度时不像测量齿厚那样以齿轮齿顶圆作为测量基准，也不以齿轮基准轴线作为基准，因此测量公法线长度要比测量齿厚方便。

使用公法线千分尺测量 E_{bn}，测量精度高，而且可以在测量公法线长度 W_k 变动内包含有齿厚 S_n 的影响，可以代替齿厚偏差 E_{sn}，是比较理想的方法。如图 12－33 所示。所以，测量公法线长度可以同时用来评定齿轮传递运动的准确性和侧隙。

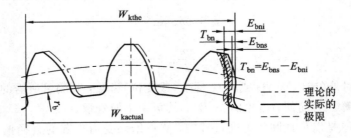

图 12－33　公法线长度偏差 E_{bn} 及上偏差 E_{bns}、下偏差 E_{bni}

在图样上标注公法线长度的公称值 W_{kthe} 和上偏差 E_{bns}、下偏差 E_{bni}。若其测量结果在上、下偏差范围内，即为合格。

◉ **任务实施**

本案例为普通减速器渐开线直齿圆柱齿轮，小批量生产。广泛采用滚齿加工，其加工偏差主要来源于工件安装偏心、运动偏心、机床传动链周期偏差、滚刀的制造和安装偏差，也需要由设备、安装和切削用量综合控制。

考虑检测方便等因素，单个齿轮的公差及偏差检测项目选择确定如下：

（1）齿圈径向跳动公差。齿圈径向跳动公差反映出齿轮的径向偏差，是传递运动准确性的径向性质的单项性指标。

（2）公法线长度变动公差。公法线长度变动公差是齿轮传递运动准确性的切向性质的单项性指标。

（3）齿廓总偏差。齿廓总偏差是指在齿廓计值范围内,包容实际齿廓迹线的两条设计齿廓迹线之间的距离。

（4）基圆齿距偏差。基圆齿距偏差是指实际基圆齿距与公称基圆齿距之差。

（5）螺旋线总偏差。在计值范围内,包容实际螺旋线迹线的两条设计螺旋迹线间的距离。

任务三　掌握齿轮副的误差项目及检测

◉ 任务引入

一对直齿圆柱齿轮的中心距 $a = 288$ mm，这对齿轮按 7 级精度制造，试分析齿轮副的评定指标及其检测方案。

◉ 知识准备

前面讨论的偏差项目及评定指标都是针对单个齿轮提出的。而齿轮传动总是成对（齿轮副）出现的，即是以齿轮副的形式实现功能的。前面案例的减速器就必须在两个齿轮安装完毕后，才实现传动功能，因此需要掌握齿轮副的误差项目及其检测。

在齿轮传动中，由两个相啮合的齿轮组成的基本机构称为齿轮副。为了保证传动质量，除了控制单个齿轮的制造精度外，还需对产品齿轮副可能出现的误差加以限制。

由于 GB/T 10095 — 2008 仅适用于单个齿轮不包括齿轮副；而 GB/Z 18620.1 — 2008 中对传动总偏差 F' 仅给出符号，对一齿传动偏差 f' 仅给出代号。若对产品齿轮有该两项要求时，仍按 GB/T 10095 — 1988 规定的 $\Delta F'_{ic}$ 和 $\Delta f'_{ic}$ 执行。

一、齿轮副的切向综合误差 $\Delta F'_{ic}$（GB/T 10095 — 1988）

$\Delta F'_{ic}$ 是指安装好的齿轮副，在啮合转动足够多的转数内，一个齿轮相对于另一个齿轮的实际转角与公称转角之差的总幅度值，以分度圆弧长计值。如图 12 - 34 所示。$\Delta F'_{ic}$ 主要影响传递运动准确性。

齿轮副的切向综合公差 F'_{ic} 等于两齿轮的切向综合公差 F'_i 之和。当两齿轮的齿数比为不大于 3 的整数，且采用选配时，F'_{ic} 应比计算值压缩 25% 或更多。

二、齿轮副的一齿切向综合误差 $\Delta f'_{ic}$（GB/T 10095 — 1988）

$\Delta f'_{ic}$ 是指安装好的齿轮副，在啮合足够多的转数内，一个齿轮相对于另一个齿轮，一个齿距内的实际转角与公称转角之差的最大幅值，以分度圆弧长计值。如图 12 - 34 所示。$\Delta f'_{ic}$ 主要影响传动平稳性。

齿轮副的一齿切向综合公差 f'_{ic} 等于两个齿轮的一齿切向综合公差 f'_i 之和。

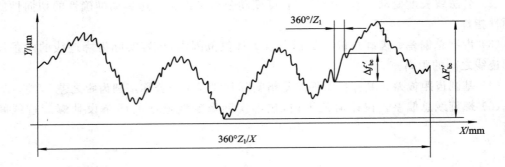

图 12 - 34 齿轮副的切向综合误差曲线

三、齿轮副中心距偏差 f_a

齿轮副中心距偏差 f_a 是指在齿轮副的齿宽中间平面内，实际中心距与公称中心距之差。公称中心距是在考虑了最小侧隙及两齿轮齿顶和其相啮合的非渐开线齿廓齿根部分的干涉后确定的。齿轮副中心距极限偏差 $\pm f_a$ 是由设计者所规定的齿轮副中心距偏差的允许变动范围，主要影响齿轮副侧隙。

因 GB/T 18620.3 标准中未给出中心距偏差值，仍用 GB/T 10095 — 1988 标准的中心距极限偏差 $\pm f_a$ 表中数值。按表 12 - 1 选取。

中心距的变动，影响齿侧间隙及啮合角的大小，将改变齿轮传动时的受力状态。

中心距的测量，可用卡尺、千分尺等普通量具。

表 12 - 1 中心距极限偏差 $\pm f_a$ μm

齿轮副中心距 a/mm		（齿轮精度）等级		
		$5\sim6\left(f_a=\dfrac{1}{2}\mathrm{IT7}\right)$	$7\sim8\left(f_a=\dfrac{1}{2}\mathrm{IT8}\right)$	$9\sim10\left(f_a=\dfrac{1}{2}\mathrm{IT9}\right)$
>6	到 10	7.5	11	18
>10	18	9	13.5	21.5
>18	30	10.5	16.5	26
>30	50	12.5	19.5	31
>50	80	15	23	37
>80	120	17.5	27	43.5
>120	180	20	31.5	50
>180	250	23	36	57.5
>250	315	26	40.5	65
>315	400	28.5	44.5	70

注：新标准 GB/Z 18620.3 中，中心距没有公差，仅有说明（编者）。

四、轴线的平行度偏差

如果一对啮合的圆柱齿轮的两条轴线不平行，形成了空间的异面（交叉）直线，则将影响齿轮的接触精度，因此必须加以控制。

轴线的平行度偏差是指一对齿轮的轴线在两轴线的"公共平面"或"垂直平面"内投影的平行度偏差。平行度偏差用轴支撑跨距 L（轴承中间距 L）相关联的表示，如图 12-35 所示。

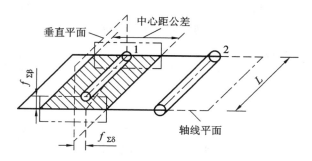

图 12-35　轴线平行度偏差

1. 轴线平面内的轴线平行度偏差 $f_{\Sigma\delta}$

$f_{\Sigma\delta}$ 是指一对齿轮的轴线在两轴线的公共平面内投影的平行度偏差。

偏差的最大值推荐值为

$$f_{\Sigma\delta} = 2f_{\Sigma\beta}$$

2. 垂直平面内的轴线平行度偏差 $f_{\Sigma\beta}$

$f_{\Sigma\beta}$ 是指一对齿轮的轴线在两轴线公共平面的垂直平面上投影的平行度偏差。

偏差的最大值推荐值为

$$f_{\Sigma\beta} = 0.5 \left(\frac{L}{b} \right) F_{\beta}$$

式中：L 为轴承跨距（mm）；b 为齿宽（mm）。

轴线的公共平面是用两轴承跨距中较长的一个 L 和另一根轴上的一个轴承来确定的。如果两个轴承的跨距相同，则用小齿轮轴和大齿轮轴的一个轴承确定。

五、齿轮副的接触斑点

接触斑点是指装配好的齿轮副，在轻微制动下，运转后齿面上分布的接触擦亮痕迹，接触斑点分布如图 12-36 所示。齿面上分布的接触斑点大小，可用于评估齿面接触精度。也可以将被测齿轮安装在机架上与测量齿轮在轻载下测量接触斑点，评估装配后齿轮螺旋线精度和齿廓精度。接触斑点在齿面展开图上用百分比计算，是一个特殊的非几何量的检验项目。

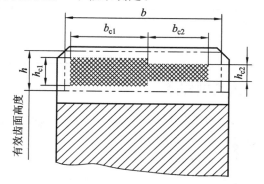

图 12-36　接触斑点分布示意图

沿齿高方向为接触痕迹高度 h_c 与有效齿面高度 h 之比的百分数，即

$$\frac{h_c}{h} \times 100\%$$

沿齿长方向为接触痕迹宽度 b_c 与工作长度 b 之比的百分数，即

$$\frac{b_c}{b} \times 100\%$$

接触斑点是齿面接触精度的综合评定指标。是为了保证齿轮副的接触精度或承载能力而提出的一个特殊的检验项目。设计时，给定齿长和齿高两个方向的百分数。检验时，对较大的齿轮副一般在安装好的齿轮传动装置中检验，对于成批生产的机器中的中小齿轮，允许在啮合机上与精确齿轮啮合检验。

上述轮齿接触斑点的检测，不适用于对轮齿和螺旋线修形的齿轮齿面。对于重要的齿轮副以及对齿廓或螺旋线修形的齿轮，可以在图样中规定所需的接触斑点的位置、形状和大小。

接触斑点的检测方法主要有擦痕法和涂色法两种。检测既可以在齿轮副滚动试验机、齿轮单面啮合检查仪上进行，也可以将齿轮安装在箱体中进行。

（1）擦痕法。擦痕法是将被测齿轮副装配好以后，经短时间的跑合，直接观察齿轮表面的摩擦痕迹的方法。这种方法不需要其他专用设备，简单易行，而且能综合反映齿轮实际加工误差和安装误差对承载能力的影响。

（2）涂色法。涂色法通常在齿轮副中小齿轮的齿面上，涂上一层极薄的颜料，根据运转后接触表面的涂色斑点来判定齿轮副的接触均匀性。

国家标准给出了装配后齿轮副接触斑点的最低要求，见表 12-2。

表 12-2 齿轮装配后接触斑点（摘自 GB/Z 18620.4—2008）

精度等级	参 数							
	$b_{c1}/b \times 100\%$		$h_{c1}/h \times 100\%$		$b_{c2}/b \times 100\%$		$h_{c2}/h \times 100\%$	
	直齿轮	斜齿轮	直齿轮	斜齿轮	直齿轮	斜齿轮	直齿轮	斜齿轮
4 级及更高	50	50	70	50	40	40	50	50
5 和 6	45	45	50	40	35	35	30	20
7 和 8	35	35	50	40	35	35	30	20
9 至 12	25	25	50	40	25	25	30	20

六、齿轮副侧隙

在一对装配好的齿轮副中，侧隙是相互啮合齿轮副的齿间间隙，它是在节圆上齿槽宽度超过相啮合齿轮齿厚的量。

在齿轮传动设计中，为保证啮合传动比恒定，消除反向的空程和减少冲击，都是按照无侧隙啮合进行设计的，但在实际生产中，为保证齿轮良好的润滑，补偿齿轮因制造偏差、安装偏差以及热变形等对齿轮传动造成的影响，必须在非工作面留有侧隙。齿轮副的侧隙是在齿轮装配后自然形成的，侧隙的大小主要取决于齿厚和中心距。最小的中心距条件

下，通过改变齿厚偏差来获得大小不同的齿侧间隙。

1. 齿侧间隙的分类

齿侧间隙分为圆周侧隙 j_{wt} 和法向侧隙 j_{bn}。

（1）圆周侧隙 j_{wt} 是指安装好的齿轮副中一个齿轮固定时，另一个齿轮在圆周方向的动量，以节圆弧长计值。

（2）法向侧隙 j_{bn} 是指当两个齿轮在工作齿面相互接触时非工作齿面间的最小距离。法向侧隙 j_{bn} 的测量沿着齿廓的法线方向，也就是沿着啮合线的方向测量，通常可用压铅丝的方法进行测量，即在齿轮的啮合过程中在齿间放入一段铅丝，啮合后取出压扁了的铅丝测量其厚度。也可以用塞尺直接测量 j_{bn}，如图 12-37 所示。

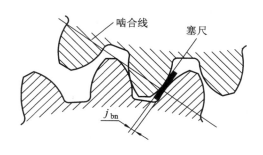

图 12-37　用塞尺测量齿轮副的法向侧隙 j_{bn}

圆周侧隙 j_{wt} 和法向侧隙 j_{bn} 之间的关系为

$$j_{bn} = j_{wt} \cos\alpha_{wt} \cdot cos\beta_b$$

式中：α_{wt} 为齿轮端面的压力角（°）；β_b 为齿轮基圆的螺旋角（°）。

2. 最小侧隙 j_{bnmin} 的确定

j_{bnmin} 是当一个齿轮的齿以最大允许实效齿厚（实效齿厚是指测量所得的齿厚加上轮齿各要素偏差及安装所产生的综合影响在齿厚方向的量）与一个也具有最大允许实效齿厚的相匹配的齿在最小的允许中心距啮合时，在静态下存在的最小允许侧隙。

在齿轮设计制造过程中，对齿轮传动产生影响的因素有如下几个方面。

（1）箱体、轴和轴承的安装偏斜。

（2）由于箱体的制造偏差和轴承的间隙导致齿轮轴线歪斜。

（3）温度影响（由中心距和材料差异引起的箱体与齿轮零件的温差）。

（4）齿轮的制造偏差及轴承的径向跳动。

（5）其他因素，例如旋转零件的离心胀大等。

为了保证齿轮的正常工作，避免因温升引起卡死现象，并保证良好的润滑，需在齿轮副的非工作齿面间留有合理的最小侧隙 j_{bnmin}。

对于用黑色金属材料制造的齿轮和箱体，工作时齿轮节圆线速度小于 15 m/s，其箱体、轴和轴承都采用常用的商业制造公差的齿轮传动，j_{bnmin} 可按下式计算。

$$j_{bnmin} = \frac{2}{3}(0.06 + 0.0005a + 0.03m_n)\ \text{mm}$$

按上式计算可以得出如表 12-3 所示的推荐数据。

表 12-3 大、中模数齿轮最小间隙 j_{bnmin} 的推荐值（摘自 GB/Z 18620.2 — 2008）

mm

模数 m_n	最小中心距 a_i					
	50	100	200	400	800	1600
1.5	0.09	0.11	—	—	—	—
2	0.10	0.12	0.15	—	—	—
3	0.12	0.14	0.17	0.24	—	—
5	—	0.18	0.21	0.28	—	—
8	—	0.24	0.27	0.34	0.47	—
12	—	—	0.35	0.42	0.55	—
18	—	—	—	0.54	0.67	0.94

● 任务实施

对于齿轮副的评定指标及其检测方案如下。

1）轴线的平行度偏差（$f_{\Sigma\delta}$ 和 $f_{\Sigma\beta}$）

装配图设计完成后，根据实际轴承跨距 L 和齿宽 b，按照 $f_{\Sigma\delta}=0.5(L/b)F_\beta)$ 和公式 $f_{\Sigma\delta}=2f_{\Sigma\beta}$ 计算（$f_{\Sigma\delta}$ 和 $f_{\Sigma\beta}$ 为最大值）。

此项指标主要由箱体二孔的位置精度保证，按照前面阐述方法，产品装配后检测实际轴颈处连线对线的平行度偏差，确定轴线的平行度是否合格。

2）齿轮副的中心距极限偏差 $\pm f_a$

查表 12-1 推荐的中心距极限偏差经验值，按照设计中心距 $a=288$ mm、齿轮精度为 7 级，选用 $\pm f_a=\pm40.5$ μm。检测及判断是合格，参照齿轮副轴线的平行度偏差和中心距偏差图 12-35 方向检测。

3）接触斑点

查表 12-2 推荐的装配后齿轮副接触斑点的最低要求按 7 级精度直齿轮选取。

$$\frac{h_{c1}}{h}=50\%，\frac{h_{c2}}{h}=30\%，\frac{b_{c1}}{b}=35\%，\frac{b_{c2}}{b}=35\%$$

沿齿高方向为

$$\frac{h_c}{h}\times100\%=50\%+30\%=80\%$$

沿齿长方向为

$$\frac{b_c}{b}\times100\%=35\%+35\%=70\%$$

此项指标待产品齿轮副装配完毕，在轻微制动下，运转后根据齿面上分布的接触擦亮痕迹，评估齿面接触精度。

任务四 掌握渐开线圆柱齿轮精度标准及其评定方法

◉ 任务引入

减速器中输出轴上直齿圆柱齿轮，已知模数 $m=2.75$ mm，齿数 $z_2=82$（输入轴上齿轮齿数 $z=22$），齿形角 $\alpha=20°$，齿宽 $b=63$ mm，中心距 $a=143$ mm；孔径 $D=56$ mm，输出转速 $n_2=780$ r/min，轴承跨距 $L=115$ mm，齿轮材料为 45 钢，减速器箱体材料为铸铁，齿轮工作温度 55 ℃，减速器箱体工作温度为 35 ℃，小批量生产。试确定齿轮的精度等级、检测项目及公差、齿坯公差和表面粗糙度，并绘制齿轮工作图及完成标注。

◉ 知识准备

要完成此任务，学生需了解齿轮副侧隙，掌握齿轮偏差及精度、齿坯精度和齿轮表面粗糙度、齿轮精度的标注代号字等内容。

一、精度等级及其选择

圆柱齿轮的精度标准应积极推行 GB/T 10095—2008 和 GB/Z 18620—2008 两个新标准。鉴于企业多年贯彻旧标准的经验和我国齿轮生产的现状，标准处于旧标准向新标准转化中。当供需双方协商一致时，GB/T 10095—1988 老标准的某些项目仍可使用。

1. 适用范围

GB/T 10095.1 只适用单个齿轮的每一个要素，不包括齿轮副。附录均非强制检验项目。

GB/T 10095.2 径向综合偏差的公差仅适用于产品齿轮与测量齿轮的啮合检验，而不适用于两个产品齿轮的啮合检验。

GB/Z 18620.1～4—2008 是关于齿轮检验方法的描述和意见。指导性技术文件所提供的数值不作为严格的精度判据，而作为共同协议的关于钢或铁制齿轮的指南来使用。

在适用范围上，新标准仅适用于单个渐开线圆柱齿轮，不适用于齿轮副；对模数 $m_n\geqslant$ 0.5～70 mm、分度圆直径 $d\geqslant5$～1000 mm、齿宽 $b\geqslant4$～1000 mm 的齿轮规定了偏差的允许值（F_i''、f_i'' 为 $m_n\geqslant0.2$～10 mm、分度圆直径 $d\geqslant5$～1000 mm 时的值）。

2. 精度等级

GB/T 10095.1—2008 对轮齿同侧齿面偏差（如齿距、齿廓、螺旋线等）和切向综合偏差的公差，规定了 13 个精度等级，用数字 0～12 由高到低的顺序排列，其中 0 级最高，12 级最低。

GB/T 10095.2—2008 对径向综合偏差的公差规定了 9 个精度等级，其中 4 级最高，12 级最低。0～2 级目前生产工艺尚未达到，供将来发展用；3～5 级为高精度级；6～8 级为中精度级；9～12 级为低精度级。

3. 精度等级的选择

为了保证齿轮传动的工作质量，必须控制单个齿轮的误差。从齿轮各项参数误差对齿轮传动使用性能的主要影响方面考虑，国家标准中将齿轮指标分成Ⅰ、Ⅱ、Ⅲ三个性能组，见表12-4。

表12-4　齿轮误差特性对传动的影响

性能组别	公差与极限偏差项目	误差特性	对传动性能的主要影响
Ⅰ	F'_i, F_p, F_{pk}, F''_i, F_t	以齿轮一转为周期的误差	传递运动的准确性
Ⅱ	f'_i, F''_i, F_a, $\pm f_{pt}$, $\pm f_{pb}$	在齿轮一转内，多次周期地重复出现的误差	传动的平稳性、噪声、振动
Ⅲ	F_β	螺旋线总误差	载荷分布的均匀性

注：项目符号与GB/T 10095—2008中项目符号相同。

首先根据用途、使用条件、经济性确定主要性能组的精度等级，然后再确定其他两组的精度等级。精度等级的选择有计算法、表格法及类比法，一般采用类比法。

1）计算法

计算法主要用于精密传动链设计。当已知传动链末端元件传动精度的要求，按传动链误差传递规律，分配各级齿轮副的传动精度要求，确定各个齿轮的第Ⅰ性能组的精度要求。再由传动装置所允许的振动、噪声要求，利用力学和振动学的理论确定齿轮第Ⅱ性能组的精度要求。齿轮强度计算中的动载系数、载荷分布系数等，也与齿轮第Ⅱ和第Ⅲ性能组精度有关。

2）表格法

为了方便设计，应不断积累总结各行业已有的实践经验，将典型的不同工况条件下，齿轮装置的精度等级归纳成表格，汇编成各种手册进行推荐，以便查阅。如表12-5、表12-6和表12-18等，均可作为推荐资料供齿轮设计人员确定所设计齿轮传动精度要求时的参考。

3）类比法

类比法是按现有的、并经证实设计合理、工作可靠的同类产品或机构上的齿轮精度，通过技术性、经济性、工艺可能性三方面的综合分析对比选用相似的齿轮精度等级。当工作条件略有改变时，新设计的齿轮可对各公差组的精度作适当调整。

根据使用要求不同，GB/T 10095—2008规定齿轮同侧齿面各精度项目可选同一个等级；对齿轮的工作齿面和非工作齿面可规定不同的等级，也可只给出工作齿面的精度等级；而对非工作齿面不给出精度要求。对不同的偏差项目可规定不同的精度等级。径向综合公差和径向圆跳动公差可选用与同侧齿面的精度项目相同或不同的精度等级。

齿轮副中两个齿轮的精度等级一般取同级，也允许取成不同等级。此时按精度较低者确定齿轮副等级。

分度、读数齿轮主要要求是传递运动准确性，即控制齿轮转动比的变化，可根据传动链要求的准确性，转角误差允许的范围首先选择第Ⅰ性能组精度等级。而第Ⅱ性能组的误差是第Ⅰ性能组误差的组成部分，相互关联，一般可取同级。分度、读数齿轮对传递功率要求不高，第Ⅲ性能组可低一级。

对高速动力齿轮要求控制瞬时传动比的变化，可根据圆周速度或噪声强度要求首先选择第Ⅱ性能组的精度级。当速度很高时第Ⅰ性能组的精度可取同级，速度不高时可选稍低等级。为保证一定的接触精度要求，故第Ⅲ性能组精度不宜低于第Ⅱ性能组。

对承载齿轮要求载荷在齿宽上均匀分布，可按强度和寿命要求确定第Ⅲ性能组的精度等级，第Ⅰ、Ⅱ性能组精度可稍低，低速重载时第Ⅱ性能组可稍低于第Ⅲ性能组，中速轻载时则采用同级精度。

各性能组选不同精度时以不超过一级为宜，精度等级选择可参考表 12-5 和表 12-6。

表 12-5　圆柱齿轮第Ⅱ性能组精度等级与圆周速度的关系

齿的形式	齿面布氏硬度 HBW	齿轮第Ⅱ性能组精度等级					
		5	6	7	8	9	10
		齿轮圆周速度/(m/s)					
直齿	≤350	>12	≤18	≤12	≤6	≤4	≤1
	>350	>10	≤15	≤10	≤5	≤3	≤1
斜齿	≤350	>25	≤36	≤25	≤12	≤8	≤2
	>350	>20	≤30	≤20	≤9	≤6	≤1.5

注：本表不属国家标准，仅供参考。

表 12-6　各种机器采用的齿轮精度等级

应用范围	精度等级	应用范围	精度等级	应用范围	精度等级
测量齿轮	3~5	重型汽车	6~9	一般用途的减速器	6~9
汽轮机减速器	3~6	航空发动机	3~7	轧钢设备的小齿轮	6~10
金属切削机床	3~8	货车底盘	6~8	矿山绞车	8~10
内燃机车与电气机车	6~7	客车底盘	5~7	起重机	7~10
轻型汽车	5~8	拖拉机	6~10	农业机械	8~11

表 12-7　齿轮精度等级的选用

| 精度等级 | 圆周速度/(m/s) | | 齿面的终加工 | 工作条件 |
	直齿	斜齿		
3 级	≤40	≤75	特精密的磨削和研齿；用精密滚刀或单边剃齿后大多数不经淬火的齿轮	1. 要求特别精密的或在平稳且无噪声的特别高速下工作的齿轮传动； 2. 特别精密机构中的齿轮； 3. 特别高速传动（透平齿轮）； 4. 检测 5、6 级齿轮用的测量齿轮
4 级	≤35	≤70	精密磨齿；用精密滚刀或单边剃齿后的大多数齿轮	1. 特别精密分度机构中或在最平稳且无噪声的极高速下工作的齿轮传动； 2. 特别精密分度机构中的齿轮； 3. 高速透平传动齿轮； 4. 检测 7 级齿轮用的测量齿轮

精度等级	圆周速度/(m/s)		齿面的终加工	工作条件
	直齿	斜齿		
5 级	≤20	≤40	精密磨齿；大多数用精密滚刀加工，进而剃齿的齿轮	1. 精密分度机构中或要求极平稳且无噪声的高速工作的传动齿轮； 2. 精密机构用齿轮； 3. 透平齿轮； 4. 检测 8 级和 9 级齿轮用测量齿轮
6 级	≤15	≤30	精密磨齿或剃齿	1. 要求最高效率且无噪声的高速下平稳工作的齿轮传动或分度机构的齿轮传动； 2. 特别重要的航空、汽车齿轮； 3. 读数装置用特别精密传动的齿轮
7 级	≤10	≤15	无须热处理仅用精确刀具加工的齿轮；淬火齿轮必须精整加工（磨齿、挤齿等）	1. 增速和减速用齿轮传动； 2. 金属切削机床进给机构用齿轮； 3. 高速减速器用齿轮； 4. 航空、汽车用齿轮； 5. 读数装置用齿轮
8 级	≤6	≤10	不磨齿，不必光整加工或对研	1. 无须特别精密的一般机械制造用齿轮； 2. 包括在分度链中的机床传动齿轮； 3. 飞机、汽车制造业中的不重要齿轮； 4. 起重机构用齿轮； 5. 农业机械中的重要齿轮； 6. 通用减速器齿轮
9 级	≤2	≤4	无须特殊光整加工	用于恶劣工作条件下不提出精度要求的粗糙工作齿轮

4. 齿轮各种偏差允许值计算公式和标准值

GB/T 10095.1 — 2008 和 GB/T 10095.2 — 2008 规定：齿轮公差表格中的数值是用 5 级精度规定的公式乘以级间公比计算出来的。两相邻精度等级的级间公比等于 $\sqrt{2}$。本级数值除以（或乘以）$\sqrt{2}$ 即可得到相邻较高（或低）等级的数值。5 级精度未圆整的计算值乘以 $\sqrt{2}^{(Q-5)}$，即可得任一精度等级 Q 的待求值。

5 级精度齿轮的有关计算公式见表 12-8。

表中，m_n 表示模数，d 表示分度圆直径，b 表示齿宽。如无另行规定，在不考虑齿顶和齿端倒角情况下，m_n 与 b 可认为是名义值。当齿轮参数不在给定的范围内或供需双方同意时，可在公式中代入实际的齿轮参数。

各计算公式中法向模数、分度圆直径 d 和齿宽 b 按参数范围和圆整规则中的规定，取各分段界限值的几何平均值。如果计算值大于 10 μm，则圆整到接近的整数；如果小于 10 μm，则圆整到最接近的尾数为 0.5 μm 的小数或整数；如果小于 5 μm，则圆整到最接近的 0.1 μm 的一位小数或整数。

表 12 - 8　5 级精度的齿轮偏差允许值的计算式

项目名称及代号	公差值或极限偏差计算公式	项目名称及代号	公差值或极限偏差计算公式
单个齿距极限偏差	$\pm f_{pt}=0.3(m_n+0.4\sqrt{d})+4$	切向综合总公差	$F_i'=F_p+f_i'$
齿距累积极限偏差	$\pm F_{pk}=f_{pt}+1.6\sqrt{(k-1)m_n}$	径向综合总公差	$F_i''=3.2m_n+1.01\sqrt{d}+6.4$
齿距累积总公差	$F_p=0.3m_n+1.25\sqrt{d}+7$	一齿定向总公差	$f_i''=2.96\,m_n+0.01\sqrt{d}+0.8$
齿廓总公差	$F_a=3.2\sqrt{m_n}+0.22\sqrt{d}+0.7$	径向跳动公差	$F_r=0.8F_p=0.24m_n+1.0\sqrt{d}+5.6$
螺旋线总公差	$F_\beta=0.1\sqrt{d}+0.63\sqrt{d}+4.2$		
一齿切向综合公差	$f_i'=K(4.3+f_{pt}+F_a)=K(9+0.3m_n+3.2\sqrt{m_n}+0.34\sqrt{d})$ 当总重合度 $\varepsilon_r<4$，$K=0.2\left(\dfrac{\varepsilon_r+4}{\varepsilon_r}\right)$；$\varepsilon_r\geqslant4$ 时，$K=0.4$。 不同精度等级的 f_i'/K 见表12-11		ε_r 的计算：（对直齿轮 $\varepsilon_\beta=0$） $\varepsilon_r=\varepsilon_a+\varepsilon_\beta=(z_1/2\pi)(\tan\alpha_{a1}-\tan\alpha')+(z_2/2\pi)(\tan\alpha_{a2}-\tan\alpha')$ 其中：$\alpha_a=\mathrm{arc}(r_b/r_a)$；$r_b$、$r_a$ 为基圆、顶圆半径；α_a 为齿顶压力角，α' 为啮合角

各级精度的 $\pm f_{pt}$、F_p、F_a、F_r 见表 12 - 9；F_i''、f_i'' 见表 12 - 10；f_i'/K 比值见表 12 - 11；F_β 见表 12 - 12；$f_{\Sigma\delta}$、$f_{\Sigma\beta}$ 见表 12 - 13；齿轮装配后接触斑点见表 12 - 2；$\pm f_{pb}$、F_w 见表 12 - 19。

表 12 - 9　$\pm f_{pt}$、F_p、F_a、F_r 公差数值（摘自 GB/T 10095—2008）　μm

分度圆直径 d/mm	模数 /mm	单个齿距极限偏差 $\pm f_{pt}$					齿距累积总公差 F_p					齿廓总公差 F_a					径向跳动公差 F_r					
		精度等级															法向模数 m_n/mm	5	6	7	8	9
		5	6	7	8	9	5	6	7	8	9	5	6	7	8	9						
20<d ≤50	0.5<m ≤2	5.0	7.0	10.0	14.0	20.0	14.0	20.0	29.0	41.0	57.0	5.0	7.5	10.0	15.0	21.0	0.5<m_n ≤2	11.0	16.0	23.0	32.0	45.0
	2<m ≤3.5	5.5	7.5	11.0	15.0	22.0	15.0	21.0	30.0	42.0	59.0	7.0	10.0	14.0	20.0	290.	2<m_n ≤3.5	12.0	17.0	24.0	34.0	47.0
50<d ≤125	0.5<m ≤2	5.5	7.5	11.0	15.0	21.0	18.0	26.0	37.0	52.0	74.0	6.0	8.5	12.0	17.0	23.0	0.5<m_n ≤2	15.0	21.0	29.0	42.0	59.0
	2<m ≤3.5	6.0	8.5	12.0	17.0	23.0	19.0	27.0	38.0	53.0	76.0	8.0	11.0	16.0	22.0	31.0	2<m_n ≤3.5	15.0	21.0	30.0	43.0	61.0
	3.5<m ≤6	6.5	9.0	13.0	18.0	26.0	19.0	28.0	39.0	55.0	78.0	9.5	13.0	19.0	17.0	38.0	3.5<m_n ≤6	16.0	22.0	31.0	44.0	62.0
125<d ≤280	2<m ≤3.5	6.5	9.0	13.0	18.0	26.0	25.0	35.0	50.0	70.0	100.0	9.0	13.0	18.0	25.0	36.0	2<m_n ≤3.5	20.0	28.0	40.0	56.0	80.0
	3.5<m ≤6	7.0	10.0	14.0	20.0	28.0	25.0	36.0	51.0	72.0	102.0	11.0	15.0	21.0	30.0	42.0	3.5<m_n ≤6	20.0	29.0	41.0	58.0	82.0
	6<m ≤10	8.0	11.0	16.0	23.0	32.0	26.0	37.0	53.0	75.0	106.0	13.0	18.0	25.0	36.0	50.0	6<m_n ≤10	21.0	30.0	42.0	60.0	85.0

表 12－10　综合总公差 F''_i、齿径向综合公差 f''_i 表（摘自 GB/T 10095—2008）　　　　μm

分度圆直径 d/mm	法向模数 m_n/mm	精度等级									
		5	6	7	8	9	5	6	7	8	9
		F''_i					f''_i				
$20<d\leqslant50$	$1.0<m_n\leqslant1.5$	16	23	32	45	64	4.5	6.5	9	13	18
	$1.5<m_n\leqslant2.5$	18	26	37	52	73	6.5	9.5	13	19	26
$50<d\leqslant125$	$1.0<m_n\leqslant1.5$	19	27	39	55	77	4.5	6.5	9	13	18
	$1.5<m_n\leqslant2.5$	22	30	43	61	86	6.5	9.5	13	19	26
	$2.5<m_n\leqslant4.0$	25	36	51	72	102	10	14	20	29	41
	$4.0<m_n\leqslant6.0$	31	44	62	88	124	15	22	31	44	62
$125<d\leqslant280$	$1.5<m_n\leqslant2.5$	26	37	53	75	106	6.5	9.5	13	19	27
	$2.5<m_n\leqslant4.0$	30	43	61	86	121	10	15	21	29	41
	$4.0<m_n\leqslant6.0$	36	51	72	102	144	15	22	31	44	62

表 12－11　f'_i/K 比值　（摘自 GB/T 10095—2008）　　　　μm

分度圆直径 d/mm	模数/mm	精度等级				
		5	6	7	8	9
		$(f'_i/K)/\mu$m				
$20<d\leqslant6.0$	$0.5<m\leqslant2$	14.0	20.0	29.0	41.0	58.0
	$2<m\leqslant3.5$	17.0	24.0	34.0	18.0	68.0
	$3.5<m\leqslant6$	19.0	27.0	38.0	54.0	77.0
$50<d\leqslant125$	$0.5<m\leqslant2$	16.0	22.0	31.0	44.0	62.0
	$2<m\leqslant3.5$	18.0	25.0	36.0	51.0	72.0
	$3.5<m\leqslant6$	20.0	29.0	40.0	57.0	81.0
	$6<m\leqslant10$	23.0	33.0	47.0	66.0	93.0
$125<d\leqslant280$	$0.5<m\leqslant2$	17.0	24.0	34.0	49.0	69.0
	$2<m\leqslant3.5$	20.0	28.0	39.0	56.0	79.0
	$3.5<m\leqslant6$	22.0	31.0	44.0	62.0	88.0
	$6<m\leqslant10$	25.0	35.0	50.0	70.0	100.0

注：总重合度 $\varepsilon_r<4$ 时，$K=0.2\left(\dfrac{\varepsilon_r+4}{\varepsilon_r}\right)$；当 $\varepsilon_r\geqslant4$ 时，$K=0.4$。

表 12 - 12　螺旋线总公差 F_{β}（摘自 GB/T 10095—2008）　　　　μm

分度圆直径 d/mm	齿宽 d/mm	精度等级				
		5	6	7	8	9
		F_{β}				
$20 < d \leqslant 50$	$10 < b \leqslant 20$	7.0	10.0	14.0	20.0	29.0
	$20 < b \leqslant 40$	8.0	11.0	16.0	23.0	32.0
$50 < d \leqslant 125$	$10 < b \leqslant 20$	7.5	11.0	15.0	21.0	30.0
	$20 < b \leqslant 40$	8.5	12.0	17.0	24.0	34.0
	$40 < b \leqslant 80$	10.0	14.0	20.0	28.0	39.0
$125 < d \leqslant 280$	$10 < b \leqslant 20$	8.0	11.0	16.0	22.0	32.0
	$20 < b \leqslant 40$	9.0	13.0	18.0	25.0	36.0
	$40 < b \leqslant 80$	10.0	15.0	21.0	29.0	41.0
	$80 < b \leqslant 160$	12.0	17.0	25.0	35.0	49.0

表 12 - 13　轴线平行度公差 $f_{\Sigma\delta}$、$f_{\Sigma\beta}$（摘自 GB/T 10095—2008）

轴线平面内的轴线平行度公差 $f_{\Sigma\delta} = (L/b)F_{\beta}$	F_{β}（查表 12 - 12）
垂直平面内的轴线平行度公差 $f_{\Sigma\beta} = 0.5(L/b)F_{\beta}$	

　　标准中各级精度齿轮以及齿轮副规定的各个项目的公差或极限偏差数值（见表 12 - 9～表 12 - 13、表 12 - 2）均由表 12 - 8 中的公式计算并圆整后得到。标准中没有给出 F_{pk} 的极限偏差数值表，而是给出了 5 级精度齿轮 F_{pk} 的计算式，它可通过计算得到。

二、齿轮副的侧隙

　　齿轮副侧隙是两个齿轮啮合后才产生的，对单个齿轮就不存在侧隙，齿轮传动对侧隙的要求，主要取决于其用途、工作条件，侧隙需要的量与齿轮的大小、精度、安装和应用情况有关。侧隙选择是独立于齿轮精度等级选择之外的另一类问题，现借鉴新旧标准经验处理。

　　1. 最小侧隙的确定

　　参照前述内容，由齿轮副的中心距合理的确定最小侧隙值。

　　2. 齿轮齿厚极限偏差的确定

　　由于 GB/Z 18620.2 未推荐齿厚偏差数值，可按 GB/T 10095—1988 用 14 种代号确定；也可按齿轮副侧隙计算确定。

　　1）齿厚上偏差 E_{sns}

　　是保证获得最小极限侧隙 $j_{bn\,min}$ 的齿厚最小减薄量，计算时考虑加工误差与安装误差。

如果通常设两齿轮齿厚上偏差相等 $E_{sns1}=E_{sns2}$，按下式计算

$$E_{sns} = -\frac{j_{bnmin}}{2\cos\alpha_n}$$

计算出 E_{sns} 后查表 12-14 或由图 12-38 选择一种能保证最小法向侧隙的齿隙的齿厚极限偏差作齿厚上偏差 E_{sns}。

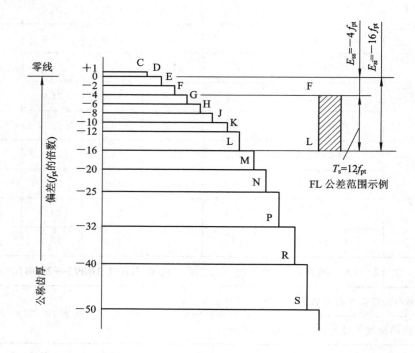

图 12-38 齿厚极限偏差代号

齿厚极限偏差共 C~S 有 14 种代号，其大小用齿距偏差 f_{pt} 的倍数表示，上、下偏差可分别选一种偏差代号表示。

2) 齿厚公差 T_{sn}

主要取决于径向跳动 F_r 和切齿加工时的径向进刀误差 b_r，按随机误差合成后，将径向误差换算成齿厚方向。故齿厚公差 T_{sn} 按下式计算，即

$$T_{sn} = \sqrt{b_r^2 + F_r^2} \cdot 2\tan\alpha_n$$

b_r 值按第 I 公差组查表 12-15，F_r 按（齿轮）精度等级和分度圆直径查表 12-9。

表 12-14 齿厚极限偏差

$C = +1f_{pt}$	$G = -6f_{pt}$	$L = -16f_{pt}$	$R = -40f_{pt}$
$D = 0$	$H = -8f_{pt}$	$M = -20f_{pt}$	$S = -50f_{pt}$
$E = -2f_{pt}$	$J = -10f_{pt}$	$N = -25f_{pt}$	
$F = -4f_{pt}$	$K = -12f_{pt}$	$P = -32f_{pt}$	

表 12 - 15　b_r 推荐值

切齿加工方法	（齿轮）精度等级	b_r
磨	4	1.26IT7
	5	IT8
	6	1.26IT8
滚、插	7	IT9
	8	1.26IT9
铣	9	IT10

注：IT 值按分度圆直径查 GB/T 1800.3 — 1998，查表获得。

对齿轮副最小法向极限侧隙 $j_{bn\,min}$ 的要求，在切齿过程中是通过对公称齿厚的减薄量获得的。因此，应考虑一对齿轮各自的齿厚极限偏差（齿厚上偏差 E_{sns} 是负值）E_{sns1} 和 E_{sns2}。

在齿轮的加工与安装中，不可避免地会有基圆齿距偏差、螺旋线偏差、轴线平行度偏差及齿轮副中心距偏差，这些都影响齿轮副的侧隙。所以设计的齿厚减薄量不仅考虑 $j_{bn\,min}$，而且还考虑上述诸因素要求更多的齿厚减薄量。

3）齿厚下偏差 E_{sni}

齿厚下偏差按下式计算，即

$$E_{sni} = -(\,|E_{sns}| + T_{sn}\,)$$

将 E_{sns}、E_{sni} 计算结果除以 f_{pt} 值并圆整，再由表 12 - 14 中选取齿厚上下偏差的代号。

4）公法线长度偏差 E_{bn}

若使用控制公法线长度偏差 E_{bn}（如图 12 - 33 所示）的办法保证侧隙，可用下列公式换算，即对外齿轮其：上偏差　　$E_{bns} = E_{sns}\cos\alpha_n - 0.72F_r\sin\alpha_n$

下偏差　　$E_{bni} = E_{sni}\cos\alpha_n + 0.72F_r\sin\alpha_n$

公　差　　$T_n = T_{sn}\cos\alpha_n - 1.44F_r\sin\alpha_n$

一般大模数齿轮采用测量齿厚偏差，中、小模数和高精度齿轮采用测量公法线长度偏差，来控制齿轮副的侧隙。

三、齿轮的检验组项目及选择

齿轮精度标准 GB/T 10095.1—2008 及其指导性技术文件中给出的偏差项目虽然很多，但作为评价齿轮质量的客观标准，齿轮质量的检验项目应该主要是单向指标，即齿距偏差（F_p、f_{pt}、F_{pk}）、齿廓总偏差 F_α、螺旋线总偏差 F_β 及齿厚极限偏差（E_{sns}、E_{sni}）。

齿轮精度标准（GB/T 10095.2—2008）及其指导性技术文件中给出的径向综合偏差的精度等级，根据需求可选用与 GB/T 10095.1—2008 中的要素偏差（如齿距、齿廓、螺旋线等）相同或不同的精度等级。径向综合偏差的公差仅适用于产品齿轮与测量齿轮的啮合检验，而不适用于两个产品齿轮啮合的检验。

当文件需要叙述齿轮的精度等级时，应注明 GB/T l0095.2—2008 或 GB/T 10095.1—2008。

（1）新标准没有规定检验组，根据贯彻旧标准的技术成果、目前齿轮生产的技术与质量控制水平，建议在下述检验组中选取一个检验组评定齿轮质量见表 12 - 16。

表 12 − 16　推荐的齿轮检验组

组别	检验项目
1	f_{pt}、F_p、F_α、F_β、F_r
2	F_{pk}、f_{pt}、F_p、F_α、F_β、F_r
3	F_i''、f_i''
4	f_{pt}、F_r（10～12 级）
5	F_i'、f_i'（有协议要求时）

检验组的选择要综合考虑齿轮及齿轮副的功能要求，生产批量、齿轮规格、计量条件和经济效益。

（2）新标准中，齿轮的检验可以为单项检验和综合检验，综合检验又分为单面啮合检验和双面啮合综合检验，见表 12 − 17。

表 12 − 17　齿轮的检验项目

单项检验项目	综合检验项目	
	单面啮合综合检验	双面啮合综合检验
齿距偏差 f_{pt}、F_{pk}、F_p	切向综合总偏差 F_i'	双面啮合综合检验 F_i''
齿廓总偏差 F_α	一齿切向综合偏差 f_i'	一齿径向综合偏差 f_i''
螺旋线总偏差 F_β		
齿厚偏差		
径向跳动 F_r		

（3）检验项目选择应注意以下几点：

① 对高精度的齿轮选用综合指标检验；低精度齿轮可选用单项性指标组合检验。

② 为了揭示工艺过程中，工艺误差产生的原因，应有目的选用单项性指标组合检验。成品验收则应选用供需双方共同认定的检验项目。

③ 批量生产时宜选用综合指标；单件小批时则用单项性组合的指标检验。

④ 使用的检验量仪、技术水平，供需双方协商认同后的检测结果才有法律效应。

四、齿坯精度

齿坯是指工件在轮齿加工前的状态，齿坯的尺寸偏差和形位偏差直接影响齿轮的加工精度和检验，也影响齿轮副的接触条件和运行状况。

齿轮在加工、检验和装配时的径向基准和轴向辅助面应尽量一致，并标注在零件图上。通常采用齿坯内孔（或顶圆）和端面作基准。

1. 齿坯的尺寸偏差

齿坯的尺寸偏差对于齿轮的加工过程、齿轮传动质量、接触条件和运行状况有极大影响，国家标准规定了三个表面上的误差，如图 12 − 39 所示。

（1）带孔齿轮的孔（或轴齿轮的轴颈）基准，其直径尺寸偏差和形状误差过大，将使齿轮径向跳动 F_r 增大，进而影响传动质量。

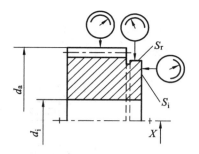

图 12－39　基准轴线和基准面

（2）齿轮轴的轴向基准面 S_i 的端面跳动误差过大，使齿轮安装歪斜。加工后的齿轮螺旋线误差增大，接触斑点减少或位置不当，造成回转摇摆影响承载能力，甚至断齿。

（3）径向基准面 S_r 或齿顶圆柱面直径偏差和径向跳动，影响齿轮加工或检验的安装基准和测量基准变化，使加工误差和测量误差（如齿厚）加大。

2. 基准轴线、基准面确定的方法

基准轴线和基准面是设计、制造、检测齿轮产品的基准。齿轮的精度参数值只有在明确其特定的旋转轴线才有意义，为满足齿轮的性能和精度要求，应尽量使基准的公差值减至最小。

（1）确定基准轴线的方法。最常用的方法是尽可能做到设计基准、加工基准、检验基准、工作基准相统一，见表 12－18。

表 12－18　确定基准轴线方法

序号	说　明	图　示
1	用两个"短的"圆柱或圆锥形基准面上设定的两个圆的圆心来确定轴线上的两点	注：A 和 B 是预定的轴承安装表面
2	用一个"长的"圆柱或圆锥形的面来同时确定轴线的位置和方向。孔的轴线可以用与之相匹配正确地装配的工作心轴的轴线来代表	
3	轴线的位置用一个"短的"圆柱形基准面上的一个圆的圆心来确定，而其方向则用垂直于轴线的一个基准端面来确定	

249

序号	说明	图示
4	中心孔确定基准轴线	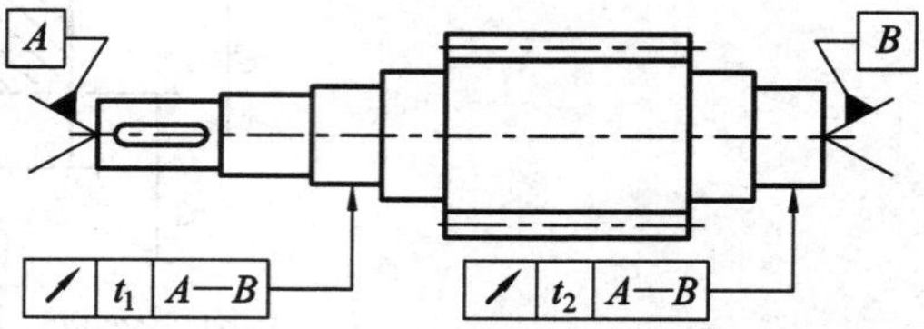

（2）基准面与安装面的形位公差。若工作安装面被选择为基准面，可直接选用其表 12-19 的基准面与安装面的形状公差。当基准轴线与工作轴线不重合时，则工作安装面相对于基准轴线的跳动公差在齿轮零件图样上予以控制，跳动公差不大于表 12-20 中规定的数值。

表 12-19　基准面与安装面的形状公差（摘自 GB/Z 18620.3—2008）

确定轴线的基准面	公 差 项 目		
	圆度	圆柱度	平面度
两个"短的"圆柱或圆锥形基准面	$0.04(L/b)F_\beta$ 或 $0.1F_p$ 取两者中小值		
一个"长的"圆柱或圆锥形基准面		$0.04(L/b)F_\beta$ 或 $0.1F_p$ 取两者中之小值	
一个短的圆柱面和一个端面	$0.06F_p$		$0.06(D_d/b)F_\beta$

注：1. 齿轮坯的公差应减至能经济地制造的最小值。

　　2. D_d 为基准面直径。

　　3. L 为两轴承跨距的大值。

　　4. b 为齿宽。

表 12-20　安装面的跳动公差（摘自 GB/Z 18620.3—2008）

确定轴线的基准面	跳动量（总的指示幅度）	
	径向	轴向
仅圆柱或圆锥形基准面	$0.15(L/b)F_\beta$ 或 $0.3F_p$ 取两者中之大值	
一圆柱基准面和一端面基准面	$0.3F_p$	$0.2(D_d/b)F_\beta$

注：见表 12-19 注。

（3）齿顶圆直径的公差。为保证设计重合度、顶隙，把齿顶圆柱面作基准面时，表 12-20 中数值可用作其尺寸公差；表 12-19 中数值可用作其形状公差。

为适应新旧标准的过渡与转化，对齿坯的尺寸和形状公差，齿坯基准面径向和端面跳动公差，可用 GB/T 10095—1988，见表 12-21 及表 12-22。

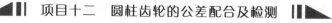

表 12－21　齿坯尺寸和形状公差(摘自 GB/T 10095—1988)

齿轮精度等级[1]		5	6	7	8	9	10
孔	尺寸公差 形状公差	IT5	IT6	IT7		IT8	
轴	尺寸公差 形状公差	IT5		IT6		IT7	
顶圆直径[2]		IT7		IT8		IT9	

① 当三个公差组的精度等级不同时,按最高的精度等级确定公差值;

② 当顶圆不作测量齿厚的基准时,尺寸公差按 IT11 给定,但不大于 $0.1\ m_n$。

表 12－22　齿坯基准面径向和端面圆跳动公差(摘自 GB/T 10095—1988)

分度圆直径/mm		精　度　等　级		
		5 和 6	7 和 8	9 和 10
大于	到	圆跳动公差/μm		
—	125	11	18	28
125	400	14	22	36
400	800	20	32	50

(4)齿轮各部分粗糙度见表 12－23。

表 12－23　齿轮的表面粗糙度推荐值 Ra ㎛

齿轮精度等级		5	6	7		8	9
齿面加工方法		磨	磨或珩	剃或珩	精滚、精插	滚、插	滚、铣
轮齿齿面	硬齿面	≤0.8	≤0.8	≤1.6	≤1.6	≤3.2	≤3.2
	软齿面	≤1.6	≤1.6	≤3.2	≤3.2	≤6.3	≤6.3
齿轮基准孔		0.4～0.8	1.6	1.60～3.2			6.3
齿轮轴基准轴颈		0.4	0.8	1.6		6.3	
基准端面		1.6～3.2	3.2～6.3			6.3	
顶　圆		1.6～3.2	6.3				

注:1. Ra 按 GB/T 1031—1995;GB/T131—2006;Ra、Rz 不应在同一部分使用。

2. 若齿轮三个性能组精度等级不同时,按其中最高等级。

3. 软齿面≤350 HBS;硬齿面>350 HBS。

如果对齿坯规定较高的公差要求,比加工高精度的轮齿要经济得多,因此应首先根据生产企业所拥有的制造设备的条件,尽量使齿坯和箱体的制造公差达到最小值。这样做可使齿轮的加工有较宽的公差带,从而获得更为经济的整体设计。

五、箱体公差

箱体公差是指箱体上的孔心距的极限偏差和两孔轴线间的平行度公差。它们分别是齿轮副的中心距偏差 f_a 和轴线平行度公差 $f_{\Sigma\delta}$ 和 $f_{\Sigma\beta}$ 的组成部分。影响齿轮副中心距的大小和齿轮副轴线的平行度误差除箱体外,还有其他零件,如各种轴、轴承等。

箱体公差在 GB/T 10095—2008 及 GB/Z 18620.3—2008 中仅有说明，未作规定。但是齿轮传动箱体属于箱壳式机架，因此《机械设计手册》中，机架设计所规定的尺寸公差、形位公差和粗糙度要求可参考选用。通常取 GB/T 10095—1988 中，齿轮副中心距极限偏差 $\pm f_a$ 值的 80%。为此 $f_a{}'$、$f_x{}'$ 和 $f_y{}'$ 可按下式计算：

$$f_a' = 0.8 f_a$$

$$f_x' = 0.8 \left(\frac{L}{b}\right) f_{\Sigma\delta}$$

$$f_y' = 0.8 \left(\frac{L}{b}\right) f_{\Sigma\beta}$$

式中：L 为箱体支承间距（mm）；b 为齿轮齿宽（mm）；f_a 为齿轮副中心距极限偏差见表 12-1；$f_{\Sigma\delta}$、$f_{\Sigma\beta}$ 分别为齿轮副轴线平行度公差见表 12-13。

六、齿轮精度的标注

这里所指的不是齿轮零件的全部精度，而是指其齿廓部分精度。由于齿轮及其齿轮副的各项参数与精度、评定指标及其检测的特殊性，齿轮精度的标注也与其他零件工作图上的标注有所不同。在齿轮零件工作图上直接标注的只是齿坯部分的精度和齿廓部分的粗糙度和表面指标，设计确定的齿轮及其齿轮副齿廓部分各项参数与精度，并非在零件工作图上标注出来，而是将有关参数列表并放在图样右上角。

齿轮精度的标注代号形式为"齿轮精度等级—国标号"。齿轮精度等级包含传递运动准确性、传动工作平稳性、载荷分布均匀性三项检测项目，目前采用的国标号为 GB/T 10095.1 或 GB/T 10095.2。三项检测项目同级时，只写出一个即可，不同时分别写出。

1. 齿轮精度等级的标注

当齿轮的检验项目同为某一精度等级时，可标注精度等级和标准号。如齿轮检验项目同为 7 级，则标注为

7GB/T 10095.1—2008 或 7 GB/T 10095.2—2008 或 7 GB/T 10095.1～.2—2008

当齿轮检验项目的精度等级不同时，如齿廓总偏差 F_α 为 6 级，而齿距累积总偏差 F_p 和螺旋线总偏差 F_β 均为 7 级时，则标注为

6 (F_α) 7 (F_p、F_β) GB/T 10095.1—2008

若齿廓总偏差 F_α 和单个齿距偏差 f_{pt} 为 7 级，齿距累积总偏差 F_p 和螺旋线总偏差 F_β 为 8 级精度，则标注为

6 (F_α、f_{pt}) 7 (F_p、F_β) GB/T 10095.1—2008

若偏差 F_i''、f_i'' 均按 GB/T 10095.2—2008 要求，精度均为 6 级，则标注为

6(F_i''、f_i'')GB/T 10095.2—2008

2. 齿厚偏差的常用标注方法

（1）$S_{nE_{sni}}^{E_{sns}}$，其中 S_n 为法向公称齿厚，E_{sns} 为齿厚的上偏差，E_{sni} 为齿厚的下偏差。

（2）$W_{kE_{bni}}^{E_{bns}}$，其中 W_k 为跨 k 个齿数的公法线平均长度，E_{bns} 为公法线平均长度上偏差，E_{bni} 为公法线平均长度下偏差。

齿轮各检验项目及其允许值标注在齿轮工作图右上角参数表中。

3. 齿轮工作图例

图 12 - 40 为圆柱齿轮工作图之一。

图 12 - 41 为圆柱齿轮工作图之二。

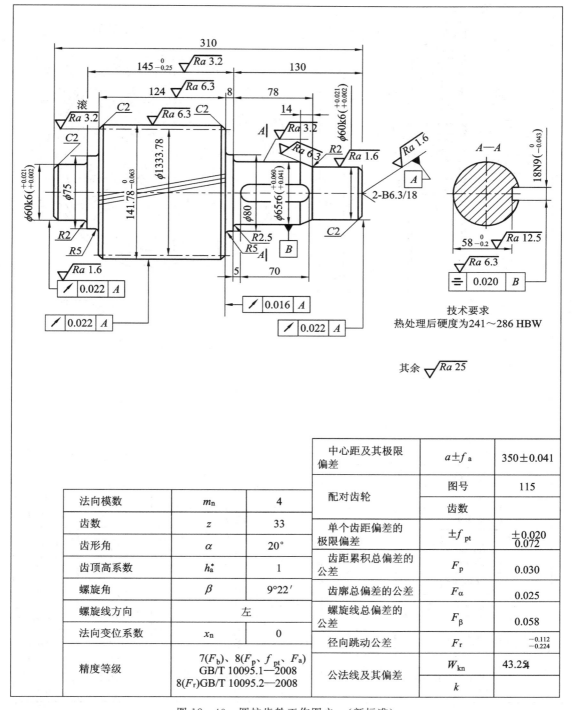

中心距及其极限偏差		$a \pm f_a$	350 ± 0.041

法向模数	m_n	4	
齿数	z	33	
齿形角	α	20°	
齿顶高系数	h_a^*	1	
螺旋角	β	9°22′	
螺旋线方向	左		
法向变位系数	x_n	0	
精度等级	7(F_b)、8(F_p、f_{pt}、F_a) GB/T 10095.1—2008 8(F_r)GB/T 10095.2—2008		

配对齿轮	图号	115
	齿数	
单个齿距偏差的极限偏差	$\pm f_{pt}$	± 0.020 0.072
齿距累积总偏差的公差	F_p	0.030
齿廓总偏差的公差	F_α	0.025
螺旋线总偏差的公差	F_β	0.058
径向跳动公差	F_r	−0.112 −0.224
公法线及其偏差	W_{kn}	43.254
	k	

技术要求

热处理后硬度为241～286 HBW

其余 $\sqrt{Ra\,25}$

图 12 - 40　圆柱齿轮工作图之一(新标准)

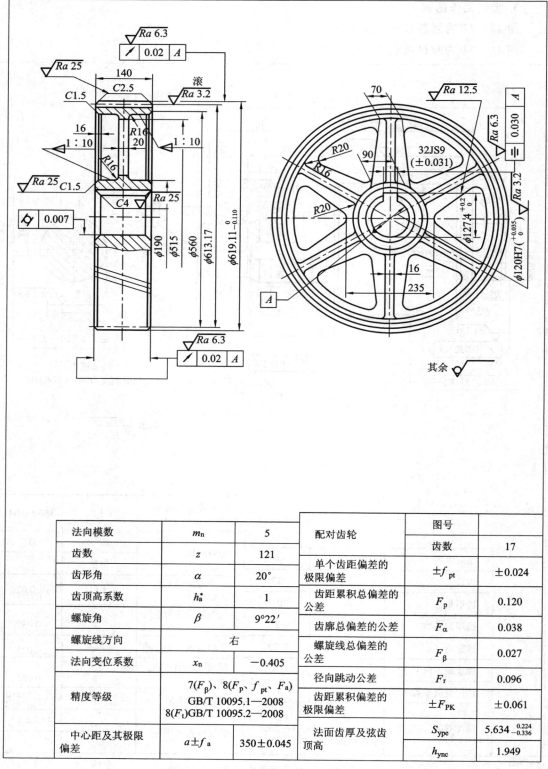

法向模数	m_n	5	配对齿轮	图号	
齿数	z	121		齿数	17
齿形角	α	20°	单个齿距偏差的极限偏差	$\pm f_{pt}$	±0.024
齿顶高系数	h_a^*	1	齿距累积总偏差的公差	F_p	0.120
螺旋角	β	9°22′	齿廓总偏差的公差	F_α	0.038
螺旋线方向		右	螺旋线总偏差的公差	F_β	0.027
法向变位系数	x_n	−0.405	径向跳动公差	F_r	0.096
精度等级	$7(F_\beta)$、$8(F_p$、f_{pt}、$F_\alpha)$ GB/T 10095.1—2008 $8(F_t)$GB/T 10095.2—2008		齿距累积偏差的极限偏差	$\pm F_{PK}$	±0.061
中心距及其极限偏差	$a\pm f_a$	350±0.045	法面齿厚及弦齿顶高	S_{ype}	$5.634^{-0.224}_{-0.336}$
				h_{ync}	1.949

图 12-41　圆柱齿轮工作图之二(新标准)

● 任务实施

根据任务求解如下：

（1）确定齿轮的精度等级。

从给定条件知该齿轮为通用减速器齿轮，由表 12 - 6 可以大致得出齿轮精度等级在 6～9 级之间，而且该齿轮为既传递运动又传递动力，可按线速度来确定精度等级。根据齿轮输轴转速 $n_2 = 780$ r/min，齿轮的圆周速度为

$$v = \frac{\pi d n}{1000 \times 60} = \frac{3.14 \times 2.75 \times 82 \times 780}{1000 \times 60} = 9.20 \text{ m/s}$$

由表 12 - 7 选出该齿轮精度等级为 7 级，表示为 7 GB/T 10095.1 — 2008。

（2）选择检验项目，确定公差或极限偏差。

① 查表 12 - 16，普通减速器齿轮，小批量生产，中等精度，无特殊要求，拟选用第一检验组，即选择检验项目为齿距累积总公差 F_P、齿廓总公差 F_α、螺旋线总公差 F_β、径向跳动公差 F_r、齿厚偏差 E_{sn}。

减速器从动齿轮的分度圆直径为

$$d_2 = m z_2 = 2.75 \times 82 = 225.5 \text{ mm}$$

查表 12 - 9 得 $F_P = 0.050$ mm；$F_\alpha = 0.018$ mm；$F_r = 0.040$ mm。

齿宽 $b = 63$ mm，查表 12 - 12 得 $F_\beta = 0.021$ mm。

② 选择最小侧隙和齿厚偏差。

减速器中两个齿轮之间的中心距为

$$a = \frac{m(z_1 + z_2)}{2} = 143 \text{ mm}$$

计算最小侧隙

$$j_{bn\min} = \frac{2}{3}(0.06 + 0.0005a + 0.03m_n)$$

$$= \frac{2}{3}(0.06 + 0.0005 \times 143 + 0.03 \times 2.75) \approx 0.143 \text{ mm}$$

计算公称齿厚为

$$S_n = m_n\left(\frac{\pi}{2} + 2\tan\alpha_n\right) = 2.75 \times \left(\frac{\pi}{2} + 2 \times \tan 20°\right) \approx 4.320 \text{ mm}$$

计算齿厚上偏差为

$$E_{sns} = -\frac{j_{bn\min}}{2\cos\alpha_n} = -\frac{0.143}{2\cos 20°} \approx -0.076 \text{ mm}$$

查表 12 - 15 得 $b_r = \text{IT9} = 0.115$ mm

计算齿厚公差

$$T_{sn} = 2\tan 20° \times \sqrt{F_r^2 + b^2} = 2\tan 20° \times \sqrt{0.040^2 + 0.115^2} = 0.089 \text{ mm}$$

计算齿厚下偏差为

$$E_{sni} = E_{sns} - T_{sn} = -0.076 - 0.089 = -0.165 \text{ mm}$$

则公称齿厚及偏差为 $4.320^{-0.076}_{-0.165}$ mm。

（3）齿坯公差。

① 内孔尺寸偏差。内孔精度等级为 IT7，查附录表 3 得 ϕ56 H7，查表得上偏差为 +0.030 mm，下偏差为 0，所以内孔偏差为 $\phi 56_{\ 0}^{+0.030}$ mm。

② 齿顶圆直径极限偏差。当以齿顶圆作为测量齿厚的基准时，齿顶圆直径为

$$d_a = (z_2 + 2)m_n = (82 + 2) \times 2.75 = 231 \text{ mm}$$
$$\pm T_{da} = \pm 0.05 m_n = \pm 0.05 \times 2.75 = \pm 0.138 \text{ mm}$$

齿顶圆直径及极限偏差为 231±0.138 mm。

③ 各基准面的形位公差。内孔圆柱度公差 t_1，查表 12-19 得

$$t_1' = 0.04 \left(\frac{L}{b} \right) F_\beta = 0.04 \times \left(\frac{115}{63} \right) \times 0.021 \approx 0.002 \text{ mm}$$
$$t_1'' = 0.1 F_p = 0.1 \times 0.050 = 0.005 \text{ mm}$$

选取上述两项中较小者，即 $t_1 = 0.002$ mm。

端面圆跳动公差 t_2，查表 12-20 得

$$t_2 = 0.2 \left(\frac{D_d}{b} \right) F_\beta = 0.2 \times \left(\frac{231}{63} \right) \times 0.021 \approx 0.015 \text{ mm}$$

齿顶圆径向圆跳动公差 t_3，基准端面的最大直径 $D_a = 231$ mm，查表 12-20 得

$$t_3 = 0.3 F_p = 0.3 \times 0.050 = 0.015 \text{ mm}$$

（4）齿轮表面粗糙度。

① 齿轮齿面粗糙度：硬齿面 $Ra \leqslant 1.6$ μm。

② 齿坯表面粗糙度：查表 12-23 得：齿坯内孔 Ra 上限值 1.6 μm；端面 Ra 上限值 3.2 μm；顶圆 Ra 上限值 6.3 μm；其余表面的表面粗糙度 Ra 上限值为 12.5 μm。

（5）绘制齿轮工作图。按国家标准要求标注，如图 12-42 所示。

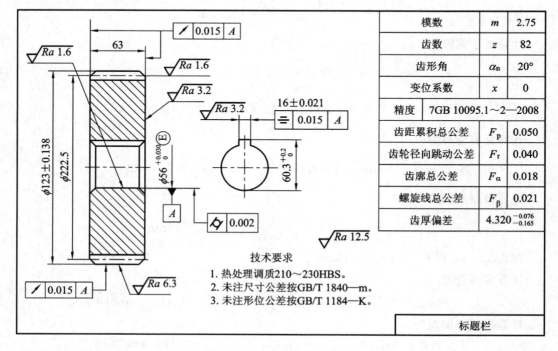

模数	m	2.75
齿数	z	82
齿形角	α_n	20°
变位系数	x	0
精度	7GB 10095.1~2—2008	
齿距累积总公差	F_p	0.050
齿轮径向跳动公差	F_r	0.040
齿廓总公差	F_α	0.018
螺旋线总公差	F_β	0.021
齿厚偏差	$4.320_{-0.165}^{-0.076}$	

技术要求
1. 热处理调质210~230HBS。
2. 未注尺寸公差按GB/T 1840—m。
3. 未注形位公差按GB/T 1184—K。

标题栏

图 12-42 齿轮工作图简图

项 目 小 结

本项目主要介绍了齿轮传动的使用要求；各种加工误差对齿轮传动使用要求的影响；渐开线齿轮精度标准所规定的各项公差及极限偏差的定义和作用；圆柱齿轮的公差标准及其应用等。要求学生初步掌握齿轮精度等级和检验项目的选用以及确定齿轮副侧隙的大小的方法；学会正确识读齿轮公差，掌握齿轮公差在图样上的标注；学会圆柱齿轮公法线长度检测和分度圆弦齿厚的检测；检验齿轮零件的合格性。

思 考 与 练 习

一、判断题

（　　）1. 对于分度机构及仪器仪表中读数机构的齿轮，传递运动准确性是主要的。

（　　）2. 齿距累积偏差是由径向误差与切向误差造成的。

（　　）3. 同一个齿轮的齿距累积误差与其切向综合误差的数值是相等的。

（　　）4. 影响齿轮传动平稳性的偏差项目是齿形偏差。

（　　）5. 齿距累积偏差 F_{pk} 是齿轮运动准确性的评定指标。

（　　）6. 齿廓总偏差是齿轮载荷分布均匀性的评定指标。

（　　）7. 齿轮的一齿切向综合偏差是评定齿轮传动平稳性的项目。

（　　）8. 齿厚的上极限偏差为正值，下极限偏差为负值。

（　　）9. 齿轮副的接触斑点是评定齿轮副载荷分布均匀性的综合指标。

（　　）10. 齿厚游标卡尺只适用于检测精度较低或模数较大齿轮的齿厚。

二、选择题

1. 对高速传动齿轮减速器（如汽车、拖拉机中等）中齿轮精度要求较高的为（　　）。

A. 传递运动的准确性　　　　　　　　B. 载荷在齿面上分布的均匀性

C. 传递运动的平稳性　　　　　　　　D. 传动侧隙的合理性

2. 载荷较小的正/反转齿轮对（　　）要求较高。

A. 传递运动的准确性　　　　　　　　B. 传递运动的平稳性

C. 载荷分布的均匀性　　　　　　　　D. 传动侧隙的合理性

3. 滚齿加工时产生的运动偏心会引起（　　）。

A. 切向综合偏差　　　　　　　　　　B. 齿轮切向误差

C. 螺旋线总偏差　　　　　　　　　　D. 齿廓形状偏差

4. 影响齿轮传动平稳性的偏差项目有（　　）。

A. 一齿切向综合偏差　　　　　　　　B. 螺旋线总偏差

C. 切向综合总偏差　　　　　　　　　D. 齿距累积总偏差

5. 影响齿轮载荷分布均匀性的偏差项目有（　　）。

A. F_i'' 　　　　　　　　B. $f_{f\alpha}$ 　　　　　　　　C. F_β 　　　　　　　　D. f_i''

6. 影响齿轮传递运动准确性的偏差项目有（   ）。

A. F_p 　　　　　 B. $f_{f\alpha}$ 　　　　　 C. F_β 　　　　　 D. F_α

7. 齿轮公差中切向综合总偏差 F_i' 可以反映（   ）。

A. 切向误差 　　　 B. 切向与轴向误差 　　 C. 径向误差 　　 D. 切向和径向误差

8. 测量齿轮累积误差可以评定齿轮传递运动的（   ）。

A. 准确性 　　　　 B. 平稳性 　　　　 C. 侧隙的合理性 　　 D. 承载的均匀性

9. 下列选项中属于齿轮副的公差项目的有（   ）。

A. 齿向偏差 　　　 B. 切向综合总偏差 　　 C. 轮齿接触斑点 　　 D. 齿形偏差

10. 一般切削机床中的齿轮所采用的精度等级范围是（   ）。

A. 3～5 级 　　　 B. 3～7 级 　　　　 C. 4～8 级 　　　　 D. 6～8 级

11. 现行国家标准推荐的轴线平面内的平行度偏差值为（   ）。

A. $f_{\Sigma\delta}=2f_{\Sigma\beta}$ 　　 B. $f_{\Sigma\delta}=2f_{\Sigma\beta}$ 　　 C. $f_{\Sigma\delta}=4f_{\Sigma\beta}$ 　　 D. $f_{\Sigma\beta}=4f_{\Sigma\delta}$

12. 6 (F_α) 7 $(F_p、F_\beta)$ 表示（   ）的齿轮。

A. 齿廓总偏差为 6 级精度、齿距累积总偏差和螺旋线总偏差均为 7 级精度

B. 齿廓总偏差为 7 级精度、齿距累积总偏差和螺旋线总偏差均为 6 级精度

C. 齿距累积总偏差为 6 级精度、齿廓总偏差和螺旋线总偏差均为 7 级精度

D. 螺旋线总偏差为 7 级精度、齿廓总偏差和齿距累积总偏差均为 7 级精度

三、综合题

1. 简述对齿轮传动的四项使用要求，其中哪几项要求是精度要求？

2. 齿轮传动中的侧隙有什么作用？用什么评定指标来控制侧隙？

3. 什么是齿轮的切向综合偏差？它是哪几项偏差的综合反映？

4. 国家标准对齿厚偏差规定了多少种字母代号？其代号顺序是怎样的？为什么齿厚上极限偏差一般都是负值？

5. 简述齿轮齿厚偏差的检测步骤及齿轮径向跳动的检测步骤。

6. 用齿厚游标卡尺检测一直齿圆柱齿轮齿厚，已知被测齿轮模数为 $m=3$ mm，齿轮齿数 $z=30$，压力角 $\alpha=20°$，齿厚偏差 $E_{sn}=-0.02$ mm，测量被测齿轮齿厚是否合格。

7. 某直齿圆柱齿轮标注为 7 (F_α) 8 $(F_p、F_\beta)$ GB/T 10095.1—2008，其模数 $m=3$ mm，齿数 $z=60$，齿形角 $\alpha=20°$，齿宽 $b=30$ mm。若测量结果为齿距累积总偏差 $F_p=0.075$ mm，齿廓总偏差 $F_\alpha=0.012$ mm，单个齿距偏差 $f_{pt}=-13$ μm，螺旋线总偏差 $F_\beta=16$ μm，则该齿轮的各项偏差是否满足齿轮精度的要求？为什么？

8. 某直齿圆柱齿轮生产批量为大批生产，齿轮模数 $m=3.5$ mm，齿数 $z=30$，标准压力角 $\alpha=20°$，变位系数为零，齿宽 $b=50$ mm，精度等级为 7 GB/T 10095.1—2008，齿厚上、下极限偏差分别为 -0.07 mm 和 -0.14 mm。试确定：

（1）该齿轮的检验项目及其允许值；

（2）用公法线长度偏差作为齿厚的测量项目，计算跨齿数和公法线公称值及公法线长度上、下极限偏差；

（3）确定齿轮各部分表面粗糙度轮廓幅度参数及其允许值；

（4）确定齿轮坯的各项公差或极限偏差（齿顶圆柱面作为切齿时的找正基准）；

（5）绘制该齿轮图样。

下　篇
实训部分

实训一　用游标卡尺、外径千分尺测量轴径

一、实训目的

1. 了解游标卡尺、外径千分尺结构，掌握用游标卡尺和外径千分尺进行测量的原理。

2. 熟练使用游标卡尺、外径千分尺测量轴径。

二、实训设备、试样

游标卡尺，外径千分尺，被测零件。

三、仪器说明和测量原理

1. 游标卡尺

游标卡尺主要用来测量零件的长度、厚度、槽宽、槽深、轴（孔）径等尺寸。其由主尺和游标两部分组成。游标上部有一紧固螺钉，可将游标固定在尺身的任意位置。游标卡尺的外测量爪用来测量长度、厚度和外径；主尺上的深度尺测量槽和孔的深度；游标卡尺上的内测量爪用来测量内径和槽宽。

游标卡尺结构如图 s1-1 所示。

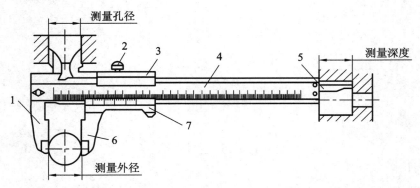

1—外量爪；2—锁紧螺钉；3—游标；4—主尺；5—测探杆；6—尺框；7—副尺

图 s1-1　游标卡尺

常见的游标卡尺刻线精度有三种：0.1 mm、0.02 mm 和 0.05 mm。

读数时，先读出游标零线左侧主尺刻线的整毫米数；再找出主尺与游标对齐的那条刻

线,即从零线开始的第 X 条刻线,以 X 乘以其刻线精度值即为读数的小数部分;最后将整数与小数相加,即为所测的实际尺寸。

2. 外径千分尺

外径千分尺通常简称为千分尺或螺旋测微器。它是比游标卡尺更精密的长度测量仪器,常见的一种如图 s1-2 所示,其量程为 0~25 mm,分度值是 0.01 mm。

外径千分尺的结构由固定的尺架 1、测砧 2、测微螺杆 3、螺纹轴套 4、固定套筒 5、微分筒 6、测力装置 10 和锁紧装置 11 等组成。在固定套筒 5 上有一条水平线,这条线的上、下各有一列间距为 1 mm 的刻度线,上面的刻度线恰好在下面两个相邻刻度线的中间。微分筒上的刻度线是将圆周分为 50 等分的水平线,它是旋转运动的。

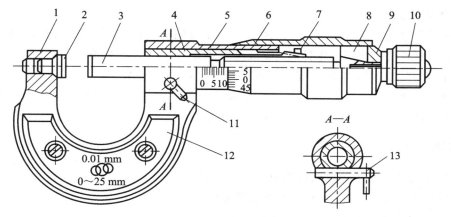

1—尺架;2—测砧;3—测微螺杆;4—螺纹轴套;5—固定套筒;6—微分筒;7—调节螺钉;
8—接头;9—垫片;10—测力装置;11—锁紧装置;12—隔热装置;13—锁紧轴

图 s1-2 外径千分尺

根据螺旋运动原理,当微分筒(又称可动刻度筒)旋转一周时,测微螺杆前进或后退一个螺距为 0.5 mm。这样,当微分筒旋转一个分度后,它转过了 1/50 周,这时螺杆沿轴线移动了(1/50)×0.5 mm=0.01 mm,因此,使用千分尺可以准确读出 0.01 mm 的数值。

读数时先读整数,以微分筒左端面为准线,读出固定套筒上有数字的刻线部分,即被测零件尺寸的整数部分,单位是 mm。其次读小数,以固定套筒上的基线为基准,读出活动套筒上的刻线数,再看半刻度线(0.5 mm 刻线)是否露出。若半刻度线未露出,则读出的刻线数乘以 0.01 mm 是被测零件尺寸的小数部分;若半刻度线露出来,再加上 0.5 mm 作为被测零件尺寸的小数部分。最后将整数和小数相加即为被测零件的尺寸。

四、测量步骤及要求

1. 游标卡尺

(1) 根据轴径的基本尺寸和公差大小选择与测量范围相当的游标卡尺。擦拭游标卡尺两量爪的测量面,将两量爪测量面合拢,检查读数是否为 0,如不是 0,应记下零位的示值误差,取其负值作为测量结果的修正值。

(2) 擦净被测轴的表面,将游标卡尺测量面卡紧被测轴的外径,注意不要卡得太紧,但也不能松动,当上下试移动时,以手感到有一点阻力为宜。特别要注意一定要卡在轴的直径部位。

（3）三个截面测量轴径，注意各截面均要按互相垂直的方向进行测量，这样就得到六个测量的读数。

（4）对六个读数进行数据处理，比较简单的方法是去掉最大读数和最小读数，再取余下的几个读数的平均值，并以第（1）步中所得的修正值进行修正，从而获得最终测得的轴径尺寸。

（5）游标卡尺用完后，应用纱布擦干净，放回量具盒中。

2. 外径千分尺

（1）测量前将被测零件擦干净，松开千分尺的锁紧装置，转动旋钮，使测砧与测微螺杆之间的距离略大于被测零件直径。

（2）一只手拿千分尺的尺架，将待测零件置于测砧与测微螺杆的端面之间，另一只手转动旋钮，当螺杆要接近被测零件时，改旋测力装置 10 直至听到喀喀声。

（3）旋紧锁紧装置（防止移动千分尺时螺杆转动），即可读数。

（4）使用千分尺测同一轴径时，一般多测量几个截面的直径，取其平均值作为测量结果。

（5）千分尺用完后，应用纱布擦干净，在测砧与螺杆之间留出一点空隙，放入盒中。

五、思考题

1. 游标卡尺和外径千分尺的读数方法分别是什么？
2. 分度值 0.02 mm 的游标卡尺读数原理是什么？
3. 使用外径千分尺测量时应注意哪些事项？

六、实训报告

_____的测量（用游标卡尺）

测量仪器	名　称		分度值	测量范围
被测零件	名　称		公　差	
测量示意图				
测量结果	误　差			
	合格性结论		理　由	
班　级			姓　名	
审　阅			得　分	

_____的测量（用外径千分尺）

测量仪器	名　称		分度值	测量范围
被测零件	名　称		公　差	
测量示意图				
测量记录				
测量结果	误　差			
	合格性结论		理　由	
班　级			姓　名	
审　阅			得　分	

实训二　用内径指示表检测孔径

一、实训目的

（1）了解内径指示表的结构，掌握用内径指示表进行测量的原理。

（2）熟练使用内径指示表测量内径。

二、实训设备、试样

内径指示表，外径千分尺，量块及量块附件，被测零件。

三、仪器说明和测量原理

内径指示表由百分表（千分表）和杠杆系统组成。它是采用相对比较法测量孔径的常用量具，可测量 6～1000 mm 的孔径，特别适合测量深孔。

内径指示表的测量范围有：6～10 mm，10～18 mm，18～35 mm，35～50 mm，50～100 mm，100～160 mm 等规格。百分表的分度值有 0.01 mm 及 0.001 mm 两种。示值范围有 3 mm、5 mm 和 10 mm 三种。

内径指示表结构如图 s2-1 所示。其固定测头 1 和活动测头 2 与孔壁接触，活动测头被压缩，则推动等臂直角杠杆 3 绕固定转轴转动，使推杆 4 向上压缩弹簧 5，并推转百分表 9 的指针顺时针转动，指针的转动量即为活动测头移动的距离。弹簧 5 的反力使活动测头向外，对孔壁产生测力。

在活动测头的两侧有弦板 6，它在两弹簧 5 和 7 的作用下，对称地压靠在孔壁上，以保证测杆的中心线通过被测圆柱孔的轴线。测量时应按图 s2-2 中所示左右摆动，找准正测位，同时注意表盘上指示针的摆动，读取其最小示值（转折点）为测量结果。

四、测量步骤及要求

（1）根据被测孔径的公称尺寸 L，选择量块组，如图 s2～3（a）所示将量块组 3 和专用量爪 5 一起放入量块夹 4 内夹紧，构成标准内尺寸卡规。

（2）根据被测孔径尺寸，选择固定测头，装在内径指示表上。

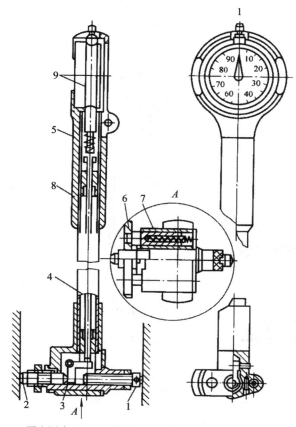

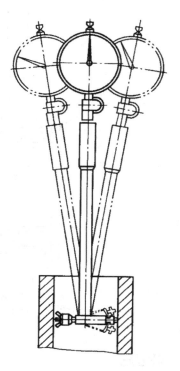

1—固定测头；2—活动测头；3—等臂直角杠杆；4—推杆；
5、7—弹簧；6—弦板；8—隔热手柄；9—百分表

图 s2-1　内径指示表结构　　　　　　　　图 s2-2　内径指示表测量孔径示意

（3）用标准内尺寸卡规调整指示表零位。手持仪器隔热手柄，将仪器测头压缩后放入标准内尺寸卡规，使测头与两端的量爪相接触，轻轻摆动内径指示表。当指针顺时针转动到转折点（指读数最小处）时，即表示仪器所处位置为标准尺寸位置，此时转动指示表的滚花环，使刻度盘的零刻线转到指针所指位置（转折点）。再轻轻摆动内径指示表，重复上述过程，直至指针准确地在刻度盘零位处转折为止，即调整好仪器零位。

（4）测量孔径。将内径指示表放入被测孔，如图 s2-3（b）所示，轻轻摆动仪器，找其转折位置，记下指示表读数（注意"＋"、"－"），即为该处的孔径实际尺寸与标准尺寸的偏差。相同的，依次测量孔内三个横截面，两个互相垂直方向的孔径。将测量结果记入实验报告。

（5）测量完毕后，重复步骤（3），看指示表指针是否回"零位"，若不回"零位"，误差超过一定限度时应重测。

（6）处理数据，判断被测工件的合格性。

265

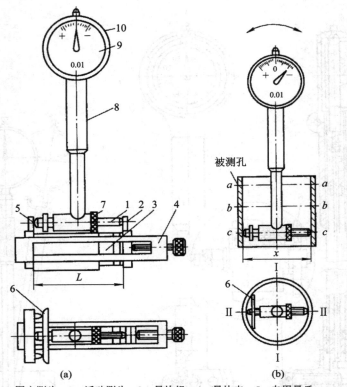

1—固定测头；2—活动测头；3—量块组；4—量块夹；5—专用量爪；
6—弦板；7—固定测头锁紧螺母；8—隔热手柄；9—指示表；10—滚花环

图 s2-3 内径指示表测量孔径

五、思考题

1. 从读数值和测量力来看，内径指示表测量工件属于什么测量方法？

2. 内径指示表的组成和测量原理是什么？

3. 使用内径指示表测量时为什么必须要摆动指示表？测量时如何读数？

六、实训报告

_____的测量

测量仪器	名　称		分度值	测量范围
被测零件	名　称		公　差	
测量示意图				

测量记录				
测量结果	误　差			
	合格性结论		理　由	
班　级			姓　名	
审　阅			得　分	

实训三　直线度误差的检测

一、实训目的

（1）学会直线度误差的检测及数据处理方法。

（2）加深对直线度公差定义的理解。

（3）清楚合像水平仪的原理及使用。

二、实训设备、试样

合像水平仪，桥板，被测导轨。

三、仪器说明和测量原理

直线度误差的检测方法很多。工件较小时，常以刀口尺、检验平尺作为模拟理想直线，用光隙法或间隙法确定被测实际要素的直线度误差。当工件较大时，则常按国家标准规定的测量坐标值原则进行测量，取得必要的一组数据，经作图法或计算法得到直线度误差。测量直线度误差常用的仪器有框式水平仪、合像水平仪、电感式水平仪和自准直仪等。

这类仪器的特点是：测定微小角度的变化，换算为线值误差。本实训用合像水平仪进行直线度测量。

合像水平仪采用光学放大，并以对称棱镜使双像重合来提高读数精度，利用杠杆和微动螺杆传动机构来提高测量精度和增大测量范围。将合像水平仪置于被测工件表面，当被测两点相对水平线不等高时，将引起两气泡像不重合，转动微分筒 9，使两气泡像重合，微分筒 9 转过格数代表被测两点相对水平线的高度差，如图 s3 - 1 所示。

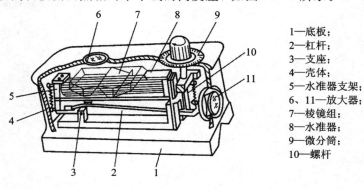

1—底板；
2—杠杆；
3—支座；
4—壳体；
5—水准器支架；
6、11—放大器；
7—棱镜组；
8—水准器；
9—微分筒；
10—螺杆

图 s3 - 1　合像水平仪

合像水平仪最大测量范围为 ± 5 mm/m；分度值 $i = 0.01$ mm/m。

被测表面相邻两点高度差 h 与分度值 i，桥板跨距 L，刻度盘读数 a（格数）的关系为 $h = iLa$。

四、测量步骤及数据处理

1. 测量步骤

（1）将被测导轨按桥板跨距分为 n 段，先将水平仪置于 $0 \sim 1$ 段上，调节微分筒9，使错开的气泡像重合，得到第一个测点数。依次在 $1 \sim 2$，$2 \sim 3$ 等位置进行测量，则依次得到各测点读数。

（2）仪器不要调头，从终点至起始点进行回测，得各段回测读数并记录。取各段测量、回测读数之平均值作为各段读数值。

（3）进行数据处理并判断合格性。

（4）填写实训报告。

2. 数据处理

数据处理可采用计算法或作图法。以下介绍作图法。作图法的具体步骤如下。

（1）选择合适的 x 轴、y 轴放大比例。x 坐标表示分段长度，y 坐标表示高度差的累计值。

（2）根据各测点的累计值描点。

（3）作起始点和终点的连线，并以两端点连线为评定直线度的基准线。作两条平行线包容全部测量点，并平行于基准线。两平行线间的距离在纵坐标的截距，即为直线度误差。

【例】　用分度值 $i = 0.01$ mm/m 的合像水平仪检测 800 mm 长导轨的直线度，桥板跨距为 100 mm。测量数据如表 s3 - 1 所示。

表 s3 - 1　测量数据

点序(i)	0	1	2	3	4	5	6	7	8
顺测仪器读数/格	—	513	516	512	519	508	502	515	517
回测仪器读数/格	—	511	514	510	517	510	500	513	517
读数平均值/格	—	512	515	511	518	509	501	514	517
相对差/格	0	0	+3	−1	−6	−3	−11	+2	+5
累积值/格	0	0	+3	+2	+2	+5	−6	−4	+1

用累积值在坐标纸上作误差折线图，用作图法求最小包容区域及其在纵坐标上的截距 a。如图 s3 - 2 所示，$a = 12$ 格。

直线度误差：

$$f = iLa = (0.01/1000) \times 100 \times 12 \times 10^3 = 12 \ \mu m$$

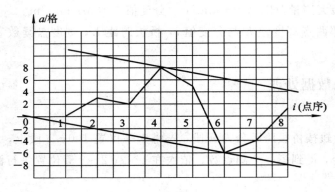

图 s3-2　误差折线图

五、思考题

1. 测量直线度误差的仪器有哪些？

2. 合像水平仪的测量原理是什么？

3. 两端点连线法评定导轨直线度误差如何处理数据？

六、实训报告

_____的测量

被测件名称							直线度公差			
计量器具	仪器名称						分度值		mm/m	
	桥板跨距 $L=$			mm			线分度值		μm/格	
测量点	0	1	2	3	4	5	6	7	8	9	10
测量仪器读数/格											
回测仪器读数/格											
读数平均值 a_i/格											
相对差 a_i-a/格											
累计值/格											

作图

直线度误差			合格性判断		
班级		姓名		成绩		审阅	

实训四　圆度误差的检测

一、实训目的

（1）学会圆度误差的测量原理及测量方法。

（2）加深对圆度误差和公差概念的理解。

（3）学会带磁性表座的指示表的使用。

二、实训设备、试样

平板，V 形架，带磁性表座的指示表（百分表或千分表），支架，被测零件。

三、仪器说明和测量原理

圆度是限制实际圆对理想圆变动量的一项指标。是对具有圆柱面（包括圆锥面、球面）的零件，在一正截面内的圆形轮廓要求。

圆度误差的检测方法有两类：

一类是在圆度仪上测量。圆度仪上回转轴带着传感器转动，使传感器上测量头沿被测表面回转一圈，测量头的径向位移由传感器转换成电信号，经放大器放大，推动记录笔在圆盘纸上画出相应的位移，得到所测截面的轮廓图。这是以精密回转轴的回转轨迹模拟理想圆，与实际圆进行比较的方法。

另一类是将被测零件放在支承上，用指示器来测量实际圆的各点对固定点的变化量。如图 s4-1 所示，被测零件轴线应垂直于测量截面，同时固定轴向位置。

（1）在被测零件回转一周过程中，指示器读数的最大差值之半数作为单个截面的圆度误差；

（2）按（1）方法，测量若干个截面，取其中最大的误差值作为该零件的圆度误差。

此方法适用于测量内、外表面的偶数棱形状误差。测量时可以转动被测零件，也可转动量具。

图 s4-2 所示为三点法测量圆度误差。将被测零件放在 V 形块上，被测零件轴线应垂直于测量截面，同时固定轴向位置。

（1）在被测零件回转一周过程中，指示器读数的最大差值之半数作为单个截面的圆度误差；

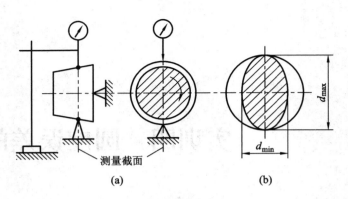

图 s4 - 1　两点法测量圆度误差

（a）测量方法；（b）误差

（2）按（1）方法，测量若干个截面，取其中最大的误差值作为该零件的圆度误差。

此方法适用于测最内、外表面的奇数棱形状误差。使用时可以转动被测零件，也可转动量具。

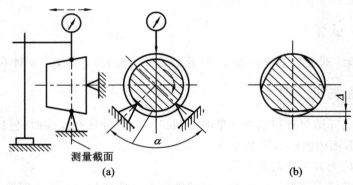

图 s4 - 2　三点法测量圆度误差

（a）测量方法；（b）误差

四、测量步骤及要求

（1）将被测零件按图 s4 - 1 或图 s4 - 2 支承。

（2）组合量具。

（3）固定量具并调零。

（4）转动零件一周，读出最大值和最小值，取最大值和最小值之差的一半作为该截面的圆度误差。

（5）轴线方向移动磁性表座，测多个截面，求出各截面的圆度误差值，取其中圆度误差最大值作为被测件的圆度误差。

（6）填写实训报告。

五、思考题

1. 圆度误差的检测方法有哪些？

2. 怎样用三点法检测圆度误差?

3. 测得值如何转换为圆度误差值?

六、实训报告

_____的测量

测量仪器	名　称		分度值	测量范围
被测零件	名　称		公　差	
测量示意图				
测量记录				
测量结果	误　差			
	合格性结论		理　由	
班　级			姓　名	
审　阅			得　分	

实训五　圆柱度误差的检测

一、实训目的

（1）学会圆柱度误差的测量原理及测量方法。

（2）加深对圆柱度误差和公差概念的理解。

（3）学会带磁性表座的指示表的使用。

二、实训设备、试样

平板，V 形架，带磁性表座的指示表（百分表或千分表），支架，被测零件。

三、仪器说明和测量原理

圆柱度是限制实际圆柱面对理想圆柱面变动量的一项指标。它控制了圆柱体横截面和轴截面内的各项形状误差，如圆度、素线直线度、轴线直线度等。圆柱度是圆柱体各项形状误差的综合指标。

圆柱度误差的检测可在圆度仪上测量若干个横截面的圆度误差，按最小条件确定圆度误差。如圆度仪具有使测量头沿圆柱的轴向作精确移动的导轨，使测量头沿圆柱面做螺旋运动，则可以用计算机算出圆柱度误差。

目前在生产上测量圆柱度误差，像测量圆度误差一样，多用测量特征参数的近似方法来测量圆柱度误差。

将被测零件放在平板上，并紧靠直角座，如图 s5 - 1 所示。

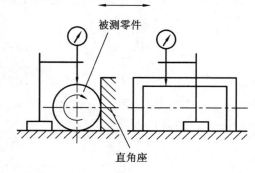

图 s5 - 1　两点法测量圆柱度误差

图 s5-2 所示为用三点法测量圆柱度误差的实例，将被测零件放在平板上的 V 形块内（V 形块的长度应大于被测零件的长度）。

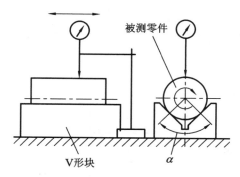

图 s5-2 三点法测量圆柱度误差

（1）在被测零件回转一周过程中，测量一个横截面上的最大读数与最小读数。

（2）按（1）方法，连续测量若干个横截面，然后取各截面内所测得的所有最大读数中最大值与所有最小读数的最小值的差值一半，作为该零件的圆柱度误差。

四、测量步骤及要求

（1）将被测零件按图 s5-1 或图 s5-2 支承。

（2）组合量具。

（3）固定量具并调零。

（4）转动零件一周，读出最大值和最小值。

（5）轴线方向移动磁性表座，测多个截面，读出最大值和最小值，取所测得的所有最大读数中的最大值和所测得的所有最小读数中的最小值，两者之差的一半即为圆柱度误差值。

（6）填写实训报告。

五、思考题

1. 圆柱度误差的检测方法有哪些？

2. 怎样用三点法检测圆柱度误差？

3. 测得值如何转换为圆柱度误差值？

六、实训报告

＿＿＿＿＿＿＿＿＿＿＿的测量

测量仪器	名　称		分度值	测量范围
被测零件	名　称		公　差	

测量示意图				
测量记录				
测量结果	误　差			
	合格性结论		理　由	
班　级			姓　名	
审　阅			得　分	

实训六　平面度误差的检测

一、实训目的

（1）掌握平面度误差的检测及数据处理。

（2）加深对平面度误差和公差概念的理解。

二、实训设备、试样

平板，带磁性表座的指示表（百分表或千分表），支架，被测零件。

三、仪器说明和测量原理

平面度误差检测的方法很多。对于平面度要求很高的小平面，可用干涉法，如用平晶检测平面度误差。对于大平面，特别是刮削平面，生产现场多用涂色法作合格性检验。

对于一般平面，则广泛应用打表法、水平仪等方法检测平面度误差。打表法可分为三点法和对角线法。如图 s6 - 1 所示，即将工件用可调支承，支承在作为测量基准的平板上，再将被测实际表面的最远三点调平（或两对角线两两调节），然后在整个被测表面上逐点打表，指示表的最大与最小读数之差即为平面度误差。

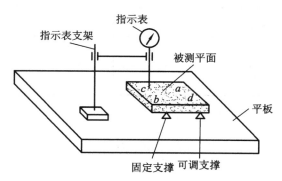

图 s6 - 1　用指示表测量平面度误差

四、测量步骤及要求

（1）将被测零件按图 s6 - 1 支承。

（2）借助指示表调整被测平面对角线上的 a 与 b 两点，使之等高。

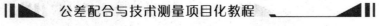

（3）再调整另一对角线上的 c 与 d 两点，使之等高，则形成包含对角线 ab 且与对角线 cd 相平行的理想平面。

（4）推动表座，移动指示表在平面内进行测量（沿对角线 cd 方向移动），指示表的最大与最小读数之差即该平面的平面度误差。

五、思考题

1. 平面度误差的检测方法有哪些？
2. 平面度误差的评定方法有哪些？

六、实训报告

＿＿＿＿＿＿＿＿＿＿的测量

测量仪器	名　称		分度值	测量范围
被测零件	名　称		公　差	
测量示意图				
测量记录				
测量结果	误　差			
	合格性结论		理　由	
班　级			姓　名	
审　阅			得　分	

278

实训七 平行度、垂直度误差的检测

一、实训目的

（1）熟悉量具的使用及组装方法。
（2）学会平行度的检测方法。
（3）学会垂直度的检测方法。
（4）掌握基准的体现方法。

二、实训设备、试样

平板，固定和可调支承，带指示器的测量架，直角尺，钢直尺，被测零件。

三、测量项目、测量方法和测量步骤

测量如图 s7-1 所示的箱体，测量项目有

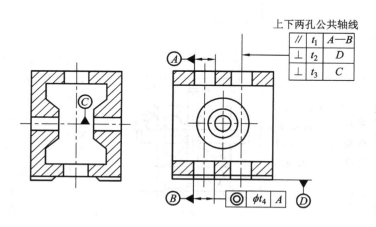

图 s7-1　箱体零件示意图

（1）两孔轴线的平行度误差；
（2）孔轴线对端面的垂直度误差；
（3）两孔轴线的垂直度误差。
检测方法及步骤见表 s7-1。

表 s7 - 1　平行度、垂直度误差的检测方法与步骤

检测项目	使用仪器	检测方法示意图	检测方法说明
两孔轴线平行度误差的检测	固定和可调支承平板、两根心轴、直角尺、钢直尺、带指示器的测量架	(a)	1. 调整被测零件，使 c,d 两点指示表读数相等； 2. 在相距 L_2 的 a,b 两个位置上（找最高点），测出读数 M_a,M_b； 3. 则 L_1 长度上被测轴线对基准线的平行度误差为 $$f_{/\!/}=\mid M_a-M_b\mid\frac{L_1}{L_2}$$
孔轴线对端面垂直度误差的检测	固定和可调支承平板、两根心轴、直角尺、钢直尺、带指示器的测量架	(b)	1. 调整可调支承，使右端面与直角尺接触无光隙； 2. 指示表在相距 L_2 的 a,b 两个位置上（找最高点），测出读数 M_a,M_b； 3. 则 L_1 长度上被测轴线对右端面的垂直度误差为 $$f_{\perp}=\mid M_a-M_b\mid\frac{L_1}{L_2}$$
两孔轴线垂直度误差的检测	固定和可调支承平板、两根心轴、直角尺、钢直尺、带指示器的测量架	(c)	1. 调整可调支承，使 c,d 心轴与直角尺接触无光隙； 2. 指示表在相距 L_2 的 a,b 两个位置上（找最高点），测出读数 M_a,M_b； 3. 则 L_1 长度上被测轴线对基准轴线的垂直度误差为 $$f_{\perp}=\mid M_a-M_b\mid\frac{L_1}{L_2}$$

四、思考题

1. 如何检测两孔轴线的平行度误差？

2. 如何检测孔轴线与端面的垂直度误差？

3. 如何检测两孔轴线的垂直度误差？

五、实训报告

_____的测量

测量仪器	名　称		分度值	测量范围
被测零件	名　称		公　差	
测量示意图				
测量记录				
测量结果	误　差			
	合格性结论		理　由	
班　级			姓　名	
审　阅			得　分	

_____的测量

测量仪器	名　称		分度值	测量范围
被测零件	名　称		公　差	
测量示意图				
测量记录				
测量结果	误　差			
	合格性结论		理　由	
班　级			姓　名	
审　阅			得　分	

实训八　同轴度误差的检测

一、实训目的

（1）学会同轴度误差的测量方法。

（2）学会测量结果与误差的处理方法。

二、实训设备、试样

平板，V形架，带磁性表座的指示表（百分表或千分表），支架，被测零件。

三、仪器说明和测量原理

轴类零件同轴度误差检测方案很多，既可在圆度仪上记录轮廓图形，根据图形按同轴度定义求出同轴度误差，也可在三维坐标机上用坐标测量法，求得圆柱面轴线与基准轴线间最大距离的两倍，即为同轴度误差。

生产实际中应用最广泛的是打表法，如图 s8-1 所示。

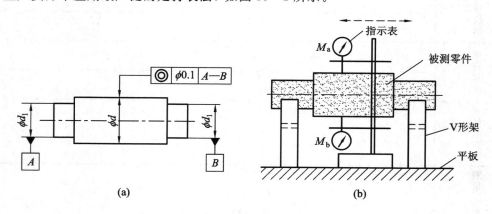

图 s8-1　同轴度误差的检测

（a）阶梯轴的同轴度公差；（b）阶梯轴同轴度误差的检测方法

四、测量步骤及要求

（1）将被测零件基准面两端放在 V 形架上。

（2）将两个正对的指示表与测量面接触并适当压紧，移动两指示表在垂直于基准轴线的正截面内测量，测得的读数差值（$M_a - M_b$）的绝对值，并将其作为在该截面上的同轴度误差。

（3）转动被测零件，按上述方法测量若干个截面，取各截面测得的读数差中的最大绝对值，并将其作为被测零件的同轴度误差，并判断其合格性。

（4）填写实训报告。

五、思考题

1. 阶梯轴同轴度误差的检测方法有哪些？

2. 生产实际中常用什么方法检测轴线的同轴度？

六、实训报告

_____的测量

测量仪器	名　称		分度值	测量范围
被测零件	名　称		公　差	
测量示意图				
测量记录				
测量结果	误　差			
	合格性结论		理　由	
班　级			姓　名	
审　阅			得　分	

实训九　径向圆跳动误差的检测

一、实训目的

（1）学会径向圆跳动误差的测量方法。

（2）学会径向圆跳动误差的处理方法。

（3）加深对径向圆跳动概念的理解。

二、实训设备、试样

一对同轴顶尖，带磁性表座的指示表（百分表或千分表），支架，被测零件。

三、仪器说明和测量原理

图 s9 - 1(a)所示为轴类零件的径向圆跳动。径向圆跳动误差的检测常用打表法，通常用两同轴顶尖、V 形块模拟基准轴线，将表打在被测轮廓面上，被测零件旋转一周，以指示表读数的最大差值作为单个测量面的圆跳动误差。如此对若干个测量面进行测量，取测得的最大差值作为该零件的圆跳动误差。图 s9 - 1(b)所示为将零件安装在偏摆仪上采用打表法测量径向圆跳动误差。

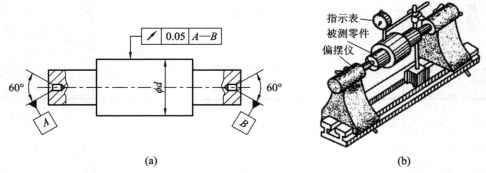

(a)   (b)

图 s9 - 1　径向圆跳动误差的检测

（a）零件的径向圆跳动；（b）径向圆跳动误差的检测方法

四、测量步骤及要求

（1）将被测零件装夹在两顶尖之间。

（2）在被测零件回转一周的过程中，指示表读数最大差值即单个测量截面上的径向圆跳动误差。

（3）按（2）方法测量若干个截面，取各截面上测得的跳动量中的最大值，作为整个被测表面的径向圆跳动误差，并判断其合格性。

（4）填写实训报告。

五、思考题

测量径向圆跳动误差与测量圆度和圆柱度误差有什么区别？两者有什么联系？

六、实训报告

_____的测量

测量仪器	名　称		分度值	测量范围
被测零件	名　称		公　差	
测量示意图				
测量记录				
测量结果	误　差			
	合格性结论		理　由	
班　级			姓　名	
审　阅			得　分	

285

实训十　用螺纹千分尺和三针测量螺纹中径

一、实训目的

了解螺纹千分尺的结构，会用螺纹千分尺测量普通螺纹的实际中径。

二、实训设备、试样

螺纹千分尺，外径千分尺，量针，被测零件。

三、仪器说明和测量原理

1. 螺纹千分尺

螺纹千分尺的构造与一般外径千分尺构造相似，差别仅在于两个测量头 1 和 2。螺纹千分尺构造如图 s10-1 所示。

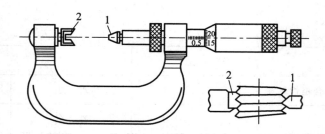

图 s10-1　螺纹千分尺

螺纹千分尺的测量头做成与螺纹牙型相吻合的形状，其中一个为圆锥形测量头 1，与牙型沟槽相吻合；另一个为 V 形测量头 2，与牙型凸起部分相吻合。测量头可根据不同螺纹牙型进行更换。用螺纹千分尺测量螺纹中径时，先要根据被测量的螺纹公称直径、牙型和螺距选择相应的螺纹千分尺和测量头，然后再进行测量。千分尺的读数方法与普通外径千分尺相同。

螺纹千分尺适用于精度要求不高的外螺纹中径的测量，可直接获得中径的实际尺寸。

2. 用三针法测量螺纹中径的原理

三针量法主要用于测量精密螺纹的单一中径 d_{2s}，如图 s10-2 所示。测量时用三根直径相等的精密量针放在螺纹槽中，然后用光学或机械量仪测出尺寸 M，再根据被测螺纹已知的螺距 P，牙型半角 $\alpha/2$ 及量针直径 d_0，按下述公式计算螺纹中径的实际尺寸。

$$d_{2s} = M - d_0 \left(1 + \frac{1}{\sin \frac{\alpha}{2}} \right) + \frac{P}{2} \cos \frac{\alpha}{2}$$

式中：P 为被测螺纹的基本螺距；$\alpha/2$ 为被测螺纹的牙型半角；d_0 为量针的公称直径。

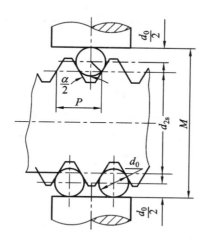

图 s10-2　三针法测量螺纹中径

对米制普通螺纹 $\alpha = 60°$，

$$d_{2s} = M - 3d_0 + 0.866P$$

为消除牙型半角误差对测量结果的影响，应使量针在中径线上与牙侧接触，故必须选择量针最佳直径，最佳量针直径 d_0 为

$$d_{0最佳} = \frac{P}{2\cos \frac{\alpha}{2}}$$

四、测量步骤及要求

1. 用螺纹千分尺测量螺纹中径

（1）根据被测量的螺纹公称直径选择螺纹千分尺。

（2）根据螺纹牙型和螺距按照表 s10-1 选择相应的测量头 1 和 2，将测量头安装在千分尺上，并读取零位值。

（3）擦净被测螺纹的表面，测量时，应从不同截面、不同方向多次进行测量，从螺纹千分尺读取数值后减去零位值并进行记录，取其平均值即为实际螺纹中径。

（4）查表确定螺纹中径的极限值，并判断是否合格。

（5）螺纹千分尺用完后，应用纱布擦干净，放回量具盒中。

测量范围	测头测量螺距范围
0～25	0.4～0.5；0.6～0.8；1～1.25；1.5～2；2.5～3.5
25～50	0.6～0.8；1～1.25；1.5～2；2.5～3.5；4～6
50～75	1～1.25；1.5～2；2.5～3.5；4～6
75～100	1～1.25；1.5～2；2.5～3.5；4～6

2. 用三针法测量螺纹中径

（1）根据被测零件螺距，计算最佳量针直径，选用尺寸最接近的量针。

（2）擦净量具及被测螺纹的表面，量具校对零位。

（3）将三根量针放入牙槽中，一侧放两根，另一侧放一根。用外径千分尺测量两侧量针之间的距离 M 值时，选择不同方向、不同截面多测量几次，取其平均值并记录。

（4）根据 M 值计算出螺纹中径的实际值并判断其合格性。

（5）千分尺和量针用完后，应用纱布擦干净，放入盒中。

五、思考题

1. 螺纹千分尺与外径千分尺有何异同？

2. 三针法测量螺纹中径的原理是什么？量针应如何选取？

六、实训报告

_____的测量（用螺纹千分尺）

测量仪器	名　称		分度值	测量范围
被测零件	名　称		公　差	
测量示意图				
测量记录				
测量结果	误　差			
	合格性结论		理　由	
班　级			姓　名	
审　阅			得　分	

_____的测量(用三针测量)

测量仪器	名　　称		分度值	测量范围
被测零件	名　　称		公　　差	
测量示意图				
测量记录				
测量结果	误　　差			
	合格性结论		理　　由	
班　　级			姓　　名	
审　　阅			得　　分	

实训十一 用万能角度尺测量锥角及角度

一、实训目的

（1）了解万能角度尺的结构、刻线原理。

（2）掌握万能角度尺读数方法。

（3）熟练使用万能角度尺测量零件锥角及角度。

二、实训设备、试样

Ⅰ型万能角度尺（测量范围 $0°\sim320°$，测量精度 $2'$）、被测零件。

三、仪器说明和测量原理

1. 万能角度尺的结构

万能角度尺的结构如图 s11－1 所示。它由尺身、基尺、游标、角尺、直尺、夹块、扇形板和制动器等组成。基尺 6 随尺身 1 相对于游标 3 可以转动，旋转到所需的角度时，再用制动器 4 锁紧即可取下进行读数。

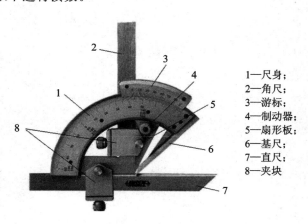

1—尺身；
2—角尺；
3—游标；
4—制动器；
5—扇形板；
6—基尺；
7—直尺；
8—夹块

图 s11－1 万能角度尺的结构

2. 万能角度尺的刻线原理

万能角度尺的读数机构是根据游标原理制成的，其刻线原理与游标卡尺基本相同，只是万能角度尺是以角度为单位。主尺(尺身)刻线每格为1°，游标的刻线是取主尺的29°等分为30格，因此游标刻线每格为29°/30，即主尺与游标一格的差值为2′，也就是说万能角度尺读数精度为2′。

3. 万能角度尺的读数方法

万能角度尺的读数方法也与游标卡尺完全相同，即主尺读数＋游标读数。

（1）读主尺读数。先读出尺身上游标零刻线指示的整度数。

（2）读游标读数。看游标上第几条刻线(如第 n 条)与主尺某一刻线对齐，用 n 乘以读数精度2′即为角度"分"的部分。

（3）将主尺读数与游标读数相加即为所测得的实际角度值。

读数示例如图 s11－2 所示。

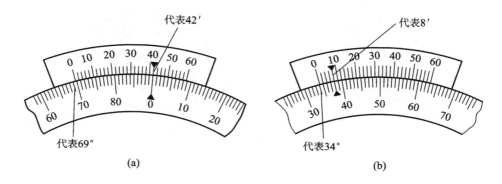

图 s11－2　读数示例

（a）被测角度值的读数为：$69° + 21 × 2′ = 69°42′$；

（b）被测角度值的读数为：$34° + 4 × 2′ = 34°8′$。

四、测量步骤及要求

（1）测量时应先校准零位，万能角度尺的零位，是当角尺与直尺均装上，而角尺的底边及基尺与直尺无间隙接触，此时主尺与游标的"0"线对准。

（2）调整好零位后，通过改变基尺、角尺、直尺的相互位置，可以组合成不同形式，应用万能角度尺测量零件时，要根据所测角度范围适当组合量尺，可测量0～320°范围内的任意角。万能角度尺的组合形式见图 s11－3 所示。

（3）用万能角度尺测量零件角度时，应使基尺与零件角度的母线方向一致，且零件应与量角尺的两个测量面的全长上接触良好，以免产生测量误差。

五、思考题

1. Ⅰ型万能角度尺的测量范围和测量精度是多少？

2. 万能角度尺的组合方式有哪几种？分别适合测量的角度范围是什么？

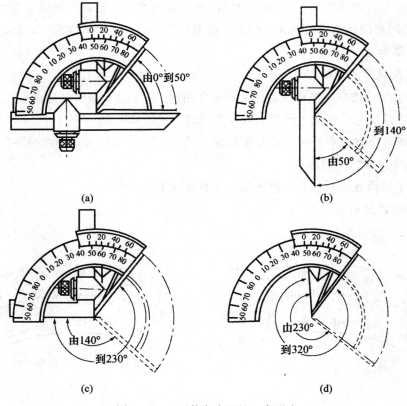

图 s11 - 3　万能角度尺的组合形式

（a）测量角 0°～50°；（b）测量角 50°～140°；（c）测量角 140°～230°；（d）测量角 230°～320°

六、实训报告

_____的测量

测量仪器	名　　称		分度值	测量范围
被测零件	名　　称		公　　差	
测量示意图				

测量记录				
测量结果	误　差			
	合格性结论		理　由	
班　级			姓　名	
审　阅			得　分	

实训十二　用齿厚游标卡尺检测齿厚偏差

一、实训目的

（1）了解齿厚游标卡尺的结构，会用齿厚游标卡尺测量直齿圆柱齿轮的齿厚偏差。

（2）熟练使用齿厚游标卡尺测量齿轮齿厚偏差。

二、实训设备、试样

齿厚游标卡尺，被测零件。

三、仪器说明和测量原理

齿厚偏差 E_{sn} 可用齿厚游标卡尺、光学齿厚卡尺和万能测齿仪等测量。本实训采用齿厚游标卡尺测量，如图 s12 - 1 所示。

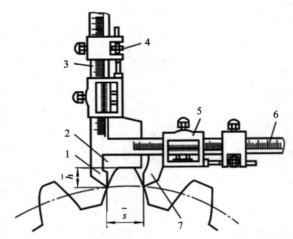

1—固定量爪；2—齿高定位尺；3—齿高主尺；4—微动装置；
5—水平游标框架；6—齿厚主尺；7—齿厚活动量爪

图 s12 - 1　齿厚游标卡尺

　　齿厚游标卡尺由两套互相垂直的游标卡尺组成，垂直游标尺用于控制测量部位（分度圆至齿顶圆）的弦齿高，水平游标尺则用于测量分度圆弦齿厚的实际值。其读数原理与游标卡尺相同。

　　仪器的测量范围为 1～26 mm，分度值为 0.02 mm。测量时，以齿顶圆作为测量基准，通过调整纵向游标卡尺来确定分度圆的弦齿高，再从横向游标尺上读出分度圆弦齿厚的实际值。

　　由于测量齿厚是以齿顶圆作为度量基准，测量结果齿顶圆的直径偏差和径向跳动影响较大，此法仅适用于齿厚偏差精度较低和模数较大的齿轮。因此，需要时可采用提高齿顶圆精度或改用测量公法线平均长度偏差的办法。

　　标准直齿圆柱齿轮分度圆弦齿高 h_c 与弦齿厚 s_{nc}，分别按下式计算，即

$$h_c = m + \frac{zm}{2}\left(1 - \cos\frac{90°}{z}\right) + \frac{d_a - d_{a0}}{2}$$

$$s_{nc} = mz\,\sin\frac{90°}{z}$$

式中：m 为模数；Z 为齿数；d_a 为实际测得齿顶圆直径；d_{a0} 为理论齿顶圆直径。

四、测量步骤

　　（1）用外径千分尺测量齿顶圆实际直径 d_a。

　　（2）计算分度圆弦齿厚 s_{nc} 和分度圆弦齿高 h_c。

　　（3）按弦齿高 h_c 值调整齿轮游标卡尺的垂直游标尺，并锁紧。将齿轮游标尺置于被测齿轮上，使垂直高度尺与齿顶相接触，然后移动水平尺的卡脚，使卡脚紧靠齿廓，用透光判断接触情况，并从水平尺上读出弦齿厚的实际尺寸。

　　（4）在齿圈上几个等距离的齿上进行测量，计算各次测量所得的齿厚偏差值。

　　（5）按下述条件判断齿厚偏差是否合格。

　　若下式成立则合格

$$E_{sni} \leqslant E_{sn} \leqslant E_{sns}$$

式中：E_{sns} 为齿厚上偏差；E_{sni} 为齿厚下偏差。

　　（6）填写实验报告。

　　（7）齿厚游标卡尺用完后，应用纱布擦干净，放回量具盒中。

五、思考题

　　1. 测量齿轮齿厚偏差有哪些常用计量器具？

　　2. 齿厚游标卡尺的构成及其测量齿厚的原理是什么？

六、实训报告

＿＿＿＿＿＿＿＿＿的测量（用齿厚游标卡尺）

<table>
<tr><td rowspan="4">被测齿轮</td><td>模数</td><td>齿数</td><td>压力角</td><td>编号</td><td colspan="2">公差标注</td></tr>
<tr><td></td><td></td><td></td><td></td><td colspan="2"></td></tr>
<tr><td colspan="4">理论齿顶圆直径 d_{a0}</td><td colspan="2"></td></tr>
<tr><td colspan="4">实测齿顶圆直径 d_a</td><td colspan="2"></td></tr>
</table>

<table>
<tr><td rowspan="2">被测齿轮</td><td colspan="4">齿顶圆直径实际偏差 $d_a - d_{a0}$</td><td colspan="2"></td></tr>
</table>

计量器具	名　称	测量范围	分度值

测量示意图	

实际分度圆弦齿厚		齿厚上偏差 E_{sns}	
公称弦齿厚		齿厚下偏差 E_{sni}	

测量记录

序　号	1	2	3	4	5	6
齿厚实际值						
齿厚偏差						

合格性判断		理　由	
班　级		姓　名	
审　阅		得　分	

实训十三　用公法线千分尺检测齿轮公法线长度

一、实训目的

（1）了解公法线千分尺的结构、工作原理及测量方法。

（2）熟练使用公法线千分尺测量直齿圆柱齿轮公法线长度偏差及公法线长度变动。

二、实训设备、试样

公法线千分尺，被测零件。

三、仪器说明和测量原理

公法线长度偏差 E_{bn} 及公法线长度变动量 ΔF_w 可采用公法线指示规、万能测齿仪或公法线千分尺测量。本实训采用公法线千分尺测量。

测量时应正确选择跨齿数，以使两端测砧的工作面在分度圆附近与齿面相切。

公法线千分尺是机械制造业中常用的一种计量器具，包括机械公法线千分尺，是应用螺旋副传动原理将回转运动变为直线位移，并应用刻线细分的一种量具。用于测量模数不小于 0.6 mm 的外圆柱齿轮的公法线长度。它主要用来直接测量直齿、斜齿圆柱齿轮和变位直齿、斜齿圆柱齿轮的公法线长度、公法线长度变动量以及公法线平均长度偏差。公法线千分尺构造如图 s13-1。

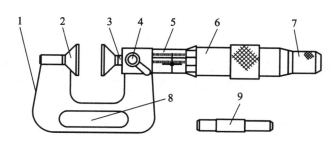

1—尺架；2—固定测砧；3—测杆；4—锁紧装置；5—固定套管；
6—微分筒；7—测力装置；8—隔热板；9—校对用的量杆

图 s13-1　机械公法线千分尺

机械公法线千分尺分度值为 0.01 mm。

1. 公法线千分尺的使用注意事项

（1）公法线千分尺使用前应校对零位，测量范围大于 25 mm 的，应用校对用的量杆校对其零位。

（2）公法线千分尺结构与外径千分尺基本相同，不同之处仅为测砧为圆盘形或半圆盘形、圆盘的一部分。圆盘的直径常为 25 mm 或 30 mm。测量面的平面度、平行度和表面粗糙度要求较高，使用或清洗时应特别注意。测量时若使用测力装置，则可避免由于测力过大或不均匀而使圆盘变形。

（3）测量公法线长度时，若用量块为标准比较测量，则可提高测量准确度。

（4）测量时不要使公法线千分尺测量面在其边缘 0.5 mm 处与齿面接触，尽可能接触在里面一些，因为测量面 0.5 mm 处允许有塌边，同时也存在测力的影响。

2. 确定测量范围

根据被测齿轮的顶圆直径选择公法线千分尺的测量范围，如表 s13-1 所示。

表 s13-1　公法线千分尺测量范围　　　　　　　　　　　　mm

齿顶圆直径	测量范围	齿顶圆直径	测量范围
75 以下	0～25	375 以下	100～125
150 以下	25～50	400 以下	125～150
225 以下	50～75	520 以下	150～175
300 以下	75～100	600 以下	175～200

四、测量步骤及要求

（1）计算公法线公称长度 W_k 与跨齿数 k：

公法线长度公称值 W_k 为

$$W_k = m\cos\left[\frac{\pi}{2}(2k-1) + 2x\tan\alpha + z\mathrm{inv}\alpha\right]$$

式中：m 为模数；α 为压力角，$\mathrm{inv}\alpha = \tan\alpha - \alpha$；$x$ 为变位系数；z 为齿数；k 为跨齿数。

当 $\alpha = 20°$，$x = 0$ 时

$$W_k = m[1.476 \times (2k-1) + 0.014z]$$

$$k = \frac{z}{9} + 0.5 \quad （取整数）$$

确定跨测齿数还有两种方法：一是根据图纸上确定；二是用查表法确定。

（2）按确定的跨齿数，使两测砧分别与齿轮的齿廓接触，测量实际公法线长度。公法线千分尺的测量读数方法与外径千分尺相同。测量示例如图 s13-2 所示。

（3）依次沿整个圆周测取实际公法线长度 W_k，并做好记录。

（4）计算公法线长度偏差 E_{bn} 和公法线长度变动 ΔF_w。

$$E_{bn} = \overline{W_k} - W_k = \left(\sum_{i=1}^{z}\frac{W_{ki}}{z}\right) - W_k$$

$$\Delta F_w = W_{k\,max} - W_{k\,min}$$

式中：W_{kmax}、W_{kmin} 为分别为测得公法线实际长度的最大值和最小值。

298

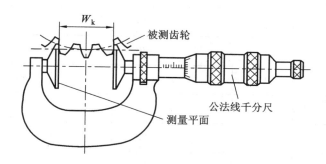

图 s13-2　用公法线千分尺测量 W_k

（5）判断被测零件的合格性。

（6）填写实验报告。

（7）公法线千分尺用完后，应用纱布擦干净，放回量具盒中。

五、思考题

1. 测量齿轮公法线长度有哪些常用计量器具？

2. 公法线长度变动与公法线长度偏差有何区别与联系？

3. 公法线长度变动与哪些指标相结合，能评定齿轮的什么运动精度？

六、实训报告

＿＿＿＿＿＿＿＿＿＿的测量（用公法线千分尺）

	模数	齿数	压力角	编号	公差标注	跨齿数
被测齿轮						
	公法线长度公称值 W_k					
	公法线长度变动公差 F_w					
	公法线长度的上偏差 E_{bns}					
	公法线长度的下偏差 E_{bni}					

	名　称	测量范围	分度值
计量器具			

测量示意图	

测量记录

齿序	实测读数	齿序	实测读数	齿序	实测读数	齿序	实测读数
1		9		17		25	
2		10		18		26	

3		11		19		27	
4		12		20		28	
5		13		21		29	
6		14		22		30	
7		15		23		31	
8		16		24		32	

公法线平均长度 $\overline{W_k}$			
公法线长度偏差 E_{bn}			
公法线长度变动量 ΔF_w			
合格性判断		理 由	
班 级		姓 名	
审 阅		得 分	

附　录

附录表1　轴的基本偏差数值（d≤500 mm）

基本偏差/μm

基本尺寸/mm	下极限偏差 EI（所有的公差等级） a	b	c	cd	d	e	ef	f	fg	g	h	js	上极限偏差 ES j 5~6	j 7	j 8	k 4~7	k ≤3,>7	m	n	p	r	s	t	u	v	x	y	z	za	zb	zc
≤3	−270	−140	−60	−34	−20	−14	−10	−6	−4	−2	0	±IT/2	−2	−4	−6	0	0	+2	+4	+6	+10	+14	—	+18	—	+20	—	+26	+32	+40	+60
>3~6	−270	−140	−70	−46	−30	−20	−14	−10	−6	−4	0	±IT/2	−2	−4	—	+1	0	+4	+8	+12	+15	+19	—	+23	—	+28	—	+35	+42	+50	+80
>6~10	−280	−150	−80	−56	−40	−25	−18	−13	−8	−5	0	±IT/2	−2	−5	—	+1	0	+6	+10	+15	+19	+23	—	+28	—	+34	—	+42	+52	+67	+97
>10~14	−290	−150	−95	—	−50	−32	—	−16	—	−6	0	±IT/2	−3	−6	—	+1	0	+7	+12	+18	+23	+28	—	+33	—	+40	—	+50	+64	+90	+130
>14~18	−290	−150	−95	—	−50	−32	—	−16	—	−6	0	±IT/2	−3	−6	—	+1	0	+7	+12	+18	+23	+28	—	+33	+39	+45	—	+60	+77	+108	+150
>18~24	−300	−160	−110	—	−65	−40	—	−20	—	−7	0	±IT/2	−4	−8	—	+2	0	+8	+15	+22	+28	+35	—	+41	+47	+54	+63	+73	+98	+136	+188
>24~30	−300	−160	−110	—	−65	−40	—	−20	—	−7	0	±IT/2	−4	−8	—	+2	0	+8	+15	+22	+28	+35	+41	+48	+55	+64	+75	+88	+118	+160	+218
>30~40	−310	−170	−120	—	−80	−50	—	−25	—	−9	0	±IT/2	−5	−10	—	+2	0	+9	+17	+26	+34	+43	+48	+60	+68	+80	+94	+112	+148	+200	+274
>40~50	−320	−180	−130	—	−80	−50	—	−25	—	−9	0	±IT/2	−5	−10	—	+2	0	+9	+17	+26	+34	+43	+54	+70	+81	+97	+114	+136	+180	+242	+325
>50~65	−340	−190	−140	—	−100	−60	—	−30	—	−10	0	±IT/2	−7	−12	—	+2	0	+11	+20	+32	+41	+53	+66	+87	+102	+122	+144	+172	+226	+300	+405
>65~80	−360	−200	−150	—	−100	−60	—	−30	—	−10	0	±IT/2	−7	−12	—	+2	0	+11	+20	+32	+43	+59	+75	+102	+120	+146	+174	+210	+274	+360	+480
>80~100	−380	−220	−170	—	−120	−72	—	−36	—	−12	0	±IT/2	−9	−15	—	+3	0	+13	+23	+37	+51	+71	+91	+124	+146	+178	+214	+258	+335	+445	+585
>100~120	−410	−240	−180	—	−120	−72	—	−36	—	−12	0	±IT/2	−9	−15	—	+3	0	+13	+23	+37	+54	+79	+104	+144	+172	+210	+256	+310	+400	+525	+690
>120~140	−460	−260	−200	—	−145	−85	—	−43	—	−14	0	±IT/2	−11	−18	—	+3	0	+15	+27	+43	+63	+92	+122	+170	+202	+248	+300	+365	+470	+620	+800
>140~160	−520	−280	−210	—	−145	−85	—	−43	—	−14	0	±IT/2	−11	−18	—	+3	0	+15	+27	+43	+65	+100	+134	+190	+228	+280	+340	+415	+535	+700	+900
>160~180	−580	−310	−230	—	−145	−85	—	−43	—	−14	0	±IT/2	−11	−18	—	+3	0	+15	+27	+43	+68	+108	+146	+210	+252	+310	+380	+465	+600	+780	+1000
>180~200	−660	−340	−240	—	−170	−100	—	−50	—	−15	0	±IT/2	−13	−21	—	+4	0	+17	+31	+50	+77	+122	+166	+236	+284	+350	+425	+520	+670	+880	+1150
>200~225	−740	−380	−260	—	−170	−100	—	−50	—	−15	0	±IT/2	−13	−21	—	+4	0	+17	+31	+50	+80	+130	+180	+258	+310	+385	+470	+575	+740	+960	+1250
>225~250	−820	−420	−280	—	−170	−100	—	−50	—	−15	0	±IT/2	−13	−21	—	+4	0	+17	+31	+50	+84	+140	+196	+284	+340	+425	+520	+640	+820	+1050	+1350
>250~280	−920	−480	−300	—	−190	−110	—	−56	—	−17	0	±IT/2	−16	−26	—	+4	0	+20	+34	+56	+94	+158	+218	+315	+385	+475	+580	+710	+920	+1200	+1550
>280~315	−1050	−540	−330	—	−190	−110	—	−56	—	−17	0	±IT/2	−16	−26	—	+4	0	+20	+34	+56	+98	+170	+240	+350	+425	+525	+650	+790	+1000	+1300	+1700
>315~355	−1200	−600	−360	—	−210	−125	—	−62	—	−18	0	±IT/2	−18	−28	—	+4	0	+21	+37	+62	+108	+190	+268	+390	+475	+590	+730	+900	+1150	+1500	+1900
>355~400	−1350	−680	−400	—	−210	−125	—	−62	—	−18	0	±IT/2	−18	−28	—	+4	0	+21	+37	+62	+114	+208	+294	+435	+530	+660	+820	+1000	+1300	+1650	+2100
>400~450	−1500	−760	−440	—	−230	−135	—	−68	—	−20	0	±IT/2	−20	−32	—	+5	0	+23	+40	+68	+126	+232	+330	+490	+595	+740	+920	+1100	+1450	+1850	+2400
>450~500	−1650	−840	−480	—	−230	−135	—	−68	—	−20	0	±IT/2	−20	−32	—	+5	0	+23	+40	+68	+132	+252	+360	+540	+660	+820	+1000	+1250	+1600	+2100	+2600

注：1. 基本尺寸小于 1 mm 时，各级的 a 和 b 均不采用。　2. js 的数值，对 IT7～IT11，若 IT 的数值（μm）为奇数，则取 js=(IT−1)/2。

附录表 2　孔的基本偏差数值（D≤500 mm）

基本偏差/μm

下极限偏差 EI（所有的公差等级）、JS、J

基本尺寸/mm	A	B	C	CD	D	E	EF	F	FG	G	H	JS	J6	J7	J8
≤3	+270	+140	+60	+34	+20	+14	+10	+6	+4	+2	0		+2	+4	+6
>3~6	+270	+140	+70	+46	+30	+20	+14	+10	+6	+4	0		+5	+6	+10
>6~10	+280	+150	+80	+56	+40	+25	+18	+13	+8	+5	0		+5	+8	+12
>10~14	+290	+150	+95	—	+50	+32	—	+16	—	+6	0		+6	+10	+15
>14~18	+290	+150	+95	—	+50	+32	—	+16	—	+6	0		+6	+10	+15
>18~24	+300	+160	+110	—	+65	+40	—	+20	—	+7	0		+8	+12	+20
>24~30	+300	+160	+110	—	+65	+40	—	+20	—	+7	0		+8	+12	+20
>30~40	+310	+170	+120	—	+80	+50	—	+25	—	+9	0		+10	+14	+24
>40~50	+320	+180	+130	—	+80	+50	—	+25	—	+9	0		+10	+14	+24
>50~65	+340	+190	+140	—	+100	+60	—	+30	—	+10	0		+13	+18	+28
>65~80	+360	+200	+150	—	+100	+60	—	+30	—	+10	0		+13	+18	+28
>80~100	+380	+220	+170	—	+120	+72	—	+36	—	+12	0		+16	+22	+34
>100~120	+410	+240	+180	—	+120	+72	—	+36	—	+12	0		+16	+22	+34
>120~140	+460	+260	+200	—	+145	+85	—	+43	—	+14	0		+18	+26	+41
>140~160	+520	+280	+210	—	+145	+85	—	+43	—	+14	0		+18	+26	+41
>160~180	+580	+310	+230	—	+145	+85	—	+43	—	+14	0		+18	+26	+41
>180~200	+660	+340	+240	—	+170	+100	—	+50	—	+15	0		+22	+30	+47
>200~225	+740	+380	+260	—	+170	+100	—	+50	—	+15	0		+22	+30	+47
>225~250	+820	+420	+280	—	+170	+100	—	+50	—	+15	0		+22	+30	+47
>250~280	+920	+480	+300	—	+190	+110	—	+56	—	+17	0		+25	+36	+55
>280~315	+1050	+540	+330	—	+190	+110	—	+56	—	+17	0		+25	+36	+55
>315~355	+1200	+600	+360	—	+210	+125	—	+62	—	+18	0		+29	+39	+60
>355~400	+1350	+680	+400	—	+210	+125	—	+62	—	+18	0		+29	+39	+60
>400~450	+1500	+760	+440	—	+230	+135	—	+68	—	+20	0		+33	+43	+66
>450~500	+1650	+840	+480	—	+230	+135	—	+68	—	+20	0		+33	+43	+66

注：JS 偏差等于 ±IT/2。

上极限偏差 ES（K、M、N、P~ZC）及 Δ/μm

（P~ZC：在大于7级的相应值上增加一个 Δ 值；P~ZC ≤7）

基本尺寸/mm	K≤8	K>8	M≤8	M>8	N≤8	N>8	P	R	S	T	U	V	X	Y	Z	ZA	ZB	ZC	Δ3	Δ4	Δ5	Δ6	Δ7	Δ8
≤3	0	0	−2	−2	−4	−4	−6	−10	−14	—	−18	—	−20	—	−26	−32	−40	−60	0	0	0	0	0	0
>3~6	−1+Δ	—	−4+Δ	−4	−8+Δ	0	−12	−15	−19	—	−23	—	−28	—	−35	−42	−50	−80	1	1.5	1	3	4	6
>6~10	−1+Δ	—	−6+Δ	−6	−10+Δ	0	−15	−19	−23	—	−28	—	−34	—	−42	−52	−67	−97	1	1.5	2	3	6	7
>10~14	−1+Δ	—	−7+Δ	−7	−12+Δ	0	−18	−23	−28	—	−33	—	−40	—	−50	−64	−90	−130	1	2	3	3	7	9
>14~18	−1+Δ	—	−7+Δ	−7	−12+Δ	0	−18	−23	−28	—	−33	−39	−45	—	−60	−77	−108	−150	1	2	3	3	7	9
>18~24	−2+Δ	—	−8+Δ	−8	−15+Δ	0	−22	−28	−35	—	−41	−47	−54	−63	−73	−98	−136	−188	1.5	2	3	4	8	12
>24~30	−2+Δ	—	−8+Δ	−8	−15+Δ	0	−22	−28	−35	−41	−48	−55	−64	−75	−88	−118	−160	−218	1.5	2	3	4	8	12
>30~40	−2+Δ	—	−9+Δ	−9	−17+Δ	0	−26	−34	−43	−48	−60	−68	−80	−94	−112	−148	−200	−274	1.5	3	4	5	9	14
>40~50	−2+Δ	—	−9+Δ	−9	−17+Δ	0	−26	−34	−43	−54	−70	−81	−97	−114	−136	−180	−242	−325	1.5	3	4	5	9	14
>50~65	−2+Δ	—	−11+Δ	−11	−20+Δ	0	−32	−41	−53	−66	−87	−102	−122	−144	−172	−226	−300	−405	2	3	5	6	11	16
>65~80	−2+Δ	—	−11+Δ	−11	−20+Δ	0	−32	−43	−59	−75	−102	−120	−146	−174	−210	−274	−360	−480	2	3	5	6	11	16
>80~100	−3+Δ	—	−13+Δ	−13	−23+Δ	0	−37	−51	−71	−91	−124	−146	−178	−214	−258	−335	−445	−585	2	4	5	7	13	19
>100~120	−3+Δ	—	−13+Δ	−13	−23+Δ	0	−37	−54	−79	−104	−144	−172	−210	−254	−310	−400	−525	−690	2	4	5	7	13	19
>120~140	−3+Δ	—	−15+Δ	−15	−27+Δ	0	−43	−63	−92	−122	−170	−202	−248	−300	−365	−470	−620	−800	3	4	6	7	15	23
>140~160	−3+Δ	—	−15+Δ	−15	−27+Δ	0	−43	−65	−100	−134	−190	−228	−280	−340	−415	−535	−700	−900	3	4	6	7	15	23
>160~180	−3+Δ	—	−15+Δ	−15	−27+Δ	0	−43	−68	−108	−146	−210	−252	−310	−380	−465	−600	−780	−1000	3	4	6	7	15	23
>180~200	−4+Δ	—	−17+Δ	−17	−31+Δ	0	−50	−77	−122	−166	−236	−284	−350	−425	−520	−670	−880	−1150	3	4	6	9	17	26
>200~225	−4+Δ	—	−17+Δ	−17	−31+Δ	0	−50	−80	−130	−180	−258	−310	−385	−470	−575	−740	−960	−1250	3	4	6	9	17	26
>225~250	−4+Δ	—	−17+Δ	−17	−31+Δ	0	−50	−84	−140	−196	−284	−340	−425	−520	−640	−820	−1050	−1350	3	4	6	9	17	26
>250~280	−4+Δ	—	−20+Δ	−20	−34+Δ	0	−56	−94	−158	−218	−315	−385	−475	−580	−710	−920	−1200	−1550	4	4	7	9	20	29
>280~315	−4+Δ	—	−20+Δ	−20	−34+Δ	0	−56	−98	−170	−240	−350	−425	−525	−650	−790	−1000	−1300	−1700	4	4	7	9	20	29
>315~355	−4+Δ	—	−21+Δ	−21	−37+Δ	0	−62	−108	−190	−268	−390	−475	−590	−730	−900	−1150	−1500	−1900	4	5	7	11	21	32
>355~400	−4+Δ	—	−21+Δ	−21	−37+Δ	0	−62	−114	−208	−294	−435	−530	−660	−820	−1000	−1300	−1650	−2100	4	5	7	11	21	32
>400~450	−5+Δ	—	−23+Δ	−23	−40+Δ	0	−68	−126	−232	−330	−490	−595	−740	−920	−1100	−1450	−1850	−2400	5	5	7	13	23	34
>450~500	−5+Δ	—	−23+Δ	−23	−40+Δ	0	−68	−132	−252	−360	−540	−660	−820	−1000	−1250	−1600	−2100	−2600	5	5	7	13	23	34

注：
1. 公称尺寸小于 1 mm 时，各级的 A 和 B 及大于 8 级的 N 均不采用。
2. JS 的数值，对 IT7~IT11，若 IT 的数值（μm）为奇数，则取 JS=±(IT−1)/2。
3. 特殊情况：当基本尺寸大于 250~315 mm 时，M6 的 ES 等于 −9（不等于 −11）。
4. 对小于或等于 IT8 的 K、M、N 和小于或等于 IT7 的 P 至 ZC，所需 Δ 值从表内右侧栏选取。例如：大于 6~10 mm 的 P6，Δ=3，所以 ES=(−15+3) μm=−12 μm。

附录表3 标准公差数值表

公称尺寸/mm	公 差 等 级																		
	（μm）												（mm）						
	IT01	IT0	IT1	IT2	IT3	IT4	IT5	IT6	IT7	IT8	IT9	IT10	IT11	IT12	IT13	IT14	IT15	IT16	IT17	IT18
≤3	0.3	0.5	0.8	1.2	2	3	4	6	10	14	25	40	60	0.10	0.14	0.25	0.40	0.60	1.0	1.4
>3～6	0.4	0.6	1	1.5	2.5	4	5	8	12	18	30	48	75	0.12	0.18	0.30	0.48	0.75	1.2	1.8
>6～10	0.4	0.6	1	1.5	2.5	4	6	9	15	22	36	58	80	0.15	0.22	0.36	0.58	0.90	1.5	2.2
>10～18	0.5	0.8	1.2	2	3	5	8	11	18	27	43	70	110	0.18	0.27	0.43	0.70	1.10	1.8	2.7
>18～30	0.6	1	1.5	2.5	4	6	9	13	21	33	52	84	130	0.21	0.33	0.52	0.84	1.30	2.1	3.3
>30～50	0.6	1	1.5	2.5	4	7	11	16	25	39	62	100	160	0.25	0.39	0.62	1.00	1.60	2.5	3.9
>50～80	0.8	1.2	2	3	5	8	13	19	30	46	74	120	190	0.30	0.46	0.74	1.20	1.90	3.0	4.6
>80～120	1	1.5	2.5	4	6	10	15	22	35	54	87	140	220	0.35	0.54	0.87	1.40	2.20	3.5	5.4
>120～180	1.2	2	3.5	5	8	12	18	25	40	63	100	160	250	0.40	0.63	1.00	1.60	2.50	4.0	6.3
>180～250	2	3	4.5	7	10	14	20	29	46	72	115	185	290	0.46	0.72	1.15	1.85	2.90	4.6	7.2
>250～315	2.5	4	6	8	12	16	23	32	52	81	130	210	320	0.52	0.81	1.30	2.10	3.20	5.2	8.1
>315～400	3	5	7	9	13	18	25	36	57	89	140	230	360	0.57	0.89	1.40	2.30	3.60	5.7	8.9
>400～500	4	6	8	10	15	20	27	40	63	97	155	250	400	0.63	0.97	1.55	2.50	4.00	6.3	9.7

注:公称尺寸1 mm以下无IT14～IT18,公称尺寸大于500 mm的IT1～IT5的标准公差值为试行。

参 考 文 献

[1] 徐奎照. 互换性与测量技术[M]. 北京：北京出版社，2014.

[2] 孔庆玲. 互换性与测量. 2 版 [M]. 北京：清华大学出版社，2013.

[3] 马保振，张玉芝. 互换性与测量技术. 2 版[M]. 北京：清华大学出版社，2014.

[4] 杨好学. 互换性与测量 [M]. 北京：国防工业出版社，2014.

[5] 王军现. 公差配合与技术测量 [M]. 哈尔滨：哈尔滨工程大学出版社，2014.

[6] 梁荣. 公差与检测技术实验[M]. 北京：机械工业出版社，2015.

[7] 赵宪美. 公差配合与技术测量实训指导[M]. 大连：大连理工大学出版社，2010.

[8] 杨武成，孙俊茹. 互换性与技术测量实验指导书 [M]. 西安：西安电子科技大学出版社，2009.

[9] 苏采兵，王凤娜. 公差配合与测量技术[M]. 北京：北京邮电大学出版社，2016.